工程质量安全手册实施细则系列丛书

工程实体质量控制实施细则
与质量管理资料

（给水排水及采暖工程、通风与空调工程）

中国工程建设标准化协会建筑施工专业委员会
北京土木建筑学会　组织编写
北京万方建知教育科技有限公司
吴松勤　高新京　主编

U0285682

中国建筑工业出版社

图书在版编目（CIP）数据

工程实体质量控制实施细则与质量管理资料（给水排水及采暖工程、通风与空调工程）/吴松勤，高新京主编. —北京：中国建筑工业出版社，2019.3
（工程质量安全手册实施细则系列丛书）
ISBN 978-7-112-23271-0

Ⅰ．①工… Ⅱ．①吴… ②高… Ⅲ．①建筑安装-工程施工-质量控制-细则-中国②建筑安装-工程施工-质量管理-资料-中国 Ⅳ.①TU712.3

中国版本图书馆 CIP 数据核字（2019）第 025029 号

本书严格按照《工程质量安全手册》编写，共 2 篇 6 章，上篇是工程质量保障措施，包括给排水及采暖工程质量控制，通风与空调工程质量控制；下篇是工程质量管理资料范例，包括建筑材料进场检验资料，施工试验检测资料，施工记录，质量验收记录中使用的大量表格。

本书内容实用，指导性强，可供工程建设单位、监理单位、施工单位及质量安全监督机构的技术人员和管理人员使用。

责任编辑：刘　江　范业庶　曹丹丹
责任校对：芦欣甜

工程质量安全手册实施细则系列丛书
工程实体质量控制实施细则与质量管理资料
（给水排水及采暖工程、通风与空调工程）
中国工程建设标准化协会建筑施工专业委员会
北京土木建筑学会　组织编写
北京万方建知教育科技有限公司
吴松勤　高新京　主编

*

中国建筑工业出版社出版、发行（北京海淀三里河路 9 号）

各地新华书店、建筑书店经销

霸州市顺浩图文科技发展有限公司制版

天津翔远印刷有限公司印刷

*

开本：787×1092 毫米　1/16　印张：15¾　字数：388 千字
2019 年 5 月第一版　　2019 年 5 月第一次印刷
定价：**48.00** 元
ISBN 978-7-112-23271-0
（33568）

本书编写委员会

组织编写：中国工程建设标准化协会建筑施工专业委员会

北京土木建筑学会

北京万方建知教育科技有限公司

主　　编：吴松勤　高新京

副 主 编：范　飞　柳　伟

参编人员：刘文君　吴　洁　王海松　赵　键　李　明

温丽丹　刘　朋　杜　健　江龙亮　周海军

出 版 说 明

　　为深入开展工程质量安全提升行动，保证工程质量安全，提高人民群众满意度，推动建筑业高质量发展，2018 年 9 月 21 日住房城乡建设部发出了《住房城乡建设部关于印发〈工程质量安全手册（试行）〉的通知》（建质〔2018〕95 号），文件要求："各地住房城乡建设主管部门可在工程质量安全手册的基础上，结合本地实际，细化有关要求，制定简洁明了、要求明确的实施细则。要督促工程建设各方主体认真执行工程质量安全手册，将工程质量安全要求落实到每个项目、每个员工，落实到工程建设全过程。要以执行工程质量安全手册为切入点，开展质量安全'双随机、一公开'检查，对执行情况良好的企业和项目给予评优评先等政策支持，对不执行或执行不力的企业和个人依法依规严肃查处并曝光。"

　　为宣传贯彻落实《工程质量安全手册》（以下简称《手册》），2018 年 10 月 25 日住房城乡建设部在湖北省武汉市召开工程质量监管工作座谈会，住房城乡建设部相关领导出席会议。北京、天津、上海、重庆、湖北、吉林、宁夏、江苏、福建、山东、广东 11 个省（自治区、市）住房城乡建设主管部门有关负责同志参加座谈会。

　　会议认为，质量安全工作永远在路上，需要大家共同努力、抓实抓好。一要统一思想、提高站位，充分认识推行《手册》制度的重要性、必要性。推行《手册》制度是贯彻落实党中央、国务院决策部署的重要举措，是建筑业高质量发展的重要内容，是提升工程质量安全管理水平的有效手段。二要凝聚共识、精准施策，积极推进《手册》落到实处。要坚持项目管理与政府监管并重、企业责任与个人责任并重、治理当前问题与夯实长远基础并重，提高项目管理水平，提升政府监管能力，强化责任追究。三要牢记使命、勇于担当，以执行《手册》为着力点，改革和完善工程质量安全保障体系。按照"不立不破、先立后破"的原则，坚持问题导向，强化主体责任、完善管理体系，创新市场机制、激发市场主体活力，完善管理制度、确保建材产品质量，改革标准体系、推进科技创新驱动，建立诚信平台、推进社会监督。

　　会议强调，各地要结合本地实际制定简洁明了、要求明确的实施细则，先行先试，样板引路。要狠下功夫，抓好建设单位和总承包单位两个主体责任落实。要解决老百姓关心的住宅品质问题，切实提升建筑品质，不断增强人民群众的获得感、幸福感、安全感。要严厉查处违法违规行为，加大对人员尤其是注册执业人员的处罚力度。要大力培育现代产业工人队伍，总承包单位要培养自有技术骨干工人。要加大建筑业改革闭环管理力度，重点抓好总承包前端和现代产业工人末端，促进建筑业高质量发展。要加大危大工程管理力度，采取强有力手段，确保"方案到位、投入到位、措施到位"，有效遏制较大及以上安全事故发生。

　　为配合《工程质量安全手册》的贯彻实施，我社委托中国工程建设标准化协会建筑施工专业委员会、北京土木建筑学会、北京万方建知教育科技有限公司组织有关专家编写了这套《工程质量安全手册实施细则系列丛书》，方便工程建设单位、监理单位、施工单位及质量安全监督机构的技术人员和管理人员学习参考。丛书共分为 9 个分册，分别是：《工程质量安全管理与控制细则》、《工程实体质量控制实施细则与质量管理资料（地基基础工程、防水工程)》、《工程实体质量控制实施细则与质量管理资料（混凝土工程)》、《工程实体质量控制实施细则与质量管理资料（钢结构工程、装配式混凝土工程)》、《工程实体质量控制实施细则与质量管理资料（砌体工程、装饰装修工程)》、《工程实体质量控制实施细则与质量管理资料（建筑电气工程、智能建筑工程)》、《工程实体质量控制实施细则与质量管理资料（给水排水及采暖工程、通风与空调工程)》、《工程实体质量控制实施细则与质量管理资料（市政工程)》、《建设工程安全生产现场控制实施细则与安全管理资料》。

本丛书严格遵照《工程质量安全手册》的具体规定，依据国家现行标准，从控制目标、保障措施等方面制定简洁明了、要求明确的实施细则，内容实用，指导性强，方便工程建设单位、监理单位、施工单位及质量安全监督机构的技术人员和管理人员学习参考。

目 录

上篇 工程质量保障措施

上 篇

工程质量保障措施

Chapter 01

给排水及采暖工程质量控制

1.1 管道安装细则

📋《质量安全手册》第 3.9.1 条：

> 管道安装符合设计和规范要求。

📖实施细则：

1.1.1 室内给水管道安装

1. 质量目标

主控项目

（1）室内给水管道的水压试验必须符合设计要求。当设计未注明时，各种材质的给水管道系统试验压力均为工作压力的 1.5 倍，但不得小于 0.6MPa。

金属及复合管给水管道系统在试验压力下观测 10min，压力降不应大于 0.02MPa，然后降到工作压力进行检查，应不渗不漏；塑料管给水系统应在试验压力下稳压 1h，压力降不得超过 0.05MPa，然后在工作压力的 1.15 倍状态下稳压 2h，压力降不得超过 0.03MPa，同时检查各连接处不得渗漏。

（2）给水系统交付使用前必须进行通水试验并做好记录。通过开启阀门、水嘴等放水观察是否出水。

（3）给水系统管道在交付使用前必须冲洗和消毒，并经有关部门取样检验，符合国家生活饮用水标准方可使用。检查有关部门提供的检测报告。

（4）室内直埋给水管道（塑料管道和复合管道除外）应做防腐处理。埋地管道防腐层材质和结构应符合设计要求。通过观察检查或局部解剖检查。

一般项目

（5）给水引入管与排水排出管的水平净距离不得小于 1m。室内给水与排水管道平行敷设时，两管间的最小水平净距不得小于 0.5m；交叉铺设时，垂直净距不得小于 0.15m。给水管应铺在排水管上面，若给水管必须铺在排水管的下面时，给水管应加套管，其长度不得小于排水管管径的 3 倍。用尺量检查。

（6）管道及管件焊接的焊缝表面质量应符合下列要求：

1) 焊缝外形尺寸应符合图纸和工艺文件的规定，焊缝高度不得低于母材表面，焊缝与母材应圆滑过渡。

2) 焊缝及热影响区表面应无裂纹、未熔合、未焊透、夹渣、弧坑和气孔等缺陷。

（7）给水水平管道应有 2‰～5‰ 的坡度坡向泄水装置。用水平尺和尺量检查。

（8）给水管道和阀门安装的允许偏差应符合表 1-1 的规定。

管道和阀门安装的允许偏差和检验方法　　　　表 1-1

项次	项　目			允许偏差(mm)	检验方法
1	水平管道纵横方向弯曲	钢管	每 1m 全长 25m 以上	1 ≯25	用水平尺、直尺、拉线和尺量检查
		塑料管 复合管	每 1m 全长 25m 以上	1.5 ≯25	
		铸铁管	每 1m 全长 25m 以上	2 ≯25	
2	立管垂直度	钢管	每 1m 5m 以上	3 ≯8	吊线和尺量检查
		塑料管 复合管	每 1m 5m 以上	2 ≯8	
		铸铁管	每 1m 5m 以上	3 ≯10	
3	成排管段和成排阀门	在同一平面上间距		3	尺量检查

（9）管道的支吊架安装应平整牢固，观察、尺量及手扳检查。其间距应符合以下规定：

1) 钢管水平安装的支吊架间距不应大于表 1-2 的规定。

钢管管道支架的最大间距　　　　表 1-2

公称直径(mm)		15	20	25	32	40	50	70	80	100	125	150	200	250	300
支架的最大间距(m)	保温管	2	2.5	2.5	2.5	3	3	4	4	4.5	6	7	7	8	8.5
	不保温管	2.5	3	3.5	4	4.5	5	6	6	6.5	7	8	9.5	11	12

2) 采暖、给水及热水供应系统的塑料管及复合管垂直或水平安装的支架间距应符合表 1-3 的规定。采用金属制作的管道支架，应在管道与支架间加衬非金属垫或套管。

塑料管及复合管管道支架的最大间距　　　　表 1-3

管径(mm)			12	14	16	18	20	25	32	40	50	63	75	90	110
最大间距(m)	立管		0.5	0.6	0.7	0.8	0.9	1.0	1.1	1.3	1.6	1.8	2.0	2.2	2.4
	水平管	冷水管	0.4	0.4	0.5	0.5	0.6	0.7	0.8	0.9	1.0	1.1	1.2	1.35	1.55
		热水管	0.2	0.2	0.25	0.3	0.3	0.35	0.4	0.5	0.6	0.7	0.8	—	—

3）铜管垂直或水平安装的支架间距应符合表1-4的规定。

铜管管道支架的最大间距　　　　　　　　表1-4

公称直径(mm)		15	20	25	32	40	50	65	80	100	125	150	200
支架的最大间距(m)	垂直管	1.8	2.4	2.4	3.0	3.0	3.0	3.5	3.5	3.5	3.5	4.0	4.0
	水平管	1.2	1.8	1.8	2.4	2.4	2.4	3.0	3.0	3.0	3.0	3.5	3.5

注：本内容参照《建筑给水排水及采暖工程施工质量验收规范》GB 50242—2002 第4.2节的规定。

2. 质量保障措施

(1) 预制加工

按设计图纸画出管道分支、管径、变径、预留管口、阀门位置等施工草图。在实际位置做上标记。按标记分段量出实际安装的准确尺寸，记录在施工草图上。然后按测得的尺寸预制加工支管段并分组编号。

(2) 干管安装

1）管道的连接方式有螺纹连接、法兰连接、粘接连接、焊接连接、热熔连接。

2）铝塑复合管的专用管件连接

① 盘卷包装的管子调直一般可在较平整的地面上进行，DN≤20mm 管子的局部弯曲可用手工调直。DN≥25mm 的个别死弯处用橡胶榔头在平台上调直。

② 铝塑复合管弯曲时，弯曲半径不能小于管子外径的5倍。弯曲方法为：将弯管弹簧塞入管径内，送至需弯曲处（若长度不够，可采用钢丝加长），在该处用手加力缓慢进行弯曲，成形后取出弹簧。

③ 管子的切断一般使用专用管钳，也可用细齿钢锯或管子割刀将其割断，同时将割断的管口处毛刺锯屑消除。管口端面应垂直于管子的轴线。

④ 管子使用配套的管件进行连接，方法是：

(A) 按所需长度截断管子，用扩圆器将切口扩圆；

(B) 将螺母和C形套环先后套入管子端头；

(C) 将管件本体内芯旋插入管道；

(D) 拉回C形套环和螺母，用扳手将螺母拧至C形套环开口闭合为宜。

(3) 立管安装

1）立管明装：每层从上至下统一吊线安装固定件，将预制好的立管按编号分层排开，按顺序安装，对好调直时的印记，校核预留甩口的高度、方向是否正确。安装完后用线坠吊直找正，配合土建堵好楼板洞。

2）立管暗装：竖井内立管安装的卡件宜在管井口设置型钢，上下统一吊线安装固定件。安装在墙内的立管应在结构施工中预留管槽，立管安装后吊直找正，用卡件固定。支管的甩口应露明并加好临时丝堵。

(4) 支管安装

1）支管明装：将预制好的支管从立管甩口依次逐段进行安装，根据管道长度适当加好临时固定卡，核定不同卫生器具的冷热水预留口高度，上好临时丝堵。支管装有水表的位置先装上连接管，试压后在交工前拆下连接管，换装水表。

2）支管暗装：将预制好的支管敷设在预留槽内，找平、找正、定位后用勾钉固定。卫生器具的冷热水预留口要做在明处，加好丝堵。

（5）管道试压

敷设、暗装、保温的给水管道在隐蔽前做好单项水压试验。管道系统安装完后进行综合水压试验。水压试验时放净空气，充满水后进行加压，当压力升到规定要求时停止加压，进行检查。若各接口和阀门均无渗漏，持续到规定时间，观察其压力下降在允许范围内，通知有关人员验收，办理交接手续，然后把水泄净。破损的镀锌层和外露丝扣处做好防腐处理，再进行隐蔽工作。

（6）管道冲洗

管道在试压完成后即可做冲洗，冲洗应用自来水连续进行，应保证有充足的流量。冲洗洁净后办理验收手续。

（7）管道防腐

给水管道敷设与安装的防腐均按设计要求及国家验收规范施工。所有型钢支架及管道镀锌层破损处和外露丝扣要补刷防锈漆。

（8）管道保温

给水管道明装、暗装的保温有三种形式：管道防冻保温、管道防热损失保温、管道防结露保温。其保温材质及厚度均按设计要求，质量达到国家验收规范标准。

注：本内容参照《建筑给水排水与采暖工程施工工艺规程》DB51/T 5052—2007 第4.3节的规定。

1.1.2　室内排水管道安装

1. 质量目标

主控项目

（1）隐蔽或埋地的排水管道在隐蔽前必须做灌水试验，其灌水高度应不低于底层卫生器具的上边缘或底层地面高度。

满水 15min 水面下降后，再灌满观察 5min，液面不降、管道及接口无渗漏为合格。

（2）生活污水铸铁管道的坡度必须符合设计或表 1-5 的规定。用水平尺、拉线尺量检查。

生活污水铸铁管道的坡度　　　　　　　　　　　　表 1-5

项次	管径(mm)	标准坡度(‰)	最小坡度(‰)
1	50	35	25
2	75	25	15
3	100	20	12
4	125	15	10
5	150	10	7
6	200	8	5

（3）生活污水塑料管道的坡度必须符合设计或表 1-6 的规定。用水平尺、拉线尺量检查。

生活污水塑料管道的坡度 表 1-6

项次	管径(mm)	标准坡度(‰)	最小坡度(‰)
1	50	25	12
2	75	15	8
3	110	12	6
4	125	10	5
5	160	7	4

（4）排水塑料管必须按设计要求及位置装设伸缩节。若设计无要求时，伸缩节间距不得大于 4m。高层建筑中明设排水塑料管道应按设计要求设置阻火圈或防火套管。用观察法检查。

（5）排水主立管及水平干管管道均应做通球试验，通球球径不小于排水管道管径的 2/3，通球率必须达到 100％。

一般项目

（6）生活污水管道上设置的检查口或清扫口，当设计无要求时，应符合下列规定：

1）在立管上应每隔一层设置一个检查口，但在最底层和有卫生器具的最高层必须设置。如为两层建筑时，可仅在底层设置立管检查口；如有乙字弯管时，则在该层乙字弯管的上部设置检查口。检查口中心高度距操作地面一般为 1m，允许偏差±20mm；检查口的朝向应便于检修。暗装立管，在检查口处应安装检修门。

2）在连接 2 个及 2 个以上大便器或 3 个及 3 个以上卫生器具的污水横管上应设置清扫口。当污水管在楼板下悬吊敷设时，可将清扫口设在上一层楼地面上，污水管起点的清扫口与管道相垂直的墙面距离不得小于 200mm；若污水管起点设置堵头代替清扫口时，与墙面距离不得小于 400mm。

3）在转角小于 135°的污水横管上，应设置检查口或清扫口。

4）污水横管的直线管段，应按设计要求的距离设置检查口或清扫口。

（7）埋在地下或地板下的排水管道的检查口，应设在检查井内。井底表面标高与检查口的法兰相平，井底表面应有 5％坡度，坡向检查口。用尺量检查。

（8）金属排水管道上的吊钩或卡箍应固定在承重结构上。固定件间距：横管不大于 2m；立管不大于 3m。楼层高度小于或等于 4m，立管可安装 1 个固定件。立管底部的弯管处应设支墩或采取固定措施。用观察法和尺量检查。

（9）排水塑料管道支吊架间距应符合表 1-7 的规定。

排水塑料管道支吊架最大间距（单位：m） 表 1-7

管径(mm)	50	75	110	125	160
立管	1.2	1.5	2.0	2.0	2.0
横管	0.5	0.75	1.10	1.30	1.6

（10）排水通气管不得与风道或烟道连接，且应符合下列规定：

1）通气管应高出屋面 300mm，且必须大于最大积雪厚度。

2）在通气管出口 4m 以内有门窗时，通气管应高出门窗顶 600mm 或引向无门窗一侧。

3）在经常有人停留的平屋顶上，通气管应高出屋面2m，并应根据防雷要求设置防雷装置。

4）屋顶有隔热层的，应从隔热层板面算起。

（11）安装未经消毒处理的医院含菌污水管道时，不得与其他排水管道直接连接。通过观察法检查。

（12）饮食业工艺设备引出的排水管及饮用水水箱的溢流管，不得与污水管道直接连接，并应留出不小于100mm的隔断空间。用观察法和尺量检查。

（13）通向室外的排水管，穿过墙壁或基础必须下返时，应采用45°三通和45°弯头连接，并应在垂直管段顶部设置清扫口。用观察法和尺量检查。

（14）由室内通向室外排水检查井的排水管，井内引入管应高于排出管或两管顶相平，并有不小于90°的水流转角，若跌落差大于300mm可不受角度限制。用观察法和尺量检查。

（15）用于室内排水的水平管道与水平管道、水平管道与立管的连接，应采用45°三通或45°四通和90°斜三通或90°斜四通。立管与排出管端部的连接，应采用两个45°弯头或曲率半径不小于4倍管径的90°弯头。用观察法和尺量检查。

（16）室内排水管道安装的允许偏差应符合表1-8的相关规定。

室内排水和雨水管道安装的允许偏差和检验方法　　　　表1-8

项次	项　　目				允许偏差（mm）	检 验 方 法
1	坐标				15	用水准仪（水平尺）、直尺、拉线和尺量检查
2	标高				±15	
3	横管纵横方向弯曲	铸铁管	每1m		≯1	
			全长（25m以上）		≯25	
		钢管	每1m	管径小于或等于100mm	1	
				管径大于100mm	1.5	
			全长（25m以上）	管径小于或等于100mm	≯25	
				管径大于100mm	≯308	
		塑料管	每1m		1.5	
			全长（25m以上）		≯38	
		钢筋混凝土管、混凝土管	每1m		3	
			全长（25m以上）		≯75	
4	立管垂直度	铸铁管	每1m		3	吊线和尺量检查
			全长（5m以上）		≯15	
		钢管	每1m		3	
			全长（5m以上）		≯10	
		塑料管	每1m		3	
			全长（5m以上）		≯15	

注：本内容参照《建筑给水排水及采暖工程施工质量验收规范》GB 50242—2002 第5.2节的规定。

2. 质量保障措施

（1）铸铁排水管安装

1）干管安装

① 挖管沟至所需标高，做好垫层。将预制好的管段按照承口朝来水方向，由出水口处向室内顺序排列。

② 将管道调直、找正，管道两侧用土培好。然后将水灰比为1∶9的水泥捻口灰拌好后，装在灰盘内放在承插口下部，将灰口打满打平为止。用湿麻绳缠好养护或回填湿润细土掩盖养护。

③ 管道铺设捻好灰口后，再将立管首层卫生洁具的排水预留管口接至规定位置、高度，将预留管口临时封堵。

④ 按照施工图对铺设好的管道坐标、标高及预留管口尺寸进行自检，确认准确无误后即可从预留管口处灌水做闭水试验，经有关人员进行检查，并填写隐蔽工程验收记录。

⑤ 管道系统经隐蔽验收合格后，临时封堵各预留管口，配合土建填堵孔洞，按规定回填土。

2）托、吊管道安装

① 先搭设架子或砌砖墩，按设计坡度栽好吊卡，量准吊杆尺寸，将预制好的管道托、吊牢固。立管预留口位置及首层卫生洁具的排水预留管口处理同干管。

② 托、吊排水干管暗装者，须做闭水试验，按隐蔽工程办理验收手续。

3）立管安装

① 根据施工图校对预留管洞尺寸有无差错，如系预制混凝土楼板则须剔凿楼板洞。如需断筋，必须征得土建单位有关人员同意，按规定处理。

② 立管检查口设置按设计要求。

③ 立管支架在核查预留洞孔无误后，用吊线锤及水平尺找出各支架位置尺寸及安装位置，统一编号进行加工，按编号就位，支架安装完毕后进行下道工序。

④ 两人上下配合安装立管，将立管下部插口插入下层管承口内，把甩口及立管检查口方向找正，用木楔将管在楼板洞处临时卡牢，打麻、吊直、捻灰，复查垂直度，将立管临时固定卡牢。

⑤ 配合土建用不低于楼板强度等级的混凝土将洞灌满堵实，并拆除临时固定。高层建筑或管井内应按照设计要求设置固定支架。同时检查支架及管卡是否全部安装完毕并固定。

⑥ 高层建筑管道立管应严格按设计装设补偿装置。

4）支管安装

① 支管安装先搭架子，按设计坡度安装好吊架，复核吊杆尺寸及管线坡度，将预制好的管道托到管架上，再将支管插入立管预留口的承口内，固定好支管，然后打麻、捻灰。

② 支管设在吊顶内，末端有清扫口者，应将清扫口接到上层地面上。

③ 支管安装完后，可将卫生洁具或设备的预留管安装到位，找准尺寸并配合土建将

楼板孔洞堵严，将预留管口临时封堵。

5）灌水试验

① 标高低于各层地面的所有管口，接临时短管直至某层地面上。

② 通向室外的排出管管口，用大于或等于管径的橡胶堵管管胆放进管口充气堵严。灌一层立管和地下管道时，用堵管管胆从一层立管检查口将上部管道堵严，再灌上层时，依次类推，按上述方法进行。

③ 向管道内灌水。

④ 管内灌水水面高出地面以后，停止灌水，记下管内水面位置和停止灌水时间，并对管道接口逐一进行观察。

⑤ 停止灌水 15min 后，在未发现管道及接口渗漏的情况下再次向管道内灌水，使管内水面回复到停止灌水时的位置，第二次记下时间。

⑥ 施工人员、施工技术质量管理人员、建设单位和监理单位等有关人员在第二次灌满水 5min 后，对管内水面共同进行检查，若水面位置没有下降，则管道灌水试验合格，应立即填写排水管道灌水试验记录，有关检查人员签字盖章。

⑦ 灌水试验合格后，从室外排水口放净管内存水，拆除灌水试验临时接的短管，恢复各管口原标高。用木塞、草绳等将管口临时堵塞封闭严密。

（2）塑料排水管安装

1）预制加工：根据图纸要求并结合实际情况，按预留口位置测量尺寸，绘制加工草图，根据草图量好管道尺寸，进行断管。

2）干管安装：首先根据设计图纸要求的坐标标高预留槽洞或预埋套管。埋入地下时，按设计坐标、标高、坡向、坡度开挖槽沟并夯实。采用托吊管安装时应按设计坐标、标高、坡向做好托吊架。施工条件具备时，将预制加工好的管段按编号运至安装部位进行安装。各管段粘接时也必须按粘接工艺依次进行。干管安装完后应做闭水试验。地下埋设管道应先用细砂回填至管上皮 100mm，上覆过筛土，夯实时勿碰损管道。托吊管粘牢后再按水流方向找坡度。最后将预留口封严和堵洞。

3）立管安装：首先按设计坐标要求预留洞口。安装前清理场地，根据需要支搭操作平台，将已预制好的立管运到安装部位。清理已预留的伸缩节。立管插入端应先做好插入长度标记。安装时先将立管上端伸入上一层洞口内，垂直用力插入至标记为止（一般预留胀缩量为 20~30mm）。合适后即用自制 U 形钢制抱卡紧固于伸缩节上沿，然后找正找直，并测量顶板距三通口中心是否符合要求。无误后即可堵洞，并将上层预留伸缩节封严。

4）高层建筑内明敷管道，当设计要求采取防止火灾贯穿措施时，应设置防火套管及阻火圈。

5）支管安装：首先剔出吊卡孔洞或复查预埋件是否合适。清理场地，按需要支搭操作平台。将预制好的支管按编号运至场地，清除各粘接部位的污物及水分。将支管水平初步吊起，涂抹胶粘剂，用力推入预留管口。根据管段长度调整好坡度，合适后固定卡架，封闭各预留管口和堵洞。

6）器具连接管安装：核查建筑物地面和墙面做法、厚度，找出预留口坐标、标高，然后按准确尺寸修整预留洞口。分部位实测尺寸、做记录，并预制加工、编号。安装粘接时，必须将预留管口清理干净，再进行粘接。粘牢后找正、找直。最后进行闭水试验。

7）排水管道安装后，按规定要求必须进行闭水试验。凡属隐蔽暗装管道必须按分项工序进行。卫生洁具及设备安装后必须进行通水试验，且应在油漆粉刷最后一道工序前进行。

8）胶粘剂易挥发，使用后应随时封盖，涂抹胶粘剂应使用鬃刷或尼龙刷。冬期施工进行粘接时，凝固时间为2~3min。粘接场所应通风良好，远离明火。

注：本内容参照《建筑给水排水与采暖工程施工工艺规程》DB51/T 5052—2007 第5.3节的规定。

1.1.3　室内雨水管道安装

1. 质量目标

主控项目

（1）室内的雨水管道安装后应做灌水试验，灌水高度必须达到每根立管上部的雨水斗。灌水试验持续1h，不渗不漏。

（2）雨水管道如采用塑料管，其伸缩节安装应符合设计要求。通过对照图纸检查。

（3）悬吊式雨水管道的敷设坡度不得小于5‰；埋地雨水管道的最小坡度应符合表1-9的规定。用水平尺、拉线尺量检查。

地下埋设雨水排水管道的最小坡度　　　　　　表1-9

项次	管径(mm)	最小坡度(‰)	项次	管径(mm)	最小坡度(‰)
1	50	20	4	125	6
2	75	15	5	150	5
3	100	8	6	200~400	4

一般项目

（4）雨水管道不得与生活污水管道相连接。通过观察检查。

（5）雨水斗管的连接应固定在屋面承重结构上。雨水斗边缘与屋面相连处应严密不漏。当设计无要求时，连接管管径不得小于100mm。用观察法和尺量检查。

（6）悬吊式雨水管道的检查口或带法兰堵口的三通间距不得大于表1-10的规定。通过拉线、尺量检查。

悬吊管检查口间距　　　　　　表1-10

项　　次	悬吊管直径(mm)	检查口间距(mm)
1	≤150	≯15
2	≥200	≯20

（7）雨水管道安装的允许偏差应符合表1-11的规定。

（8）雨水钢管管道焊接的焊口允许偏差应符合表1-12的规定。

室内排水和雨水管道安装的允许偏差和检验方法　　　　表 1-11

项次	项 目				允许偏差（mm）	检 验 方 法
1	坐标				15	用水准仪（水平尺）、直尺、拉线和尺量检查
2	标高				±15	
3	横管纵横方向弯曲	铸铁管	每1m		≥1	
			全长（25m以上）		≥25	
		钢管	每1m	管径小于或等于100mm	1	
				管径大于100mm	1.5	
			全长（25m以上）	管径小于或等于100mm	≥25	
				管径大于100mm	≥308	
		塑料管	每1m		1.5	
			全长（25m以上）		≥38	
		钢筋混凝土管、混凝土管	每1m		3	
			全长（25m以上）		≥75	
4	立管垂直度	铸铁管	每1m		3	吊线和尺量检查
			全长（5m以上）		≥15	
		钢管	每1m		3	
			全长（5m以上）		≥10	
		塑料管	每1m		3	
			全长（5m以上）		≥15	

钢管管道焊口允许偏差和检验方法　　　　表 1-12

项次	项 目			允许偏差	检验方法
1	焊口平直度	管壁厚10mm以内		管壁厚1/4	焊接检验尺和游标卡尺检查
2	焊缝加强面	高度		+1mm	
		宽度			
3	咬边	深度		小于0.5mm	直尺检查
		长度	连续长度	25mm	
			总长度（两侧）	小于焊缝长度的10%	

　　注：本内容参照《建筑给水排水及采暖工程施工质量验收规范》GB 50242—2002 第 5.3 节的规定。

　　2．质量保障措施

　　（1）雨水铸铁管、塑料管施工工艺参考室内排水管道的安装。

　　（2）雨水钢管管道安装。

　　1）管道在焊接前应清除接口处的浮锈、油污。

　　2）不得开口焊接支管，焊口不得安装在支、吊架位置上。

　　3）焊接时先点焊三点以上，然后检查预留口位置、方向、变径等无误后，找直、找正，再焊接，坚固卡件，拆掉临时固定件。

4）管材壁厚在 5mm 以上者应对管端焊口部位铲坡口。如用气焊加工管道坡口，必须除去坡口表面的氧化皮，进行防腐处理并将影响焊接质量的凹凸不平处打磨平整。

5）壁厚小于等于 4mm、直径小于等于 50mm 时，应采用气焊；壁厚大于等于 4.5mm，直径大于等于 70mm 时，应采用电焊。

6）管道穿墙处不得有接口（丝接或焊接），管道穿过伸缩缝处应有防冻措施。

7）碳素钢管开口焊接时要错开焊缝，并使焊缝朝向易观察和维修的方向。

8）不同管径的管道焊接，连接时如果两管径相差不超过管径的 15%，可将大管端部缩口与小管对焊；如果两管相差超过小管径的 15%，应加工异径短管焊接。

注：本内容参照《建筑给水排水与采暖工程施工工艺规程》DB51/T 5052—2007 第5.4 节的规定。

1.1.4 室内热水管道安装

1. 质量目标

主控项目

（1）热水供应系统安装完毕、管道保温之前应进行水压试验。试验压力应符合设计要求。当设计未注明时，热水供应系统水压试验压力应为系统顶点的工作压力加 0.1MPa，同时系统顶点的试验压力不小于 0.3MPa。

钢管和复合管道系统在试验压力下 10min 内，压力降不大于 0.02MPa，然后降至工作压力检查，压力应不降，且不渗不漏；塑料管道系统在试验压力下稳压 1h，压力降不得超过 0.05MPa，然后在工作压力 1.15 倍状态下稳压 2h，压力降不得超过 0.03MPa，连接处不得渗漏。

（2）热水供应管道应尽量利用自然弯补偿热伸缩，直线段过长则应设置补偿器。补偿器型式、规格、位置应符合设计要求，并按有关规定进行预拉伸。通过对照设计图纸检查。

（3）热水供应系统竣工后必须进行冲洗。现场观察检查。

一般项目

（4）管道安装坡度应符合设计规定。通过水平尺、拉线尺量检查。

（5）温度控制器及阀门应安装在便于观察和维护的位置。用观察法检查。

（6）热水供应管道和阀门安装的允许偏差应符合表 1-13 的规定。

管道和阀门安装的允许偏差和检验方法　　　　　　表 1-13

项次	项　目			允许偏差（mm）	检验方法
1	水平管道纵横方向弯曲	钢管	每米 全长 25m 以上	1 ≯25	用水平尺、直尺、拉线和尺量检查
		塑料管复合管	每米 全长 25m 以上	1.5 ≯25	
		铸铁管	每米 全长 25m 以上	2 ≯25	

项次	项 目		允许偏差 （mm）	检验方法
2	立管垂直度	钢管	每米 5m 以上	3 ≯8	吊线和尺量检查
		塑料管 复合管	每米 5m 以上	2 ≯8	
		铸铁管	每米 5m 以上	3 ≯10	
3	成排管段和成排阀门	在同一平面上间距	3	尺量检查

（7）热水供应系统管道应保温（浴室内明装管道除外），保温材料、厚度、保护壳等应符合设计规定。保温层厚度和平整度的允许偏差应符合表 1-14 的规定。

管道及设备保温层的允许偏差和检验方法 表 1-14

项 次	项 目		允许偏差 （mm）	检 验 方 法
1	厚度		$+0.1\delta$ -0.05δ	用钢针刺入
2	表面平整度	卷材	5	用 2m 靠尺和楔形塞尺检查
		涂抹	10	

注：δ 为保温层厚度。

注：本内容参照《建筑给水排水及采暖工程施工质量验收规范》GB 50242—2002 第 4.4 节的规定。

2. 质量保障措施

（1）预埋预留

1）制作模具和埋件

① 根据设计图纸，参照预留孔洞尺寸及位置图选定形式，并制作模具。

② 墙上的木砖按要求做好后，在木砖中心钉一个钉子，木砖满刷防腐油。

2）放线、标记

① 在钢筋绑扎前，按图纸要求的规格、位置、标高预留槽、洞或预埋套管、铁件。若设计无规定，可先在钢筋下方的模板上按已知轴线及标高量尺并画出十字标记。两条十字标记拉线的交点即为预留孔洞、木盒、套管及铁件的中心。

② 在砖墙上预留孔洞或预留管槽时，应根据管的位置和标高及轴线量出准确位置。

3）安装模具、预埋件

① 混凝土墙或梁、板上的模具必须按照标注的十字线安装。待支完模板后，在模板上锯出孔洞，将模具或套管钉牢或用钢丝绑靠在周围的钢筋上，并找平、找正。

② 在基础墙上预埋套管时，按标高、位置在砌砖或砌石时镶入，找平、找正，用砂浆稳固。

③ 混凝土捣制构件预埋管道支架时，应按图纸要求找准位置、标高。在支模时，将

预埋件找平后固定在模板上。

④ 在楼板上预埋吊环，事先预制好预埋件。按图纸要求在模板上找好位置、尺寸，画出管路与墙相平行的直线。按规定间距确定吊架预埋件的个数及具体位置。

4）各种管材预留预埋要求

① PVC-C（氯化聚氯乙烯）管

（A）在砌体墙上嵌墙敷设或在楼板上、钢筋混凝土墙体外的找平层中埋设时，管道外径不得大于 25mm；

（B）管道不得采用非粘接连接管件；

（C）管道在槽内应设管卡，其间距可取 1.0m；

（D）砌体墙上墙槽的宽度不宜小于管外径公称直径加 30mm，深度不宜小于公称直径加 30mm。墙槽应横平竖直。管道试压后应用 M7.5 水泥砂浆填补密实。

② PE-X（交联聚乙烯）管、PE-RT（耐热聚乙烯）管

（A）热水管道与冷水管道应平行敷设。水平敷设时热水管道应敷设在外侧，上下敷设时热水管道应敷设在上方。

（B）暗敷在砌体墙上或楼板上、钢筋混凝土墙体外找平层中的管道管径不应大于25mm，中间不得有机械式连接管件，不宜有热熔、电熔连接的管件。管道表面水泥砂浆保护层厚度不应小于 10mm，暗敷设的热水管宜设塑料波纹套管。

（C）在可能受强光照射部位或采用浅色透明管道时，不得明敷。当必须明敷时，应采取避光措施。可能冰冻的室外和室内管道应有防冻保温措施。

（2）套管制作与安装

1）室内热水管道穿过楼板、墙体、基础等处应设置套管。

2）地下室或地下构筑物外墙有管道穿过的，应采取防水措施。对有严格防水要求的建筑物，必须采用柔性防水套管。

3）管道穿越人防设施的套管应按人防设计图制作安装。

4）普通套管管径比穿管管径大 1～2 号。防水套管管径按设计图所选用的标准图集制作。

5）刚性防水套管安装要求

① 石棉应采用 4 级以上机选温石棉。

② 油麻应采用纤维较长、无皮质、清洁、富有韧性的油麻。

③ 水泥不宜采用强度等级低于 32.5 级的硅酸盐水泥。

④ 石棉水泥应在填打前拌和，石棉水泥的质量配合比应为石棉 30%、水泥 70%，水灰比宜小于或等于 0.20，拌好的石棉水泥应在初凝前用完，填打后的接口应及时潮湿养护。

6）柔性防水套管安装要求

① 橡胶密封圈的硬度、物理性能、质量、尺寸和公差及检验等应符合规定。

② 橡胶密封圈使用前应进行检查，不得有割裂、龟裂、错位、错配、飞边等缺陷。

③ 与橡胶圈接触的各表面应洁净，套在穿墙套管上的橡胶圈应平直、无扭曲。

④ 螺栓紧固等应设置在易于人工操作的一侧。螺栓应均匀对称地紧固。

（3）预制加工

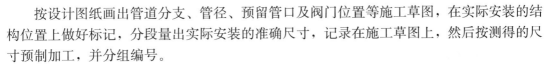

按设计图纸画出管道分支、管径、预留管口及阀门位置等施工草图，在实际安装的结构位置上做好标记，分段量出实际安装的准确尺寸，记录在施工草图上，然后按测得的尺寸预制加工，并分组编号。

管道连接方式众多，有螺纹连接、焊接连接、法兰连接、沟槽式连接、热熔连接、电熔连接、粘接连接等。

（4）热水立管安装

1）修整、凿打楼板穿管孔洞

根据已安出户干管的热水管道各立管甩头位置，在顶层楼地板上找出立管中心线位置，打出一个直径 20mm 左右的小孔，用线坠向下层楼板吊线，找出中心位置打小孔。依次放长线坠向下层吊线，直至已安出户干管热水管道立管甩头处，核对修整各层楼板孔洞位置。开扩修整楼板孔洞，使各层楼板孔洞的中心位置在一条垂线上，且孔洞直径应大于要穿越的立管外径 20～30mm，如遇上层墙减薄使立管距墙过远时，可调整往上板孔中心位置，再扩孔修整，使立管中心距墙位置一样。

2）量尺、下料

确定各层立管上所带的各横支管位置，根据图纸和有关规定，按土建给定的各层标高线来确定各横支管位置与中心线，并将中心线标高画在靠近立管的墙面上。用木尺杆或米尺由上至下逐一量准各层立管所带各横支管中心线标高尺寸，然后记录在木尺杆或草图上直至最底层甩头阀门处，并按量记的各层立管尺寸下料。

3）预制、安装

预制时尽量将每层立管所带的管件、配件在操作台上安装。在预制管段时要严格找准方向。立管调直后可进行主管安装。安装前应先清除立管甩头处阀门的临时封堵物，并清净阀门丝扣内和预制管腔内的污物泥沙等。按立管编号，从最底层阀门处往上，逐层安装给水立管，并从呈 90°的两个方向用线坠吊直给水立管，用铁钎子临时固定在墙上。

4）装立管卡具、封堵楼板眼

按管道支架制作安装工艺装好立管卡具。穿越热水立管周围的楼板孔隙可用水冲洗湿润孔洞四周，吊模板，再用不小于楼板混凝土强度等级的细石混凝土灌严、捣实，待卡具及堵眼混凝土达到强度后拆模。下层楼板封堵完后可按上述方法进行上一层立管安装。如遇墙体变薄或上下层墙体错位，造成立管距墙太远时，可采用冷弯灯叉弯或用弯头调整立管位置，再逐层安装至最高层热水横支管位置处。

（5）热水支管安装

1）修整、凿打楼板穿管孔洞

① 根据图纸设计的横支管位置与标高，结合各类用水设备进水口的不同情况，按土建给定的地面水平线及抹灰层厚度、排尺找准横支管穿墙孔洞的中心位置，用十字线标记在墙面上。

② 按穿墙孔洞位置标记开扩修整预留孔洞，使孔洞中心线与穿墙管道中心线吻合，且孔洞直径应大于管外径 20～30mm。

2）量尺、下料

① 由每个立管各甩头处管件起，至各横支管所带卫生器具和各类用水设备进水口位置，量出横支管 2 个管段间的尺寸，记录在草图上。

② 按设计要求选择适宜的管材及管件，并清除管腔内污杂物。

③ 根据实际测量的尺寸下料。

3）预制安装

① 根据横支管设计排列情况及规范规定，确定管道支吊托架的位置与数量。

② 按设计要求和规范规定的坡度、坡向及管中心与墙面距离，由立管甩头处管件口底边挂横支管的管底边位置线，再依据位置线标高和支吊托架的结构形式，凿打出支吊托架的墙眼。一般墙眼深度不小于120mm。应用水平尺或线坠等按管道底边位置线将已预制好的支吊托架涂刷防锈漆，然后将支架栽牢、找平、找正。

③ 按横支管的排列顺序，预制出各横支管的各管段，同时找准横支管上各甩头管件的位置与朝向。

④ 待预制管段预制完及所栽支吊托架的塞浆达到强度后，可将预制管段依次放在支吊托架上，连接、调直好接口，并找正各甩头管件口的朝向，紧固卡具，固定管道，将敞口处做好临时封堵。

⑤ 用水泥砂浆封堵穿墙管道周围的孔洞，注意不要凸出抹灰面。

4）连接各类用水设备的短支管安装

① 安装各类用水设备的短支管时，应从热水横支管甩头管件口中心吊一线坠，再根据用水设备进水口需要的标高量取短管尺寸，并记录在草图上。

② 根据量尺记录选管下料，接至各类用水设备进水口处。

③ 栽好必需的管道卡具，封堵临时敞口处。

（6）水压试验

热水供应系统安装完毕、管道保温之前应进行水压试验。试验压力应符合设计要求。当设计未注明时，热水供应系统水压试验压力应为系统顶点的工作压力加0.1MPa，同时在系统顶点的试验压力不小于0.3MPa。但塑料管和铝塑复合管的系统试验压力不小于50MPa。

铜管、钢塑复合管、薄壁不锈钢管和超薄壁不锈钢塑料复合管道系统试验压力下10min内压力降不大于0.02MPa，然后降至工作压力检查，压力应不降，且不渗、不漏；塑料管道和铝塑复合管道系统在试验压力下稳压1h，压力降不得超过0.05MPa，然后在工作压力1.15倍状态下稳压2h，压力降不得超过0.03MPa，连接处不得渗漏。

（7）防腐

1）外壁非镀锌钢管表面去污除锈方法、适用范围、施工要点详见表1-15。除锈方法有人工除锈、机械除锈、喷砂除锈。

外壁非镀锌钢管表面去污表

表1-15

去污方法		适用范围	施工要点
溶剂清洗	煤焦油溶剂（甲苯、二甲苯等）、石油矿物溶剂（溶剂汽油、煤油）、氯代烃类（过氯乙烯、三氯乙烯等）	除油、油脂、可溶污物和可溶涂层	有的油垢要反复溶解和稀释，最后要用干净溶剂清洗，避免留下薄膜
碱液	氢氧化钠30g/L、磷酸三钠15g/L、水玻璃5g/L、水适量，也可购买成品	除掉可皂化的油、油脂和其他污物	清洗后要充分冲净，并做钝化处理，用含有0.1%左右的铬酸、重铬酸钠或重铬酸钾溶液清洗表面

续表

去污方法		适用范围	施工要点
乳剂除污	煤油67%、松节油22.5%、月酸5.4%、三乙醇胺3.6%、丁基溶纤剂1.5%	除油、油脂和其他污物	清洗后用蒸汽或热水将残留物从金属表面冲洗净

2）调配涂料。工程中用漆种类繁多，底、面漆不相配会造成防腐失败。

① 根据设计要求按不同管道、不同介质、不同用途及不同材质选择油漆涂料。

② 管道涂色分类：管道应根据输送介质选择漆色，如设计无规定，参考表1-16选择涂料颜色。

管道涂色分类 表1-16

管道名称	颜色	
	底色	色环
热水送水管	绿	黄
热水回水管	绿	褐

③ 将选好的油漆桶开盖，根据原装油漆稀稠程度加入适量稀释剂。油漆的调和程度要考虑涂刷方法，调和至适合手工涂刷或喷涂的稠度。喷涂时，稀释剂和油漆的比可为1∶1～1∶2。

3）油漆涂刷

① 手工涂刷：用油刷、小桶进行。每次油刷蘸油要适量，不要弄到桶外污染环境。手工涂刷要自上而下、从左到右、先里后外、先斜后直、先难后易、纵横交错地进行。漆层厚薄均匀一致，不得漏刷和漏挂。多遍涂刷时每遍不宜过厚。必须在上一遍涂膜干燥后才可涂刷第二遍。

② 浸涂：用于形状复杂的物件防腐。把调和好的漆倒入容器或槽里，然后将物件浸在涂料液中，浸涂均匀后取出涂件，搁置在干净的排架上，待第一遍干后，再浸涂第二遍。

③喷涂法：常用的有压缩空气喷涂、静电喷涂、高压喷涂。

4）油层深层养护

① 油漆施工条件：不应在雨天、雾天、露天和0℃以下环境施工。

② 油漆涂层的成膜养护：溶剂挥发型涂料靠溶剂挥发干燥成膜。氧化-聚合型涂料成膜分为溶剂挥发和氧化反应聚合阶段才达到强度。烘烤聚合型的磁漆只有烘烤养护才能成膜。

（8）保温

1）管道胶泥结构保温涂抹法工艺流程

① 配制与涂抹：先将选好的保温材料按比例称量并混合均匀，然后加水调成胶泥状，准备涂抹使用。DN≤40mm时保温层厚度较薄，可以一次抹好。DN＞40mm时可分几次抹。第一层用较稀的胶泥散敷，厚度一般为2～5mm。待第一层完全干燥后再涂抹第二层，厚度为10～15mm。以后每层厚度均为15～25mm。达到设计要求的厚度为止。表面要抹光，外面再按要求做保护层。

② 缠草绳：根据设计要求，在第一层涂抹后缠草绳，草绳间距为 5～10mm，然后再在草绳上涂抹各层石棉灰，达到设计要求的厚度为止。

③ 缠镀锌钢丝网：保温层的厚度在 100mm 以内时，可用一层镀锌钢丝网缠于保温管道外面；若厚度大于 100mm 时，可做两层镀锌钢丝网。具体做法见图 1-1。

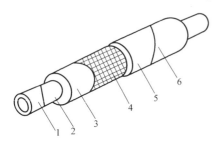

图 1-1　管道胶泥保温结构
1—管道；2—防锈漆；3—保温层；4—钢丝层；
5—保护层；6—防腐体

④ 加温干燥：施工时环境温度不得低于 0℃，为加快干燥可在管内通入高温介质（热水或蒸汽），温度应控制在 80～150℃。

⑤ 法兰、阀门保温时，两侧必须留出足够的间隙（一般为螺栓长度加 30～50mm），以便拆卸螺栓。法兰、阀门安装紧固后再用保温材料填满充实，做好保温。

⑥ 管道转弯处，在接近弯曲管道的直管部分应留出 20～30mm 的膨胀缝，并用弹性良好的保温材料填充。

⑦ 高温管道的直管部分每隔 2～3m、普通供热管道每隔 5～8m 设膨胀缝，在保温层及保护层留出 5～10mm 的膨胀缝并填以弹性良好的保温材料。

2）管道棉毡、矿纤等结构保温绑扎法

① 棉毡缠包保温：先将成卷的棉毡按管径大小裁剪成适当宽度的条带（一般为 200～300mm），以螺旋状包缠到管道上。边缠边压边抽紧，使保温后的密度达到设计要求。当单层棉毡不能达到规定保温层厚度时，可用两层或三层分别缠包在管道上，并将两层接缝错开。每层纵横向接缝处必须紧密接合，纵向接缝应放在管道上部，所有缝隙要用同样的保温材料填充。表面要处理平整、封严。

保温层外径不大于 500mm 时，在保温层外面用直径为 1.0～1.2mm 的镀锌钢丝绑扎，绑扎间距为 150～200mm，每处绑扎的钢丝应不少于两圈；当保温层外径大于 500mm 时，还应加镀锌钢丝网缠包，再用镀锌钢丝绑扎牢。如果使用玻璃丝布或油毡做保护层时，就不必包钢丝网了。保温结构如图 1-2 所示。

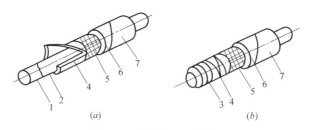

图 1-2　缠包法保温结构
（a）外径小于 500mm 时；（b）外径大于 500mm 时
1—管道；2—防锈漆；3—镀锌钢丝；4—保温毡；5—钢丝网；6—保护层；7—防腐漆

② 矿纤预制品绑扎保温：保温管壳可以用直径 1.0～1.2mm 的镀锌钢丝等直接绑扎在管道上。绑扎保温材料时应将横向接缝错开。采用双层结构时，双层绑扎的保温预制品内外弧度应均匀并盖缝。若保温材料为管壳，应将纵向接缝设置在管道的两侧。用镀锌钢丝或丝裂膜绑扎带时，绑扎的间距不应超过 300mm，并且每块预制品至少应绑扎两处。

每处绑扎的钢丝或带不应少于两圈。其接头应放在预制品的纵向接缝处，使得接头嵌入接缝内。然后将塑料布缠绕包扎在壳外，圈与圈之间的接头搭接长度应为 30～50mm，最后外层包玻璃丝布等保护层，外刷调合漆。

③ 非纤维材料的预制瓦、板保温

（A）绑扎法：适用于泡沫混凝土硅藻土、膨胀珍珠岩、膨胀蛭石、硅酸钙保温瓦等制品。保温材料与管壁之间涂抹一层石棉粉、石棉硅藻土胶泥。一般厚度为 3～5mm，然后再将保温材料绑扎在管壁上。所有接缝均应用石棉粉、石棉硅藻土或与保温材料性能相近的材料配成胶泥填塞。其他过程与矿纤预制品绑扎保温施工相同。保温结构如图 1-3 所示。

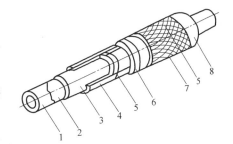

图 1-3　绑扎法保温结构
1—管道；2—防锈漆；3—胶泥；4—保温材料；
5—镀锌钢丝；6—沥青油毡；7—玻璃丝布；
8—保护层

（B）粘贴法：将保温瓦块用胶粘剂直接贴在保温件的面上，保温瓦应将横向接缝错开，粘住即可。涂刷胶粘剂时要保持均匀饱满，接缝处必须填满、严实。

④ 管件绑扎保温：管道上的阀门、法兰、弯头、三通、四通等管件保温时应特殊处理，以便于启闭检修或更换。其做法与管道保温基本相同。

（A）法兰、阀门绑扎保温：先将法兰两旁的空隙用散状保温材料填充满，再用镀锌钢丝将管壳或棉毡等材料绑扎好，外缠玻璃丝布等保护层。做法如图 1-4、图 1-5 所示。

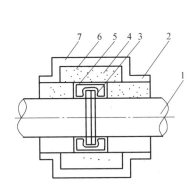

图 1-4　法兰保温结构
1—管道；2—管道保温层；3—法兰；
4—法兰保温层；5—散状保温材料；
6—镀锌钢丝；7—保护层

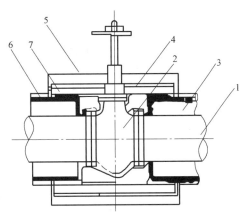

图 1-5　阀门保温结构
1—管道；2—阀门；3—管道保温层；4—绑扎钢丝；
5—填充保温材料；6—镀锌钢丝网；7—保护层

（B）弯管绑扎保温施工：对于预制管壳结构，当管径小于 80mm 时，其结构如图 1-6 所示。施工方法：将空隙用散状保温材料填充，再用镀锌钢丝将裁剪好的直角弯头管壳绑扎好，外做保护层；当管径大于 100mm 时，其结构如图 1-7 所示。施工方法：按照管径的大小和设计要求选好保温管壳，再根据管壳的外径及弯管的曲率半径做虾米腰的样板，将样板套在管壳外，画线裁剪成段，再用镀锌钢丝将每段管壳按顺序绑扎在弯管上，外做保护层即可，若每段管壳连接处有空隙，可用同样的保温材料填充至无缝为止。当管道采用棉毡或其他材料保温时，弯管也可用同样的材料保温。

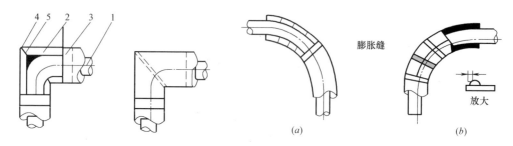

图 1-6　弯管的保温结构（DN＜80mm）
1—管道；2—预制管壳；3—镀锌钢丝；
4—铁皮壳；5—填料（保温材料）

图 1-7　弯管的保温结构（DN＞100mm）
（a）保温层（硬质材料）；（b）金属保护层

（C）三通、四通绑扎保温：三通、四通在发生变化时，各个方向的伸缩量都不一样，很容易破坏保温结构，所以一定要认真、仔细地绑扎牢固，避免开裂。其结构如图 1-8 所示。三通保温管壳做法如图 1-9 所示。

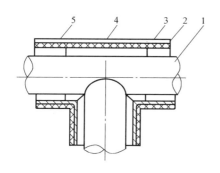

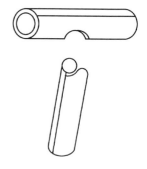

图 1-8　三通保温结构

图 1-9　三通保温管壳

1—管道；2—保温层；3—镀锌钢丝；4—镀锌钢丝网；5—保护层

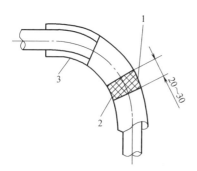

图 1-10　弯管处留膨胀缝位置示意图
1—膨胀缝；2—石棉绳或玻璃棉；
3—硬质保温瓦

⑤ 膨胀缝：管道转弯处用保温瓦做管道保温层时，在直线管段上，相隔 7m 左右留一条间隙 5mm 的膨胀缝。保温管道的支架处应留膨胀缝。接近弯曲管道的直管部分也应留膨胀缝，缝宽均为 20～30mm，并用弹性良好的保温材料填充。弯管处留膨胀缝的位置如图 1-10 所示。

3）橡塑保温材料保温

先把保温管用小刀划开，在划口处涂上专用胶水，然后套在管子上，将两边的划口对接，若保温材料为板材则直接在接口处涂胶、对接。

注：本内容参照《建筑给水排水与采暖工程施

工工艺规程》DB51/T 5052—2007 第6.3节的规定。

1.1.5 卫生器具排水管道安装

1. 质量目标

主控项目

（1）与排水横管连接的各卫生器具的受水口和立管均应采取妥善可靠的固定措施，管道与楼板的接合部位应采取牢固可靠的防渗、防漏措施。通过观察法和手扳检查。

（2）连接卫生器具的排水管道接口应紧密不漏，其固定支架、管卡等支撑位置应正确、牢固，与管道的接触应平整。通过观察法及通水法检查。

一般项目

（3）卫生器具排水管道安装的允许偏差应符合表1-17的规定。

卫生器具排水管道安装的允许偏差及检验方法   表1-17

项次	检查项目		允许偏差 （mm）	检验方法
1	横管弯曲度	每1m长	2	用水平尺量检查
		横管长度≤10m，全长	<8	
		横管长度>10m，全长	10	
2	卫生器具的排水管口及横支管的纵横坐标	单独器具	10	用尺量检查
		成排器具	5	
3	卫生器具的接口标高	单独器具	±10	用水平尺和尺量检查
		成排器具	±5	

（4）连接卫生器具的排水管管径和最小坡度，如设计无要求时，应符合表1-18的规定。用水平尺和尺量检查。

连接卫生器具的排水管管径和最小坡度   表1-18

项次	卫生器具名称		排水管管径 （mm）	管道的最小坡度 （‰）
1	污水盆（池）		50	25
2	单、双格洗涤盆（池）		50	25
3	洗手盆、洗脸盆		32～50	25
4	浴盆		50	20
5	淋浴器		50	20
6	大便器	高、低水箱	100	12
		自闭式冲洗阀	100	12
		拉管式冲洗阀	100	12
7	小便器	手动、自闭式冲洗阀	40～50	20
		自动冲洗水箱	40～50	20
8	化验盆（无塞）		40～50	25
9	净身器		40～50	20
10	饮水器		20～50	10～20
11	家用洗衣机		50（软管为30）	—

注：本内容参照《建筑给水排水及采暖工程施工质量验收规范》GB 50242—2002 第7.4节的规定。

2. 质量保障措施

卫生器具排水管道的安装可以参考本书"1.1.2 室内排水管道安装"中的相关内容。

1.1.6 室内采暖管道安装

1. 质量目标

主控项目

(1) 管道安装坡度，当设计未注明时，应符合下列规定：

1) 汽、水同向流动的热水采暖管道和汽、水同向流动的蒸汽管道及凝结水管道，坡度应为3‰，不得小于2‰；

2) 汽、水逆向流动的热水采暖管道和汽、水逆向流动的蒸汽管道，坡度不应小于5‰；

3) 散热器支管的坡度应为1%，坡向应利于排汽和泄水。

采用观察法，水平尺、拉线、尺量检查。

(2) 补偿器的型号、安装位置及预拉伸和固定支架的构造及安装位置应符合设计要求。通过对照图纸，现场观察检查。

(3) 平衡阀及调节阀型号、规格、公称压力及安装位置应符合设计要求。安装完毕后应根据系统平衡要求进行调试并做出标志。通过对照图纸查验产品合格证，并现场查看。

(4) 蒸汽减压阀和管道及设备上安全阀的型号、规格、公称压力及安装位置应符合设计要求。安装完毕后应根据系统工作压力进行调试，并做出标志。通过对照图纸查验产品合格证及调试结果证明书。

(5) 方形补偿器制作时，应用整根无缝钢管煨制。如需要接口，其接口应设在垂直臂的中间位置，且接口必须焊接。采用观察法检查。

(6) 方形补偿器应水平安装，并与管道的坡度一致；如其臂长方向垂直安装，必须设排汽及泄水装置。采用观察法检查。

一般项目

(7) 热量表、疏水器、除污器、过滤器及阀门的型号、规格、公称压力及安装位置应符合设计要求。通过对照图纸查验产品合格证。

(8) 钢管管道焊口尺寸的允许偏差应符合表1-12的规定。

(9) 采暖系统入口装置及分户热计量系统入户装置，应符合设计要求。安装位置应便于检修、维护和观察。采用现场观察法检查。

(10) 散热器支管长度超过1.5m时，应在支管上安装管卡。通过尺量和观察检查。

(11) 上供下回式系统的热水干管变径应顶平偏心连接，蒸汽干管变径应底平偏心连接。采用观察法检查。

(12) 在管道干管上焊接垂直或水平分支管道时，干管开孔所产生的钢渣及管壁等废弃物不得残留管内，且分支管道在焊接时不得插入干管内。采用观察法检查。

(13) 膨胀水箱的膨胀管及循环管上不得安装阀门。采用观察法检查。

(14) 当采暖热媒为110～130℃的高温水时，管道可拆卸件应使用法兰，不得使用长丝和活接头。法兰垫料应使用耐热橡胶板。采用观察法和查验进料单检查。

（15）焊接钢管管径大于 32mm 的管道转弯，在作为自然补偿时应使用煨弯。塑料管及复合管除必须使用直角弯头的场合外，应使用管道直接弯曲转弯。采用观察法检查。

（16）管道、金属支架和设备的防腐和涂漆应附着良好，无脱皮、起泡、流淌和漏涂缺陷。采用观察法检查。

（17）管道和设备保温的允许偏差应符合表 1-14 的规定。

（18）采暖管道安装的允许偏差应符合表 1-19 的规定。

采暖管道安装的允许偏差和检验方法　　　　　　　　表 1-19

项次	项	目		允许偏差	检验方法
1	横管道纵横方向弯曲（mm）	每 1m	管径≤100mm	1	用水平尺、直尺、拉线和尺量检查
			管径＞100mm	1.5	
		全长（25m 以上）	管径≤100mm	≯13	
			管径＞100mm	≯25	
2	立管垂直度（mm）	每 1m		2	吊线和尺量检查
		全长（5m 以上）		≯10	
3	弯管	椭圆率 $\dfrac{D_{max}-D_{min}}{D_{max}}$	管径≤100mm	10%	用外卡钳和尺量检查
			管径＞100mm	8%	
		折皱不平度（mm）	管径≤100mm	4	
			管径＞100mm	5	

注：D_{max}，D_{min} 分别为管子最大外径及最小外径。

注：本内容参照《建筑给水排水及采暖工程施工质量验收规范》GB 50242—2002 第 8.2 节的规定。

2. 质量保障措施

（1）干管安装

1）按施工草图进行管段的加工预制，包括：断管、套丝、上零件、调直、核对尺寸，按环路分组编号，码放整齐。

2）安装卡架，按设计要求或规定间距安装。吊卡安装时先把吊杆按坡向依次穿在型钢上，吊环按间距位置套在管上，再把管抬起穿上螺栓，拧上螺母，将管固定。安装托架上的管道时，先把管就位在托架上，把第一节管装好 U 形卡，然后安装第二节管，以后各节管均照此进行，紧固好螺栓。

3）干管安装应从进户或分支路点开始，装管前要检查管腔并清理干净。在丝头处涂好铅油，缠好麻，一人在末端扶平管道，一人在接口处把管相对固定并对准丝扣，慢慢转动入扣，用一把管钳咬住前节管件，用另一把管钳转动管至松紧适度，对准调直时的标记，要求丝扣外露 2～3 扣，并清掉麻头。

4）制作羊角弯时，应煨两个 75° 左右的弯头，在连接处锯出坡口，主管锯成鸭嘴形，拼好后应立即点焊、找平、找正、找直，再进行施焊。羊角弯接合部位的口径必须与主管口径相等，其弯曲半径应为管径的 2.5 倍左右。

5）分支阀门离分支点不宜过远。若分支处是系统的最低点，必须在分支阀门前加泄水丝堵。集气罐的进出水口，应开在偏下约为罐高的 1/3 处。丝接应与管道连接调直后安装。其放风管应稳固，若不稳可装两个卡子。集气罐位于系统末端时，应装托、吊卡。

6）采用焊接钢管，先把管子选好调直，清理好管腔，将管运到安装地点。安装程序从第一节开始：把管就位拨正，对准管口使预留口方向准确，找直后用气焊点焊固定（管径小于 50mm 点焊 3 点，管径大于等于 50mm 点焊 4 点），然后施焊，焊完后应保证管道正直。

7）蒸汽管道水平安装时要有适当的坡度，当坡向与蒸汽流动方向一致时，应采用 $i=0.003$ 的坡度；当坡向与蒸汽流动方向相反时，坡度应加大到 $i=0.005\sim0.01$。干管的翻身处及末端应设置疏水器。

8）蒸汽干管的变径、供汽管的变径应为下平安装，凝结水管的变径为同心。管径大于或等于 70mm，变径管长度为 30mm；管径小于或等于 50mm，变径长度为 200mm，见图 1-11。

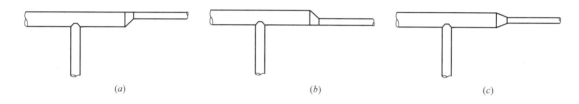

图 1-11　干管变径示意图
（a）热水管道变径；（b）蒸汽管道变径；（c）凝结水管道变径

9）遇有伸缩器，应在预制时按规范要求做好预拉伸，并做好记录。按位置固定，与管道连接好。波纹伸缩器应按要求位置安装好导向支架和固定支架，并分别安装阀门、集气罐等附属设备。

10）管道安装完毕，检查坐标、标高、预留口位置和管道变径等是否正确，然后调直，用水平尺校对复核管道坡度，调整合格后，再调整吊卡螺栓 U 形卡，使其松紧适度，平正一致，最后焊牢固定卡处的止动板。

11）摆正或安装好管道穿结构处的套管，填墙管洞口，预留口处应加好临时管堵。

（2）立管安装

1）核对各层预留孔洞位置是否垂直，然后吊线、剔眼、栽卡子。将预制好的管道按编号顺序运到安装地点。

2）安装前应卸下阀门盖。有钢套管的先穿到管上，按编号从第一节开始安装。

3）检查立管的每个预留口标高、方向、半圆弯等是否准确、平正。用吊杆、线坠从第一节管开始找好垂直度，扶正钢套管，最后填堵孔洞，预留口必须加好临时丝堵。

（3）支管安装

1）检查散热器安装位置及立管预留口是否准确，量支管尺寸和灯叉弯的大小（散热器中心距墙与立管预留口中心距墙之差）。

2）配支管，按量出支管的尺寸，减去灯叉弯的量，然后断管、套丝、煨灯叉弯和调直。将灯叉弯两头抹铅油、缠麻，装好油任，连接散热器，把麻头清理干净。

3）暗装或半暗装的散热器灯叉弯必须与炉片槽墙角相适应。

4）用钢尺、水平尺、线坠校对支管的坡度和平行距墙尺寸，并复查立管及散热器有无移动。按设计或规定的压力进行系统试压及冲洗，合格后办理验收手续，并将水泄净。

5）立支管变径不得使用铸铁补芯，应使用变径管箍。

（4）套管安装

1）管道穿过墙壁和楼板，应设置金属或塑料套管，套管管径应比穿管大两号；

2）安装在楼板内的套管，其顶部应高出装饰地面 20mm；

3）安装在卫生间及厨房内的套管，其顶部应高出装饰地面 50mm；

4）底部应与楼板底面相平，安装在墙壁内的套管，其两端与饰面相平；

5）穿过楼板的套管与管道之间，应用阻燃密实材料和防水油膏填实，端面光滑；

6）穿墙套管与管道之间缝隙宜用阻燃密实材料填实，且端面应光滑；

7）管道的接口不应设在套管内；

8）塑料管、铜管和薄壁不锈钢管穿过屋面，应加刚性套管，刚性套管宜配合主体施工一次浇筑到位；

9）管道与套管应同心，使其达到美观要求。

注：本内容参照《建筑给水排水与采暖工程施工工艺规程》DB51/T 5052—2007 第8.3 节的规定。

1.1.7　室外给水管道安装

1. 质量目标

主控项目

（1）给水管道埋地敷设时，应在当地的冰冻线以下。若必须在冰冻线以上敷设时，应做可靠的保温防潮措施。在无冰冻地区埋地敷设时，管顶的覆土埋深不得小于 500 mm，穿越道路部位的埋深不得小于 700mm。采用现场观察法检查。

（2）给水管道不得直接穿越污水井、化粪池、公共厕所等污染源。采用现场观察法检查。

（3）管道接口法兰、卡扣、卡箍等应安装在检查井或地沟内，不应埋在土壤中。采用现场观察法检查。

（4）给水系统各种井室内的管道安装，若设计无要求，井壁距法兰或承口的距离：管径小于或等于 450mm 时，不得小于 250mm；管径大于 450mm 时，不得小于 350 mm。通过尺量检查。

（5）管网必须进行水压试验，试验压力为工作压力的 1.5 倍，但不得小于 0.6MPa。管材为钢管、铸铁管时，试验压力下 10min 内压力降不应大于 0.05MPa，然后降至工作压力进行检查，压力应保持不变，不渗不漏；管材为塑料管时，试验压力下稳压 1h 压力降不大于 0.05MPa，然后降至工作压力进行检查，压力应保持不变，不渗不漏。

（6）镀锌钢管、钢管的埋地防腐必须符合设计要求，若设计无规定时，可按表 1-20 的规定执行。卷材与管材间应粘贴牢固，无空鼓、滑移、接口不严等。采用观察法和切开防腐层检查。

（7）竣工后，必须对给水管道进行冲洗，饮用水管道还要在冲洗后进行消毒，满足饮用水卫生要求。通过观察冲洗水的浊度和查看有关部门提供的检验报告检查。

管道防腐层种类　　　　　　　　　表 1-20

防腐层层次	正常防腐层	加强防腐层	特加强防腐层
(从金属表面起) 1	冷底子油	冷底子油	冷底子油
2	沥青涂层	沥青涂层	沥青涂层
3	外包保护层	加强包扎层 (封闭层)	加强保护层 (封闭层)
4		沥青涂层	沥青涂层
5		外保护层	加强包扎层 (封闭层)
6			沥青涂层
7			外包保护层
防腐层厚度不小于(mm)	3	6	9

一般项目

(8) 管道的坐标、标高、坡度应符合设计要求，管道安装的允许偏差应符合表 1-21 的规定。

室外给水管道安装的允许偏差和检验方法　　　　　　表 1-21

项次	项 目		允许偏差 (mm)	检验方法
1	坐标	铸铁管 埋地	100	拉线和尺量检查
		铸铁管 敷设在沟槽内	50	
		钢管、塑料管、复合管 埋地	100	
		钢管、塑料管、复合管 敷设在沟槽内或架空	40	
2	标高	铸铁管 埋地	±50	拉线和尺量检查
		铸铁管 敷设在地沟内	±30	
		钢管、塑料管、复合管 埋地	±50	
		钢管、塑料管、复合管 敷设在地沟内或架空	±30	
3	水平管纵横向弯曲	铸铁管 直段(25m 以上) 起点～终点	40	拉线和尺量检查
		钢管、塑料管、复合管 直段(25m 以上) 起点～终点	30	

(9) 管道和金属支架的涂漆应附着良好，无脱皮、起泡、流淌和漏涂等缺陷。通过现场观察法检查。

(10) 管道连接应符合工艺要求，阀门、水表等安装位置应正确。塑料给水管道上的水表、阀门等设施其重量或启闭装置的扭矩不得作用于管道上，当管径≥50mm 时必须设独立的支撑装置。通过现场观察法检查。

(11) 给水管道与污水管道在不同标高平行敷设，其垂直间距在 500mm 以内时，给水管管径小于或等于 200mm 的，管壁水平间距不得小于 1.5m；管径大于 200mm 的，管壁水平间距不得小于 3m。通过观察法和尺量检查。

(12) 铸铁管承插捻口连接的对口间隙应不小于 3mm，最大间隙不得大于表 1-22 的规定。用尺量检查。

铸铁管承插捻口的对口最大间隙   表 1-22

管径(mm)	沿直线敷设(mm)	沿曲线敷设(mm)
75	4	5
100～250	5	7～13
300～500	6	14～22

（13）铸铁管沿直线敷设，承插捻口连接的环形间隙应符合表 1-23 的规定；沿曲线敷设，每个接口允许有 2°转角。用尺量检查。

铸铁管承插捻口的环形间隙   表 1-23

管径(mm)	标准环形间隙(mm)	允许偏差(mm)
75～200	10	+3 −2
250～450	11	+4 −2
500	12	+4 −2

（14）捻口用的油麻填料必须清洁，填塞后应捻实，其深度应占整个环形间隙深度的 1/3。通过观察法和尺量检查。

（15）捻口用的水泥强度应不低于 32.5MPa，接口水泥应密实饱满，其接口水泥面凹入承口边缘的深度不得大于 2mm。通过观察法和尺量检查。

（16）采用水泥捻口的给水铸铁管，在安装地点有侵蚀性的地下水时，应在接口处涂抹沥青防腐层。采用观察法检查。

（17）采用橡胶圈接口的埋地给水管道，在土壤或地下水对橡胶圈有腐蚀的地段，回填土前应用沥青胶泥、沥青麻丝或沥青锯末等材料封闭橡胶圈接口。橡胶圈接口的管道，每个接口的最大偏转角不得超过表 1-24 的规定。通过观察法和尺量检查。

橡胶圈接口最大允许偏转角   表 1-24

公称直径(mm)	100	125	150	200	250	300	350	400
允许偏转角度	5°	5°	5°	5°	4°	4°	4°	3°

注：本内容参照《建筑给水排水及采暖工程施工质量验收规范》GB 50242—2002 第 9.2 节的规定。

2. 质量保障措施

（1）一般规定

1）管道不得敷设在冰冻线以上。

2）管道应由下游向上游依次安装，承插口连接管道的承口朝水流方向。

3）管道穿越公路等有荷载处应设套管，在套管内不得有接口，套管比管外径大两号。

4）管道安装和敷设中断时，应用木塞或其他盖堵将管口封闭，防止杂物进入。

5）在硬聚氯乙烯管道上采用专用管件可直接带水接支管。在同一管道上开多孔时，相邻两孔口间的最小距离不得小于所开孔径的 7 倍。

　6）给水管道上所采用的阀门、管件等的压力等级不应小于管道的设计工作压力，且满足管道水压试验的要求。

　7）在管道施工前，要掌握管线沿途的地下其他管线的布置情况。与相邻管线之间的水平净距不宜小于施工及维护要求的开槽宽度及设置阀门井等附属构筑物要求的宽度，PVC管道与热力管道等高温管道和高压燃气管道等有毒气体管道之间的水平净距离不宜小于1.5m。饮用水管道不得敷设在排水管道和污水管道下面。

　8）塑料管和金属管之间连接，应采用过渡连接件。

　（2）管道敷设前的准备工作

　1）管道敷设应在沟底标高和管道基础检查合格后进行，在敷设管道前要对管材、管件、橡胶圈、阀门等做一次外观检查，发现有问题的不得使用。

　2）准备好下管的机具及绳索，并进行安全检查。对于管径在150mm以上的金属管道可用撬压绳法下管，直径大的要启用起重设备。捻口连接的管道要对接口采取保护措施。

　3）若需设置管道支墩的，支墩设置应已施工完毕。

　4）管道安装前应用压缩空气或其他气体吹扫管道内腔，使管道内部清洁。

　（3）管道的连接

　1）螺纹连接（适用于热镀锌钢管、焊接钢管、无缝钢管）

　①套丝：将断好的管材按管径尺寸分次套制丝扣，公称直径在15～32mm时，套2次；公称直径在40～50mm时，套3次；公称直径在70mm以上时，套3～4次为宜。加工后的管螺纹都应端正、完整，断丝和缺丝总长不应超过全螺纹长度的10%。

　机械套丝，将管子夹在套丝机卡盘上，留出适当长度将卡盘夹紧，对准板套号码，上好板牙，按管径对好刻度的适当位置，紧住固定板机，将润滑剂管对准丝头，开机推板，待丝扣套到适当长度，轻轻松开板机。

　手工套丝，先松开固定板机，把套丝板板盘退到零度，按顺序号上好板牙，把板盘对准所需刻度，拧紧固定板机，将管材放在压力案压力钳内，留出适当长度卡紧，将套丝板轻轻套入管材，使其松紧适度。两手平推并旋转套丝板，带上2～3扣，再站到侧面扳转套丝板，用力要均匀。丝扣即将套成时，轻轻松开板机，开机退板，保持丝扣应有的锥度。管道螺纹长度尺寸详见表1-25。

管道螺纹长度尺寸 表1-25

项次	公称直径		普通丝头		长丝（连接设备用）		短丝（连接阀类用）	
	DN（mm）	英寸	长度（mm）	螺纹数	长度（mm）	螺纹数	长度（mm）	螺纹数
1	15	1/2	14	8	50	28	12.0	6.5
2	20	3/4	16	9	55	30	12.5	7.5
3	25	1	18	8	60	26	15.0	6.5
4	32	$1\frac{1}{4}$	20	9	—	—	17.0	7.5
5	40	$1\frac{1}{2}$	22	10	—	—	19.0	8.0

续表

项次	公称直径		普通丝头		长丝 (连接设备用)		短丝 (连接阀类用)	
	DN (mm)	英寸	长度 (mm)	螺纹数	长度 (mm)	螺纹数	长度 (mm)	螺纹数
6	50	2	24	11	—		21.0	9.0
7	70	2 $\frac{1}{2}$	27	12	—			
8	80	3	30	13	—			
9	100	4	33	14	—			

② 配管安装：螺纹连接时，应在管端螺纹外面敷上填料，用手拧入 2～3 扣，再用管钳一次装紧，留有 2～3 扣螺尾。管螺纹上均需加填料，填料的种类有铅油麻丝、聚四氟乙烯生料带和一氧化铅甘油调合剂等几种，可根据介质的种类进行选择。管道连接后，应把挤到螺纹外面的填料清除掉，填料不应挤入管道。各种填料在螺纹里只能使用一次。螺纹连接，应选用适当的管钳，不应在管钳的手柄上加套管增长手柄来拧紧管子，管钳的选用见表 1-26。安装完后，应清理麻头，做好外露丝扣处的防腐。

管钳适用范围 表 1-26

名 称	规 格	适 用 范 围	
		公称直径(mm)	英制对照
管钳	12″	15～20	1/2″～3/4″
	14″	20～25	3/4″～1″
	18″	32～50	1 $\frac{1}{4}$ ″～2″
	24″	50～80	2″～3″
	36″	80～100	3″～4″

③ 铜管的螺纹连接：铜管螺纹应与焊接钢管的标准螺纹外径相当。连接时，螺纹上应涂石墨、甘油作为密封填料。除此之外，还应遵循钢管螺纹连接的有关规定。安装完成后的所有管口应做好临时封闭。

2）胶圈接口连接（适用于硬聚氯乙烯管道 UPVC、铸铁管道）

① 检查管材、管件及胶圈质量。用棉纱清理干净承口内侧（包括胶圈凹槽）和插口外侧，不得有土或其他杂物，将橡胶圈安装在承口凹槽内，不得扭曲，异形胶网必须安装正确，不得装反。

② 涂刷润滑剂。可用毛刷将润滑剂均匀地涂在装嵌在承口内的胶圈和插口的外表面上。润滑剂不得涂在承口内，不得对胶圈产生影响。

③ 塑料管端插入长度必须留出由于温差产生的伸量，伸量应按施工时的闭合温差计算确定，在一般情况下可按表 1-27 的规定采用。

④ 插入长度确定后，必须按插入长度要求在管端表面划出一圈标记。连接时将插口端对准承口并保持管道轴线平直，将其一次插入，直至标线均匀外露在承口端部。

⑤ 小直径管道插入时宜用人力。在管端垫木块用撬棍将管子推入到位的方法可用于外径不大于 315mm 的管道；外径更大的管道，可用手动葫芦或专用拉力工具等拉入。

硬聚氯乙烯管长 6m 时管端温差伸量　　　　表 1-27

插入时环境最低温度(℃)	设计最大温升(℃)	伸量(mm)
≥15	25	10.5
10～15	30	12.6
5～10	35	14.7

⑥ 若插入时阻力过大，应拔出检查胶圈是否扭曲，不得强行插入。插入后用塞尺顺接口间隙沿管圆周检查胶圈位置是否正确。

⑦ 当采用润滑剂降低插入阻力时，润滑剂应采用管材生产厂家提供的经检验合格的润滑剂。润滑剂必须对管材、弹性密封圈无任何损害作用。对输送饮用水的管道，润滑剂必须无毒、无味、无臭，且不会发育细菌。禁止采用黄油或其他油类作润滑剂。

3）粘接连接

此种连接方式，主要适用于 PVC-U 塑料管。

① 管件和管材的插口在粘接前用棉纱或干布将承口内侧和插口外侧擦拭干净。

② 粘接前，应将管子和管件的承口、插口试插一次，一般插入承口的 3/4 深度。

③ 用毛刷将专用胶粘剂迅速均匀地涂抹在承口的内侧及插口的外侧，先涂承口，后涂插口，涂刷均匀适量。及时用力将管端垂直插入承口，插入粘接时，将插口稍作转动，以利胶粘剂分布均匀，30～60s 可粘牢固。粘牢后，立即将溢出的胶粘剂擦拭干净。

4）热熔连接

热熔连接适用于 PP-R 管（$D_e \leqslant 110$）。

① 用尺子和铅笔在管端测量并标绘出热熔深度线，热熔深度应符合表 1-28 的要求。

PP-R 管热熔连接技术要求　　　　表 1-28

公称直径(mm)	热熔深度(mm)	加热时间(s)	加工时间(s)	冷却时间(min)
20	11.0～14.5	5	4	3
25	12.5～16.0	7	4	3
32	14.6～18.1	8	4	4
40	17.0～20.5	12	6	4
50	20.0～23.5	18	6	5
63	23.9～27.4	24	6	6
75	27.5～31.0	30	10	8
90	32.0～35.5	40	10	8
110	38.0～41.5	50	15	10

注：1. 若环境温度小于 5℃，加热时间应延长 50%；
　　2. $D_e < 63$ 时，可人工操作；$D_e \geqslant 63$ 时，应采用专用进管机具。

② 接通热熔工具电源，达到工作温度（250～270℃）。

③ 熔接弯头或三通时，应按设计图纸要求并注意其方向，在管件和管材的直线方向上，用辅助标记标出位置。

④ 连接时，旋转把管端导入加热套内，达到标记的深度；同时，无旋转把管件推到加热头上，达到规定标记处。加热时间应满足表 1-28 的规定（也可按热熔工具生产厂家的规定）。

⑤ 到达加热时间后，立即把管材与管件从加热套的加热头上同时取下，迅速地、无

旋转地、直线均匀地插入到所标深度，使接头处形成均匀凸缘。

⑥ 在冷却时间内，可对刚熔接好的接头进行校正。

5）水泥捻口（适用于给水铸铁管）

① 清洗管口：用钢丝刷刷净承口内和插口外的毛刺，用气焊烤掉沥青防腐层。

② 打麻：将清洁的油麻搓成直径为环形间隙的 1.5 倍的麻辫，其长度搓拧后为管外径周长加上 100mm，从接口的方向开始向上塞进缝隙里，沿接口向上收紧，边收边用捻凿将麻辫打入承口，凿应压打两圈，从下往上依次打紧、打实。当锤击发出金属声、捻凿被弹回时为打好，被打实的油麻深度为承口深度的 1/3。

③ 调和水泥填料：以直径为 0.2～0.5mm 清洗晒干的砂和硅酸盐水泥为原料，按砂：水泥：水＝1：1：（0.28～0.32）（质量比）的配比拌和，拌好后的填料应手抓成团，松开即散。拌好后的填料宜在 1h 内用完。冬期施工时，需用热水调拌。

④ 将调好的填料一次塞满在承口间隙内，一面塞入填料，一面用捻灰凿分层捣实，捣实程度以捻凿能被弹回为适宜，直至与承口边沿相平为好。相平后可在灰口上涂抹一层水泥保护接口。

⑤ 养护：接口完毕后，用湿泥或草袋封口养护，要防止夏季太阳直射和冬季结冻使接口质量下降，养护期不少于 48h。

6）焊接（适用于热镀锌钢管、焊接钢管、无缝钢管）

① 管道焊接的对口形式，设计无要求时，应符合表 1-29、表 1-30 的规定。

手工电弧焊对口形式及组对要求　　　　　　　　　　　表 1-29

接头名称	对口形式	接头尺寸（mm）			
		壁厚 δ	间隙 C	钝边 P	坡口角度 α（°）
管子对接 V 形坡口		5～8 8～12	1.5～2.5 2～3	1～1.5 1～1.5	60～70 55～65

氧-乙炔焊对口形式及组对要求　　　　　　　　　　　表 1-30

接头名称	对口形式	接头尺寸（mm）			
		壁厚 δ	间隙 C	钝边 P	坡口角度 α（°）
对接不开坡口		＜3	1～2	—	—
对接 V 形坡口		3～6	2～3	0.5～1.5	70～90

② 管道组对前，应将坡口处及内外表面≥10mm 范围内的油、漆、垢、锈蚀层、毛刺等清除干净。焊接前，要将两管轴线对中，先将两管端部点焊牢，一般点焊 3 个点，管径在 150mm 以上点焊 4 个点为宜。管道点焊后，应先检查预留口位置、方向、变径等无误后，找直、找正，再焊接。

③ 管材壁厚在 3mm 以上者，应对管端部位加工坡口。若用气割加工管道坡口，应用锉除去坡口表面的氧化皮、熔渣，将影响焊接质量的表面层打磨平整。

④ 不同管径的管道焊接连接时，如果两管管径相差不超过小管径的 15%，可将大管端部缩口与小管对焊；如果两管相差超过小管径的 15%，应采用成品异径短管焊接。

⑤ 焊缝不应出现未焊透、未熔合、气孔、夹渣、裂纹等缺陷。

⑥ 不应在焊缝处焊接支管、安装支架和吊架，且不应将焊缝留在墙内。

⑦ 碳素钢管开口焊接时，要错开焊缝，并应保持焊缝朝向易观察和维修的方向。

⑧ 铜管钎焊连接：应掌握好管子预热温度，尽可能快速将母材加热，送入焊丝，焊丝应被接头处的热量熔化。焊接过程中，连接处的承口及焊丝应加热均匀。当钎料全部软化后，立即停止加热，焊料渗满焊缝后，保持静止，自然冷却。钎焊后的管件，应在 8h 内进行清洗，除去残留的溶剂和熔渣。

（4）管道的敷设

1）管道应敷设在原状土地基上或开挖后经过回填处理达到设计要求的回填层上。对高于原状地面的填埋试管道，管底的回填处理层必须落在达到支撑能力的原状土层上。

2）敷设管道时，可将管材沿管线方向排放在沟槽边上，依次放入沟底。为减少地沟内的操作量，对焊接连接的管材可在地面上连接到适宜下管的长度；承插连接的在地面连接一定长度，养护合格后下管，粘接连接一定长度后用弹性敷管法下管；橡胶圈柔性连接的宜在沟槽内连接。

3）管道下管可分为人工下管和机械下管、集中下管和分散下管、单节下管和组合下管等方法。下管方法的选择可根据管径大小、管道长度和重量、管材和接口强度、沟槽和现场情况及拥有的机械设备量等条件确定。

4）在沟槽内施工的管道连接处，为便于操作，要挖槽做坑。

5）塑料管道施工中需切割时，切割面要平直。插入式接头的插口管端应削倒角，倒角坡口后管端厚度一般为管壁厚的 1/3～1/2，倒角一般为 15°。完成后应将残屑清除干净，不留毛刺。

6）采用橡胶圈接口的管道，允许沿曲线敷设，每个接口的最大偏转角不得超过 2°。

7）管道安装完毕后应按设计要求防腐。

注：本内容参照《建筑给水排水与采暖工程施工工艺规程》DB51/T 5052—2007 第 9.3 节的规定。

1.1.8　室外排水管道安装

1. 质量目标

主控项目

（1）排水管道的坡度必须符合设计要求，严禁无坡或倒坡。采用水准仪、拉线和尺量检查。

（2）管道埋设前必须做灌水试验和通水试验，排水应畅通，无堵塞，管接口无渗漏。按排水检查井分段试验，试验水头应以试验段上游管顶加 1m，时间不少于 30min，逐段观察。

一般项目

（3）管道的坐标和标高应符合设计要求，安装的允许偏差应符合表1-31的规定。

室外排水管道安装的允许偏差和检验方法 表1-31

项次	项 目		允许偏差（mm）	检验方法
1	坐标	埋地	100	拉线尺量
		敷设在沟槽内	50	
2	标高	埋地	±20	用水平仪、拉线和尺量
		敷设在沟槽内	±20	
3	水平管道纵横向弯曲	每5m长	10	拉线尺量
		全长（两井间）	30	

（4）排水铸铁管采用水泥捻口时，油麻填塞应密实，接口水泥应密实饱满，其接口面凹入承口边缘且深度不得大于2mm。通过观察法和尺量检查。

（5）排水铸铁管外壁在安装前应除锈，涂两遍石油沥青漆。通过现场观察法检查。

（6）承插接口的排水管道安装时，管道和管件的承口应与水流方向相反。通过现场观察法检查。

（7）混凝土管或钢筋混凝土管采用抹带接口时，应符合下列规定，并通过现场观察和尺量检查：

1）抹带前应将管口的外壁凿毛，扫净，当管径小于或等于500mm时，抹带可一次完成；当管径大于500mm时，应分两次抹成，抹带不得有裂纹。

2）钢丝网应在管道就位前放入下方，抹压砂浆时应将钢丝网抹压牢固，钢丝网不得外露。

3）抹带厚度不得小于管壁的厚度，宽度宜为80～100mm。

注：本内容参照《建筑给水排水及采暖工程施工质量验收规范》GB 50242—2002第10.2节的规定。

2. 质量保障措施

（1）管道铺设

1）下管前的准备工作

① 检查管材、套环及接口材料的质量。

② 检查基础的标高和中心线。基础混凝土强度须达到设计强度的50%且不小于5MPa时方准下管。

③ 管径大于700mm或采用列车下管法，须先挖马道，马道宽度为300mm以上，坡度采用1：15。

④ 用其他方法下管时，要检查所用机具无损坏现象方可使用。临时设施要绑扎牢固，下管后座应稳固牢靠。

⑤ 校正测量及复核坡度板是否准确。

⑥ 铺设在地基上的混凝土管，根据管子规格量准尺寸，下管前挖好枕基坑，枕基低于管底皮10mm。

2）下管

① 根据管径大小、现场的施工条件，分别采用压绳、三脚架、倒链、吊车下管等方式。

② 下管前要从两个检查井的一端开始，若为承插管铺设时以承口在前。

③ 稳管前将管口内外刷洗干净，管径在 600mm 以上的平口或承插管道接口，应留有 10mm 缝隙；管径在 600mm 以下者，留出不小于 3mm 的对口缝隙。

④ 下管后找正拨直，在撬杠下垫以木板。相邻两窨井间管子下完后，检查坡度无误即可接口。

⑤ 使用套环接口时，稳好一根管子，再安装一个套环。铺设小口径承插管时，稳好第一节管后，在承口下垫满灰浆，再将第二节管插入，挤入管内的灰浆应从里口抹平。

（2）管道接口

1）承插铸铁管、混凝土管及缸瓦管接口

① 套环接口底混凝土管一般采用水泥砂浆抹口或沥青封口，在承口的 1/2 深度内，宜用油麻填严塞实，再抹 1∶3 水泥砂浆或灌沥青玛琋脂。

② 承插铸铁管或陶土管一般采用 1∶9 水灰比的水泥打口。先在承口内打好 1/3 的油麻，将和好的水泥，自下向上分层打实再抹光，覆盖湿土养护。

2）套环接口

① 调整好套环间隙。用小木楔 3～4 块将缝垫匀，让套环与管同心。套环的结合面用水冲洗干净，保持湿润。

② 按照石棉∶水泥为 3∶7 的配合比拌好填料，用錾子将灰自下而上边填边塞，分层打紧。管径在 600mm 以上的要做到四填十六打；管径在 600mm 以下的采用四填八打，最后找平。

③ 打好的灰口较套环的边凹 2～3mm，要打实、打紧、打匀。填灰打口时，下面垫好塑料布，落在塑料布上的石棉灰，1h 内可再用。

④ 管径大于 700mm 的对口缝较大时，在管内用草绳塞严缝隙，外部灰口打完再取出草绳，随即打实内缝。切勿用力过大，免得松动外面接口。管内、管外打灰口时间不准超过 1h。

⑤ 灰口打完用湿草袋盖住。1h 后洒水养护，连续 3d。

3）平口管子接口

① 水泥砂浆抹带接口必须在八字包接头混凝土浇筑完以后进行抹带工序。

② 抹带前洗刷净接口，并保持湿润。在接口部位先抹上一层薄薄的水泥浆，分两层抹压，第一层为全厚的 1/3。将其表面划成线槽，使表面粗糙，待初凝后再抹第二层。然后用弧形抹子赶光压实，覆盖湿草袋，定时浇水养护。

③ 管子直径在 600mm 以上接口时，对口缝留 10mm。管端若不平以最大缝隙为准。注意接口时不可用碎石、砖块塞缝。处理方法同上所述。

④ 设计无特殊要求时带宽如下：管径小于 450mm 时，带宽为 100mm、高 60mm；管径大于或等于 450mm 时，带宽为 150mm、高 80mm。

4）塑料管溶剂粘接连接

① 检查管材、管件质量。必须将管端外侧和承口内侧彻底除污。

② 采用承口管时，应对承口与插口的紧密程度进行验证。粘接前必须将两管试插一

次，使插入深度及松紧度配合情况符合要求，并在插口段表面画出插入承口深度的标线。管段插入承口深度可按现场实测的承口深度。

③ 涂抹胶粘剂时，应先涂承口内侧，后涂插口外侧，涂抹承口时应顺轴向由里向外涂抹均匀、适量，不得漏涂或涂抹过量。

④ 涂抹胶粘剂后，应立即找正方向对准轴线将管端插入承口，并用力推挤至所画标线。插入后将管旋转 1/4 圈，在不少于 60s 时间内保持施加的外力不变，并保证接口的直度和位置正确。

⑤ 插接完毕后，应及时将接头外部挤出的胶粘剂擦拭干净。应避免受力或强行加载，其静止固化时间不应少于表 1-32 的规定。

静止固化时间 表 1-32

外径 D_e (mm)	管材表面温度	
	18～40℃	5～18℃
≥50	20min	30min
63～90	45min	60min

注：工厂加工各类管件时，粘接固化时间由生产厂家技术条件确定。

⑥ 粘接接头不得在雨中或水中施工，不宜在 5℃ 以下操作。

所使用的胶粘剂必须经过检验，不得使用已出现絮状物的胶粘剂，胶粘剂与被粘接管材的环境温度宜基本相同，不得采用明火或电炉等设施加热胶粘剂。

（3）五合一施工法

1）五合一施工法是指基础混凝土、稳管、八字混凝土、包接头混凝土、抹带等五道工序连续施工。

2）管径小于 600mm 的管道，设计采用五合一施工法时，程序如下：

① 按测定的基础高度和坡度支好模板，并高出管底标高 2～3mm，为基础混凝土的压缩高度。随后及时浇筑。

② 洗刷干净管口并保持湿润。落管时徐徐放下，轻落在基础底下，立即找直找正拨正，滚压至规定标高。

③ 管子稳好后，随后打八字和包接头混凝土，并抹带。但必须使基础混凝土、八字混凝土和包接头混凝土以及抹带合成一体。

④ 打八字前，用水将其接触的基础混凝土面及管皮洗刷干净。八字及包接头混凝土可分开浇筑，但两者必须合成一体。包接头模板的规格质量应符合要求，支搭应牢固，在浇筑混凝土前应将模板用水湿润。

⑤ 混凝土浇筑完毕后，应切实做好保养工作，严防管道受震而使混凝土开裂脱落。

（4）四合一施工方法

1）管径大于 600mm 的管子不得用五合一施工法，可采用四合一施工法。

① 待基础混凝土达到设计强度 50% 和不小于 5MPa 后，将稳管、八字混凝土、包接头混凝土和抹带等四道工序连续施工。

② 不可分隔间断作业。

2）其他施工方法同五合一施工法

（5）室外排水管道闭水试验

管道应于充满水 24h 后进行严密性检查，水位应高于检查管段上游端部的管顶。若地下水位高出管顶时，则应高出地下水位。一般采用外观检查，检查中应补水，水位保持规定值不变，无漏水现象则认为合格。介质为腐蚀性污水的管道不允许渗漏。

注：本内容参照《建筑给水排水与采暖工程施工工艺规程》DB51/T 5052—2007 第 10.3 节的规定。

1.1.9 室外供热管道安装

1. 质量目标

主控项目

（1）平衡阀和调节阀型号、规格及公称压力应符合设计要求。安装后应根据系统要求进行调试并做出标志。通过对照设计图纸及产品合格证检查，并现场观察调试结果。

（2）直埋无补偿热管道预热伸长及三通加固应符合设计要求。回填前应注意检查预制保温层外壳及接口的完好性。回填应按设计要求进行。应在回填前现场验核和观察检查。

（3）补偿器的位置必须符合设计要求，并应按设计要求或产品说明书进行预拉伸。管道固定支架的位置和构造必须符合设计要求。通过对照图纸检查。

（4）检查井室、用户入口处管道布置应便于操作及维修，支、吊托架稳固，并满足设计要求。通过对照图纸，观察检查。

（5）直埋管道的保温应符合设计要求，接口在现场发泡时，接头处厚度应与管道保温层厚度一致，接头处保护层必须与管道保护层成一体，符合防潮防水要求。通过对照图纸，观察检查。

一般项目

（6）管道水平敷设其坡度应符合设计要求。通过对照图纸，用水准仪（水平尺）、拉线和尺量检查。

（7）除污器构造应符合设计要求，安装位置和方向正确。管网冲洗后应清除内部污物。采用打开清扫口检查。

（8）室外供热管道安装的允许偏差应符合表 1-33 的规定。

室外供热管道安装的允许偏差和检验方法 表 1-33

项次	项 目		允许偏差	检验方法
1	坐标（mm）	敷设在沟槽内及架空	20	用水准仪（水平尺）、直尺、拉线
		埋地	50	
2	标高（mm）	敷设在沟槽内及架空	±10	尺量检查
		埋地	±15	
3	水平管道纵、横方向弯曲（mm）	每 1m 管径≤100mm	1	用水准仪（水平尺）、直尺、拉线和尺量检查
		每 1m 管径>100mm	1.5	
		全长（25m 以上）管径≤100mm	≯13	
		全长（25m 以上）管径>100mm	≯25	
4	弯管	椭圆率 $\dfrac{D_{max}-D_{min}}{D_{max}}$ 管径≤100mm	8%	用外卡钳和尺量检查
		椭圆率 $\dfrac{D_{max}-D_{min}}{D_{max}}$ 管径>100mm	5%	
		折皱不平度（mm）管径≤100mm	4	
		折皱不平度（mm）管径 125~200mm	5	
		折皱不平度（mm）管径 250~400mm	7	

（9）管道焊口的允许偏差应符合表 5.3.8 的规定。

（10）管道及管件焊接的焊缝表面质量应符合下列规定，并通过对照图纸，观察检查：

1）焊缝外形尺寸应符合图纸和工艺文件的规定，焊缝高度不得低于母材表面，焊接与母材应圆滑过渡；

2）焊缝及热影响区表面应无裂纹、未熔合、未焊透、夹渣、弧坑和气孔等缺陷。

检验方法：观察检查。

（11）供热管道的供水管或蒸汽管，若设计无规定时，应敷设在载热介质前进方向的右侧或上方。

（12）地沟内的管道安装位置，其净距（保温层外表面）应符合下列规定，并用尺量检查：

与沟壁：100～150mm；

与沟底：100～200mm；

与沟顶（不通行地沟）：50～100mm；

（半通行和通行地沟）：200～300mm。

（13）架空敷设的供热管道安装高度，若设计无规定时，应符合下列规定（以保温层外表面计算），并用尺量检查；

1）人行地区，不小于 2.5m；

2）通行车辆地区，不小于 4.5m；

3）跨越铁路，距轨顶不小于 6m。

（14）防锈漆的厚度应均匀，不得有脱皮、起泡、流淌和漏涂等缺陷。应在保温前通过观察法检查。

（15）管道保温层的厚度和平整度允许偏差应符合表 1-14 的规定。

注：本内容参照《建筑给水排水及采暖工程施工质量验收规范》GB 50242—2002 第 11.2 节的规定。

2. 质量保障措施

（1）直埋管道安装

1）管沟开挖、基底处理和各种井室砌筑完成并通过验收合格后，才可安装管道。保温管应检查保温层是否有损伤，若局部有损伤时，应将损伤部位放在上面，并做好标记，便于统一修理。有报警线的预制保温管，安装前应测试报警线的通断状况和电阻值，合格后才可安装管道。

2）管道宜先在沟边进行分段焊接以减少固定焊口，每段长度一般在 25～35m 为宜。等径直管段中不应采用不同厂家、不同规格、不同性能的预制保温管；当无法避免时应征得设计部门同意。

3）遇有补偿器时，应在预制时按规范要求做好预拉伸并记录。

4）下管时沟内不得站人，采用人工或机械方法下管，吊点的位置按平衡条件选定。应用柔性宽吊带（宽度宜大于 50mm）起吊，并应将管缓慢、平直地下入沟内，不得造成管道弯曲。严禁用铁棍撬动外套管和用钢丝绳直接捆绑外壳，严禁将管道直接推入沟内。注意保护好管道保温层，避免损坏保温层。

5）将下入沟内的管道按照设计要求进行排管、对口、找坡。报警线应在管道上方，施工中，报警线必须防潮；一旦受潮，应采取预热、烘烤等方式干燥。管道内杂物及砂土应清除干净。复查合格后，管口进行点焊固定。

6）焊接处要挖出操作坑，其大小要便于焊接操作。当日工程完工时应将管端用盲板封堵。

7）阀门、配件、补偿器支架等，应在安装前按施工要求预先放在沟边沿线，按设计要求位置进行安装，并在试压前安装完毕。

8）管道安装完毕，应进行水压试验。管道水压试验的程序和结果，应符合设计要求和规范规定，办理隐检试压手续，把水泄净。

9）水压试验合格后对焊口进行防腐和补做保温层。应将接口钢管表面、两侧保温端面和搭接段外壳表面的水分、油污、杂质和端面保护层去除干净。

10）管道接口使用现场聚氨酯发泡时，环境温度宜为20℃，不应低于10℃；管道温度不应超过50℃。管道接口保温不宜在冬期进行。不能避免时，应保证接口处环境温度不低于10℃，严禁管道浸水、覆雪。接口周围应留有操作空间。

11）接口保温采用套袖连接时，套袖与外壳管连接应采用电阻热溶焊，也可采用热收缩套或塑料热空气焊，采用塑料热空气焊应用机械施工。套袖安装完毕后，发泡前应做气密性试验，升压至0.02MPa，接缝处用肥皂水检验，无泄漏为合格。

12）采用玻璃钢外壳的管道接口，使用模具作为接口保温时，接口处的保温层应和管道保温层保持顺直，无明显凸凹及空洞。接口处、玻璃钢防护壳表面应光滑顺直，无明显凸起、凹坑、毛刺。防护壳厚度不应小于管道防护壳厚度，两侧搭接不应小于80mm。

13）直埋管道敞口预热宜选用充水预热方式，也可采用电加热。预拉伸处理和敞口预热时，应在保证管道伸长量符合设计值并且保持不变时进行覆土夯实。

14）管道及配件安装工程完毕后，应进行质量验收。验收合格后，应及时进行沟槽回填。

15）沟槽回填前应先将槽底清除干净，有积水时应先排除。沟槽胸腔部位应填砂或过筛的细土，回填料种类由设计确定。填砂时，回填高度应符合设计要求；填土时，筛土颗粒不大于20mm，回填范围为保温管顶以上150mm以下的部位。再分层回填素土，逐层夯实，满足回填土质量要求。

16）最后进行供热试运行。

（2）地沟管道安装

1）对于不通行地沟安装管道，应在土建将地沟沟底施工完成，并将管道支座预制完成后，按图纸标高进行复查并在沟底上弹出地沟的中心线，按设计要求安装支座及托架。

管道支座安装，应先在预制好的支座上画出中心线，将支座运至安装位置，铺上水泥砂浆，然后安放支座，找正找平，核对定位线。用水准仪测量各支座标高和支座坡度是否符合要求，不合适的支座应调整砂浆厚度，使其达到要求。

2）对于半通行地沟和通行地沟安装管道，应在土建将沟底和沟壁施工完毕后，按设计给出的管道一端管底标高和管道的坡度值计算确定管道另一端管底标高，用两端点标高量尺定点，在地沟内壁上进行放线即为管道安装的坡度线，把坡度线作为安装的基准线。支架位置按设计图纸标注及规定的间距来确定。

3）半通行地沟和通行地沟的管道安装在地沟的一侧或两侧，支架应采用型钢，支架的间距若无设计要求，应满足表 1-34 的规定。管道的坡度应按设计规定确定。

钢管及非沟槽式连接的钢塑管支架安装最大间距　　　表 1-34

公称直径(mm)		15	20	25	32	40	50	70
支架最大间距	保温管(m)	2	2.5	2.5	2.5	3	3	4
	不保温管(m)	2.5	3	3.5	4	4.5	5	6
公称直径(mm)		80	100	125	150	200	250	300
支架最大间距	保温管(m)	4	4.5	6	7	7	8	8.5
	不保温管(m)	6	6.5	7	8	9.5	11	12

4）沟壁上的型钢支架做法宜根据工程实际选择栽埋法、膨胀螺栓法、预埋焊接法等安装形式。若支架的一端固定在沟底上，且管道为多层铺设时，应待下层管道安装后，将此端支架焊在沟底的预埋铁件上，或将其埋入沟底的预留支架孔内并进行二次灌浆固定。支架安装要平直牢固。

5）管道和管件应在沟边地面组装，长度以便于吊装为宜。

6）遇有补偿器时，应在预制时按规范要求做好预拉伸并记录。

7）管道吊装可采用机械或人工起吊，绑扎管道的钢丝绳吊点位置应以管道不产生弯曲为宜。已吊装尚未连接的管段，要用支架上的卡子固定好。

8）管道放在支座上时，用水平尺找平找正。安装在滑动支架上时，要在补偿器拉伸并找正位置后才能焊接。为了便于焊接，焊接连接口要选在便于操作的位置。

9）同一地沟内有几层管道时，安装顺序应从最下面一层开始，再安装上面的管道。

10）按设计和施工规范规定位置，分别安装阀门、集气罐、补偿器等附属设备并与管道连接好。

11）管道安装时坐标、标高、坡度、甩口位置、变径等复核无误后，再把吊卡架螺栓紧好，最后焊牢固定卡处的止动板。

12）试压冲洗，办理隐检手续，把水泄净。

13）管道防腐保温，应符合设计要求和施工规范规定，经检查验收。

14）将管沟清理干净，盖沟盖板，回填土，最后进行供热试运行。

注：本内容参照《建筑给水排水与采暖工程施工工艺规程》DB51/T 5052—2007 第11.3 节的规定。

1.1.10　建筑中水管道安装

1. 质量目标

主控项目

（1）中水高位水箱应与生活高位水箱分设在不同的房间内，若条件不允许只能设在同一房间时，与生活高位水箱的净距离应大于 2m。通过观察法和尺量检查。

（2）中水给水管道不得装设取水水嘴。便器冲洗宜采用密闭型设备和器具。绿化、浇洒、汽车冲洗宜采用壁式或地下式的给水栓。通过观察法检查。

（3）中水供水管道严禁与生活饮用水给水管道连接，应采取下列措施，并用观察法检查：

1）中水管道外壁应涂浅绿色标志；

2）中水池（箱）、阀门、水表及给水栓均应有"中水"标志。

（4）中水管道不宜暗装于墙体和楼板内。若必须暗装于墙槽内时，必须在管道上设置明显且不会脱落的标志。通过观察法检查。

一般项目

（5）中水给水管道管材及配件应采用耐腐蚀的给水管管材及附件。通过观察法检查。

（6）中水管道与生活饮用水管道、排水管道平行埋设时，其水平净距离不得小于0.5m；交叉埋设时，中水管道应位于生活饮用水管道下面、排水管道的上面，其净距离不应小于0.15m。通过观察法和尺量检查。

注：本内容参照《建筑给水排水及采暖工程施工质量验收规范》GB 50242—2002 第12.2节的规定。

2. 质量保障措施

建筑中水管道的安装可以参考"1.1.1 室内给水管道安装"的有关内容。

1.1.11　供热锅炉管道安装

1. 质量目标

主控项目

（1）连接锅炉及辅助设备的工艺管道安装完毕后，必须进行系统的水压试验，试验压力为系统中最大工作压力的1.5倍。

在试验压力10min内压力降不超过0.05MPa，然后降至工作压力进行检查，不渗、不漏为合格。

（2）管道焊接质量应符合下列要求和表5.3.8的规定，并通过观察法检查。

1）焊缝外形尺寸应符合图纸和工艺文件的规定，焊缝高度不得低于母材表面，焊接与母材应圆滑过渡；

2）焊缝及热影响区表面应无裂纹、未熔合、未焊透、夹渣、弧坑和气孔等缺陷。

一般项目

（3）连接锅炉及辅助设备的工艺管道安装允许偏差应符合表1-35的规定。

工艺管道安装的允许偏差和检验方法　　　　　　　　表 1-35

项次	项　　目		允许偏差（mm）	检 验 方 法
1	坐标	架空	15	水准仪、拉线和尺量
		地沟	10	
2	标高	架空	±15	水准仪、拉线和尺量
		地沟	±10	
3	水平管道纵、横方向弯曲	DN≤100mm	2‰,最大50	直尺和拉线检查
		DN>100mm	3‰,最大70	
4	立管垂直		2‰,最大15	吊线和尺量
5	成排管道间距		3	直尺尺量
6	交叉管的外壁或绝热层间距		10	

注：本内容参照《建筑给水排水及采暖工程施工质量验收规范》GB 50242—2002 第

13.3 节的规定。

2. 质量保障措施

（1）参见"1.1.1 室内给水管道安装"的相关内容。

（2）连接锅炉及辅助设备的工艺管道安装完毕后，必须进行系统的水压试验，试验压力为系统中最大工作压力的 1.5 倍。在试验压力 10min 内压力降不超过 0.05MPa，然后降至工作压力进行检查，不渗、不漏为合格。

（3）管道连接的法兰、焊缝和连接管件以及管道上的仪表、阀门的安装位置应便于检修，并不得紧贴墙壁、楼板或管架。

（4）连接锅炉及辅助设备的工艺管道安装允许偏差应符合表 1-36 的规定。

工艺管道安装的允许偏差和检验方法   表 1-36

项次	项　　目		允许偏差（mm）	检查方法
1	坐标	架空	15	水准仪、拉线和尺量
		地沟	10	
2	标高	架空	±15	水准仪、拉线和尺量
		地沟	±10	
3	水平管道纵横方向弯曲	DN≤100mm	2‰，最大 50	直尺和拉线检查
		DN>100mm	3‰，最大 70	
4	立管垂直		2‰，最大 15	吊线和尺量
5	成排管道间距		3	直尺尺量
6	交叉管的外壁或绝热层间距		10	

（5）设备管道防腐可以参考本书"1.1.4 室内热水管道安装"的相关内容。在涂刷油漆前，必须清除管道及设备表面的灰尘、污垢、锈斑、焊渣等物。涂漆的厚度应均匀，不得有脱皮、起泡、流淌和漏涂等缺陷。

（6）设备管道保温可以参考本书"1.1.4 室内热水管道安装"的相关内容。

注：本内容参照《建筑给水排水与采暖工程施工工艺规程》DB51/T 5052—2007 第12.4 节的规定。

1.2　地漏水封深度细则

📋《质量安全手册》第 3.9.2 条：

地漏水封深度符合设计和规范要求。

📖 实施细则：

1. 质量目标

排水栓和地漏的安装应平正、牢固，低于排水表面，周边无渗漏。地漏水封高度不得小于 50mm。通过试水观察检查。

注：本内容参照《建筑给水排水及采暖工程施工质量验收规范》GB 50242—2002 第

7.2.1 条的规定。

2. 质量保障措施

（1）地漏安装前核对地面标高，按地面水平线采用 0.02 的坡度，再低 5～10mm 为地漏表面标高。

（2）地漏安装后用 1∶2 水泥砂浆将其固定。

（3）带水封的地漏水封深度不得小于 50mm。

注：本内容参照《建筑给水排水设计规范》GB 50015—2003（2009 年版）第 4.5.9 条的规定。

1.3　PVC 管道阻火圈、伸缩节安装细则

📋《质量安全手册》第 3.9.3 条：

> **PVC 管道的阻火圈、伸缩节等附件安装符合设计和规范要求。**

📖 **实施细则：**

1.3.1　阻火圈

1. 质量目标

高层建筑中明设排水塑料管道应按设计要求设置阻火圈或防火套管。通过现场观察法检查。

注：本内容参照《建筑给水排水及采暖工程施工质量验收规范》GB 50242—2002 第 5.2.4 条的规定。

2. 质量保障措施

（1）阻火圈是由阻燃膨胀剂制成的、套在硬塑料排水管外壁可在发生火灾时将管道封堵、防止火势蔓延的套圈式装置。

（2）高层建筑内明敷管道，当设计要求采取防止火灾贯穿措施时，应设置防火套管及阻火圈。

注：本内容参照《建筑给水排水与采暖工程施工工艺规程》DB51/T 5052—2007 第 2.0.16、5.3.3（2）条的规定。

1.3.2　伸缩节

1. 质量目标

排水塑料管必须按设计要求及位置装设伸缩节。若设计无要求时，伸缩节间距不得大于 4m。通过现场观察法检查。

注：本内容参照《建筑给水排水及采暖工程施工质量验收规范》GB 50242—2002 第 5.2.4 条的规定。

2. 质量保障措施

塑料管应按设计要求及位置装设伸缩节。若设计无要求时，伸缩节间距不应大于 4m。

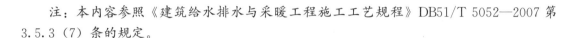

注：本内容参照《建筑给水排水与采暖工程施工工艺规程》DB51/T 5052—2007 第3.5.3（7）条的规定。

1.4 管道穿越楼板、墙体时的处理细则

📋《质量安全手册》第3.9.4条：

管道穿越楼板、墙体时的处理符合设计和规范要求。

📖实施细则：

1. 质量目标

主控项目

（1）与排水横管连接的各卫生器具的受水口和立管均应采取妥善可靠的固定措施；管道与楼板的接合部位应采取牢固可靠的防渗、防漏措施。通过现场观察法和手扳检查。

注：本内容参照《建筑给水排水及采暖工程施工质量验收规范》GB 50242—2002 第7.4.1条的规定。

一般项目

（2）通向室外的排水管穿过墙壁或基础必须下返时，应采用45°三通和45°弯头连接，并应在垂直管段顶部设置清扫口。通过现场观察法和尺量检查。

（3）室外给水管道穿过井壁处，应用水泥砂浆分两次填塞严密、抹平，不得渗漏。通过现场观察法检查。

注：本内容参照《建筑给水排水及采暖工程施工质量验收规范》GB 50242—2002 第5.2.13、9.4.10条的规定。

2. 质量保障措施

（1）地下室或地下构筑物外墙有管道穿过的，应采取防水措施。对有严格防水要求的建筑物，必须采用柔性防水套管；

（2）管道穿过结构伸缩缝、抗震缝及沉降缝敷设时，应根据情况采取下列保护措施：

1）在墙体两侧采取柔性连接。

2）在管道或保温层外皮上、下部留有不小于150mm的净空。

3）在穿墙处做成方形补偿器，水平安装。

（3）管道穿过墙壁和楼板，应设置金属或塑料套管。安装在楼板内的套管，其顶部应高出装饰地面20mm；安装在卫生间及厨房内的套管，其顶部应高出装饰地面50mm，底部应与楼板底面相平；安装在墙壁内的套管其两端与饰面相平。穿过楼板的套管与管道之间缝隙应用阻燃密实材料和防水油膏填实，端面光滑。穿墙套管与管道之间缝隙宜用阻燃密实材料填实，且端面应光滑。管道的接口不得设在套管内。

注：本内容参照《建筑给水排水及采暖工程施工质量验收规范》GB 50242—2002 第3.3.3、3.3.4、3.3.13条的规定。

（4）给水管道不宜穿越伸缩缝、沉降缝、变形缝。若必须穿越时，应设置补偿管道伸缩和剪切变形的装置。

（5）给水管道应避免穿越人防地下室，必须穿越时应按要求设置防护阀门等措施。

（6）给水管道穿越下列部位或接管时，应设置防水套管：

1）穿越地下室或地下构筑物的外墙处；

2）穿越屋面处（有可靠的防水措施时，可不设套管）；

3）穿越钢筋混凝土水池（箱）的壁板或底板连接管道时。

（7）明设的给水立管穿越楼板时，应采取防水措施。

（8）建筑物内的给水泵房，管道支架、吊架和管道穿墙、楼板处，应采取防止固体传声措施。

（9）当建筑塑料排水管穿越楼层、防火墙、管道井井壁时，应根据建筑物性质、管径和设置条件以及穿越部位防火等级等要求设置阻火装置。

（10）排水管穿过地下室外墙或地下构筑物的墙壁处，应采取防水措施。

（11）排水管道在穿越楼层设套管且立管底部架空时，应在立管底部设支墩或其他固定措施。地下室立管与排水横管转弯处也应设置支墩或固定措施。

（12）热水管穿越建筑物墙壁、楼板和基础处应加套管，穿越屋面及地下室外墙时应加防水套管。

注：本内容参照《建筑给水排水设计规范》GB 50015—2003（2009 年版）第 3.5.11、3.5.20、3.5.22、3.5.23、3.8.12、4.3.11、4.3.20、4.3.22、5.6.15 条的规定。

1.5　室内外消火栓安装细则

📋《质量安全手册》第 3.9.5 条：

室内、外消火栓安装符合设计和规范要求。

📖实施细则：

1.5.1　室内消火栓

1. 质量目标

主控项目

（1）室内消火栓系统安装完成后，应取屋顶层（或水箱间内）试验消火栓和首层取两处消火栓做试射试验，达到设计要求为合格。通过实地试射的方法检查。

一般项目

（2）安装消火栓水龙带，水龙带与水枪和快速接头绑扎好后，应根据箱内构造将水龙带挂放在箱内的挂钉、托盘或支架上。通过现场观察法检查。

（3）箱式消火栓的安装应符合下列规定，并通过现场观察法和尺量检查：

1）栓口应朝外，并不应安装在门轴侧。

2）栓口中心距地面为 1.1m，允许偏差±20mm。

3）阀门中心距箱侧面为 140 mm，距箱后内表面为 100 mm，允许偏差±5mm。

4）消火栓箱体安装的垂直度允许偏差为 3mm。

注：本内容参照《建筑给水排水及采暖工程施工质量验收规范》GB 50242—2002 第 4.3 节的规定。

2. 质量保障措施

（1）干管安装

消火栓系统干管安装应根据设计要求使用管材。

（2）立管安装

1）立管暗装在竖井内时，在管井内预埋铁件上安装卡件固定，立管底部的支、吊架要牢固，防止立管下坠。

2）立管明装时每层楼板要预留孔洞，立管可随结构穿入，以减少立管接口。

（3）消火栓及支管安装

1）消火栓箱体要符合设计要求，产品均应有消防部门的制造许可证及合格证方可使用。

2）消火栓支管要以栓阀的坐标、标高定位甩口，核定后再稳固消火栓箱，箱体找正稳固后再把栓阀安装好，栓阀侧装在箱内时应在箱门开启的一侧，箱门开启应灵活。

3）消火栓箱体安装在轻质隔墙上时，应有加固措施。

（4）消防水泵、高位水箱和水泵结合器安装

1）消防水泵安装：水泵的规格型号应符合设计要求，水泵应采用自灌式吸水，水泵基础按设计图纸施工，吸水管应加减震接头。当设计无要求时，加压泵可设减震装置，恒压泵加减震装置，进出水口加减震防噪声设施，水泵出口宜加缓闭式止回阀。配管法兰应与水泵、阀门的法兰相符，阀门安装手轮方向应便于操作，标高一致，配管排列整齐。

2）高位水箱安装：整体式水箱应在结构封顶及塔吊拆除前就位，并应做满水试验。消防用水与其他用水共用水箱时，应确保消防用水不被他用，留有 10min 的消防总用水量。消防出水管应加止回阀（防止消防加压时，水进入水箱）。所有水箱管口均应预制加工，如果现场开口焊接应在水箱上焊加强板。

3）水泵结合器安装：规格应根据设计选定，其安装位置应有明显标志，阀门位置应便于操作，结合器附近不得有障碍物。安全阀应按系统工作压力定压，以防止消防车加压过高破坏室内管网及部件，结合器应装有泄水阀。

（5）管道试压

消防管道试压可分层、分段进行，充水时最高点要有排气装置。高低点各装一块压力表，上满水后检查管路有无渗漏，若有法兰、阀门等部位渗漏，应在加压前紧固，升压后再出现渗漏时做好标记，卸压后处理，必要时泄水处理。试压环境温度不得低于 5℃，当低于 5℃时，水压试验应采取防冻措施。试验压力应为设计工作压力的 1.5 倍，并不低于 0.6MPa。缓慢升压，达到试验压力后，稳压 30min，管网应无泄漏和变形，且压力降不大于 0.05MPa，水压试验合格。降压至工作压力，进行严密性试验，稳压 24h，无泄漏为合格。试压合格后及时办理验收手续。

（6）管道冲洗

消防管道在试压完毕后可连续做冲洗工作。冲洗前先将系统中的流量减压孔板、过滤装置拆除，冲洗水质合格后重新装好。

（7）消火栓配件安装

消火栓配件安装应在交工前进行。消防水龙带应折放在挂架上或卷实、盘紧放在箱内，消防水枪要竖放在箱体内侧，自救式水枪和软管应放在挂卡上或箱底部。消防水龙带与水枪快速接头的连接用配套卡箍锁紧。设有电控按钮时，应注意与电气专业配合施工。

（8）系统通水调试

消防系统通水调试应达到消防部门测试规定的条件。消防水泵应接通电源并已试运转。测试最不利点的消火栓的压力和流量能满足设计要求。

注：本内容参照《建筑给水排水与采暖工程施工工艺规程》DB51/T 5052—2007 第4.4节的规定。

1.5.2　室外消火栓

1. 质量目标

主控项目

（1）系统必须进行水压试验，试验压力为工作压力的 1.5 倍，但不得小于 0.6MPa。试验压力下，10min 内压力降不大于 0.05MPa，然后降至工作压力进行检查，压力保持不变，不渗不漏。

（2）消防管道在竣工前，必须对管道进行冲洗。通过观察冲洗出水的浊度检查。

（3）消防水泵接合器和消火栓的位置标志应明显，栓口的位置应方便操作。消防水泵接合器和室外消火栓当采用墙壁式时，若设计未要求，进、出水栓口的中心安装高度距地面应为 1.10m，其上方应设有防坠落物打击的措施。通过现场观察法和尺量检查。

一般项目

（4）室外消火栓和消防水泵接合器的各项安装尺寸应符合设计要求，栓口安装高度允许偏差为 ±20mm。通过尺量检查。

（5）地下式消防水泵接合器的顶部进水口或地下式消火栓的顶部出水口与消防井盖底面的距离不得大于 400mm，井内应有足够的操作空间，并设爬梯。寒冷地区井内应做防冻保护。通过现场观察法和尺量检查。

（6）消防水泵接合器的安全阀及止回阀安装位置和方向应正确，阀门启闭应灵活。通过现场观察法和手扳检查。

注：本内容参照《建筑给水排水及采暖工程施工质量验收规范》GB 50242—2002 第9.3节的规定。

2. 质量保障措施

（1）室外消火栓的安装应参照标准图集《室外消火栓安装》01S201、《消防水泵接合器安装》99S203。

（2）消火栓管道的安装分为支管安装和干管安装两种形式，要根据现场的实际地理情况选用。

（3）安装形式为"浅装"的消火栓，从干管接出的支管应尽量短。

（4）消火栓短管与给水管道的连接可采用法兰、承插接口形式，一般情况下压力为 1.6MPa 的采用法兰连接，压力为 1.0MPa 的采用承插连接，订货时要注明连接形式。

（5）消火栓弯管底座或消火栓三通下设支墩，支墩必须托紧弯管或三通底部。

（6）当泄水口位于井室之外时，应在泄水口处做卵石渗水层，卵石粒径为20～30mm，铺设半径不小于500mm，铺设深度为自泄水口以上200mm至槽底。铺设卵石时应注意保护泄水装置。

（7）埋入土中的管道防腐按图纸设计要求，法兰接口涂沥青冷底子油及沥青漆各两道，并用沥青麻布或0.2mm厚塑料薄膜包严。

（8）采暖室外计算温度低于－15℃的地区，应做保温井口或采取其他保温措施。

（9）消火栓的水压试验和冲洗参照管网水压试验和冲洗。

注：本内容参照《建筑给水排水与采暖工程施工工艺规程》DB51/T 5052—2007第9.4节的规定。

1.6 水泵安装细则

📋《质量安全手册》第3.9.6条：

水泵安装牢固，平整度、垂直度等符合设计和规范要求。

📖实施细则：

1. 质量目标

主控项目

（1）水泵就位前的基础混凝土强度、坐标、标高、尺寸和螺栓孔位置必须符合设计规定。通过对照图纸用仪器和尺量检查。

注：本内容参照《建筑给水排水及采暖工程施工质量验收规范》GB 50242—2002第4.4.1条的规定。

一般项目

（2）室内给水设备安装的允许偏差应符合表1-37的规定。

室内给水设备安装的允许偏差和检验方法　　　　　　　表1-37

项次	项　　目			允许偏差（mm）	检　验　方　法
1	静置设备	坐标		15	经纬仪或拉线、尺量
		标高		±5	用水准仪、拉线和尺量检查
		垂直度（每1m）		5	吊线和尺量检查
2	离心式水泵	立式泵体垂直度（每1m）		0.1	水平尺和塞尺检查
		卧式泵体水平度（每1m）		0.1	水平尺和塞尺检查
		联轴器同心度	轴向倾斜（每1m）	0.8	在联轴器互相垂直的四个位置上用水准仪、百分表或测微螺钉和塞尺检查
			径向位移	0.1	

（3）锅炉辅助设备安装的允许偏差应符合表1-38的规定。

锅炉辅助设备安装的允许偏差和检验方法　　　　　表 1-38

项次	项　目		允许偏差（mm）	检验方法
1	送、引风机	坐标	10	经纬仪、拉线和尺量
		标高	±5	水准仪、拉线和尺量
2	各种静置设备（各种容器、箱、罐等）	坐标	15	经纬仪、拉线和尺量
		标高	±5	水准仪、拉线和尺量
		垂直度（每1m）	2	吊线和尺量
3	离心式水泵	泵体水平度（每1m）	0.1	水平尺和塞尺检查
		联轴器同心度　轴向倾斜（每1m）	0.8	水准仪、百分表（测微螺钉）和塞尺检查
		联轴器同心度　径向位移	0.1	

注：本内容参照《建筑给水排水及采暖工程施工质量验收规范》GB 50242—2002 第4.4.7 和 13.3.10 条的规定。

2. 质量保障措施

（1）验收基础：按设计图纸复核基础尺寸及螺栓孔或预埋螺栓尺寸。将基础表面清扫干净，地脚螺栓孔打毛，用水冲洗并清理干净。

（2）水泵就位与初平：将水泵置于基础上，然后穿上地脚螺栓并带螺母，底座下放置垫铁（每组为斜垫铁2块），用水平尺初步找平后灌混凝土。

（3）精平与抹平：待混凝土凝固期满进行精平并拧紧地脚螺母，每组垫铁以点焊固定。基础表面打毛，水冲洗后用水泥砂浆抹平。

（4）另带联轴器水泵安装需增加电动机就位与初平、调整联轴器等工艺环节。而后将水泵电动机的地脚螺栓孔灌满混凝土，待养护期后再按表1-39的规定复核联轴器的同心度。

联轴器间隙与轮缘允许误差标准表　　　　　表 1-39

对轮直径（mm）	间隙（mm）	轮缘检查上、下、左、右允许误差	
		允许误差（mm）	允许误差极限（mm）
φ250 以下	3～4	0.03	0.75
φ250 以上	4～5	0.04	0.10

找正方法：中心找正以水泵轴线为基准；标高找正以水泵底为基准；吸水管连接要平整、垂直、密封。

（5）加油盘车：检查泵上的油杯和往孔内注油，盘动联轴器，使水泵电动机转动灵活。

（6）试运转：将泵出水管上的阀件关闭，随泵启动运转再逐渐打开，并检查有无异常、电动机温升、水泵运转、压力表及真空表的指针数值、接口严密程度符合要求。

注：本内容参照《建筑给水排水与采暖工程施工工艺规程》DB51/T 5052—2007 第4.6.3 条的规定。

1.7　仪表和阀门安装细则

《质量安全手册》第 3.9.7 条：

仪表安装符合设计和规范要求。阀门安装应方便操作。

实施细则：

1.7.1 仪表安装

1. 质量目标

主控项目

（1）管道连接的法兰、焊缝和连接管件以及管道上的仪表、阀门的安装位置应便于检修，并不得紧贴墙壁、楼板或管架。通过现场观察法检查。

注：本内容参照《建筑给水排水及采暖工程施工质量验收规范》GB 50242—2002 第13.3.8 条的规定。

一般项目

（2）水表应安装在便于检修、不受曝晒、无污染和不冻结的地方。安装螺翼式水表，表前与阀门应有不小于 8 倍水表接口直径的直线管段。表外壳距墙表面净距为 10～30mm。水表进水口中心标高按设计要求，允许偏差为±10mm。通过现场观察法和尺量检查。

（3）热量表、疏水器、除污器、过滤器及阀门的型号、规格、公称压力和安装位置应符合设计要求。

（4）管道连接应符合工艺要求，阀门、水表等安装位置应正确。塑料给水管道上的水表、阀门等设施其重量或启闭装置的扭矩不得作用于管道上，当管径≥50mm 时必须设独立的支撑装置。

（5）测压仪表取源部件在水平工艺管道上安装时，取压口的方位应符合下列规定，并通过现场观察法和尺量检查：

1）测量液体压力的，在工艺管道的下半部与管道的水平中心线呈 0～45°夹角范围内。

2）测量蒸汽压力的，在工艺管道的上半部或下半部与管道水平中心线呈 0～45°夹角范围内。

3）测量气体压力的，在工艺管道的上半部。

（6）安装温度计应符合下列规定，并通过现场观察法和尺量检查：

1）安装在管道和设备上的套管温度计，底部应插入流动介质内，不得装在引出的管段上或死角处。

2）压力式温度计的毛细管应固定好并有保护措施，其转弯处的弯曲半径不应小于50mm，温包必须全部浸入介质内；

3）热电偶温度计的保护套管应保证规定的插入深度。

（7）温度计与压力表在同一管道上安装时，按介质流动方向，温度计应在压力表下游处安装，如果温度计需在压力表的上游安装时，其间距不应小于 300mm。通过现场观察法和尺量检查。

注：本内容参照《建筑给水排水及采暖工程施工质量验收规范》GB 50242—2002 第4.2.10、8.2.7、9.2.10 和 13.4.7～13.4.9 条的规定。

2. 质量保障措施

（1）住宅的分户水表宜相对集中读数，且宜设置于户外；对设在户内的水表，宜采用远传水表或 IC 卡水表等智能化水表。

（2）水表口径的确定应符合以下规定：

1）用水量均匀的生活给水系统的水表应按给水设计流量选定水表的常用流量；

2）用水量不均匀的生活给水系统的水表应按给水设计流量选定水表的过载流量；

3）在消防时除生活用水外尚需通过消防流量的水表，应以生活用水的设计流量叠加消防流量进行校核，校核流量不应大于水表的过载流量。

（3）水表应装设在观察方便、不冻结、不被任何液体及杂质所淹没和不易受损处（各种有累计水量功能的流量计，均可替代水表）。

注：本内容参照《建筑给水排水设计规范》GB 50015—2003（2009 年版）第 3.4.17～3.4.19 条的规定。

1.7.2　阀门安装

1. 质量目标

主控项目

（1）非承压锅炉应严格按设计或产品说明书的要求施工。锅筒顶部必须敞口或装设大气连通管，连通管上不得安装阀门。通过对照设计图纸或产品说明书检查。

（2）管道连接的法兰、焊缝和连接管件以及管道上的仪表、阀门的安装位置应便于检修，并不得紧贴墙壁、楼板或管架。通过现场观察法检查。

注：本内容参照《建筑给水排水及采暖工程施工质量验收规范》GB 50242—2002 第 13.2.2 和 13.3.8 条的规定。

一般项目

（3）给水管道阀门安装的允许偏差应符合表 4.2.8 的规定。

（4）热量表、疏水器、除污器、过滤器及阀门的型号、规格、公称压力和安装位置应符合设计要求。

（5）膨胀水箱的膨胀管及循环管上不得安装阀门。通过现场观察法检查。

（6）管道连接应符合工艺要求，阀门、水表等安装位置应正确。塑料给水管道上的水表、阀门等设施其重量或启闭装置的扭矩不得作用于管道上，当管径≥50mm 时必须设独立的支撑装置。

（7）消防水泵接合器的安全阀及止回阀安装位置和方向应正确，阀门启闭应灵活。通过现场观察法和手扳检查。

（8）省煤器的出口处（或入口处）应按设计或锅炉图纸要求安装阀门和管道。通过对照设计图纸检查。

（9）供热锅炉电动调节阀门的调节机构与电动执行机构的转臂应在同一平面内动作，传动部分应灵活，无空行程及卡阻现象，其行程及伺服时间应满足使用要求。在操作时进行观察检查。

（10）供热锅炉管道连接的法兰、焊缝和连接管件以及管道上的仪表、阀门的安装位置应便于检修，并不得紧贴墙壁、楼板或管架。通过现场观察法检查。

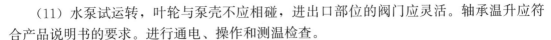

（11）水泵试运转，叶轮与泵壳不应相碰，进出口部位的阀门应灵活。轴承温升应符合产品说明书的要求。进行通电、操作和测温检查。

注：本内容参照《建筑给水排水及采暖工程施工质量验收规范》GB 50242—2002 第 4.2.8、8.2.7、8.2.13、9.2.10、9.3.6、13.2.15、13.2.16、13.3.8、13.3.16 条的规定。

2. 质量保障措施

（1）阀门安装前，应做强度和严密性试验。试验应在每批（同牌号、同型号、同规格）数量中抽查 10%，且不少于一个。对于安装在主干管上起切断作用的闭路阀门，应逐个做强度和严密性试验。

（2）阀门的强度和严密性试验应符合以下规定：阀门的强度试验压力为公称压力的 1.5 倍；严密性试验压力为公称压力的 1.1 倍；试验压力在试验持续时间内应保持不变，且壳体填料及阀瓣密封面无渗漏。阀门试压的试验持续时间应不少于表 1-40 的规定。

阀门试验持续时间 表 1-40

公称直径 DN（mm）	最短试验持续时间(s)		
	严密性试验		强度试验
	金属密封	非金属密封	
≤50	15	15	15
65～200	30	15	60
250～450	60	30	180

（3）给水塑料管和复合管可以采用橡胶圈接口、粘接接口、热熔连接、专用管件连接及法兰连接等形式。塑料管和复合管与金属管件、阀门等的连接应使用专用管件连接，不得在塑料管上套丝。

注：本内容参照《建筑给水排水及采暖工程施工质量验收规范》GB 50242—2002 第 3.2.4、3.2.5 和 4.1.4 条的规定。

（4）给水管道上使用的各类阀门的材质，应耐腐蚀和耐压。根据管径大小和所承受压力的等级及使用温度，可采用全铜、全不锈钢、铁壳铜芯和全塑阀门等。

（5）给水管道的下列部位应设置阀门：

1）小区给水管道从城镇给水管道引入的管段上；

2）小区室外环状管网的节点应按分隔要求设置，环状管段过长时，宜设置分段阀门；

3）从小区给水干管上接出的支管起端或接户管起端；

4）入户管、水表前和各分支立管；

5）室内给水管道向住户、公用卫生间等接出的配水管起端；

6）水池（箱）、加压泵房、加热器、减压阀、倒流防止器等处应按安装要求配置。

（6）给水管道上使用的阀门，应根据使用要求按下列原则选型：

1）需调节流量、水压时，宜采用调节阀、截止阀；

2）要求水流阻力小的部位宜采用闸板阀、球阀、半球阀；

3）安装空间小的场所，宜采用蝶阀、球阀；

4）水流需双向流动的管段上，不得使用截止阀；

5）口径较大的水泵，出水管上宜采用多功能阀。

（7）给水管道的下列管段上应设置止回阀（注：装有倒流防止器的管段上不需再装止回阀）：

1）直接从城镇给水管网接入小区或建筑物的引入管上；

2）密闭的水加热器或用水设备的进水管上；

3）每台水泵的出水管上；

4）进出水管合用一条管道的水箱、水塔和高地水池的出水管。

（8）止回阀的阀型选择，应根据止回阀的安装部位、阀前水压、关闭后的密闭性能要求和关闭时引发的水锤大小等因素确定，并应符合下列要求：

1）阀前水压小的部位，宜选用旋启式、球式和梭式止回阀；

2）关闭后密闭性能要求严密的部位，宜选用有关闭弹簧的止回阀；

3）要求削弱关闭水锤的部位，宜选用速闭消声止回阀或有阻尼装置的缓闭止回阀；

4）止回阀的阀瓣或阀芯，应能在重力或弹簧力作用下自行关闭；

5）管网最小压力或水箱最低水位应能自动开启止回阀；

（9）减压阀的设置应符合下列要求：

1）减压阀的公称直径宜与管道管径相一致；

2）减压阀前应设阀门和过滤器；需拆卸阀体才能检修的减压阀后应设管道伸缩器；检修时阀后水会倒流时，阀后应设阀门；

3）减压阀节点处的前后应装设压力表；

4）比例式减压阀宜垂直安装，可调式减压阀宜水平安装；

5）设置减压阀的部位，应便于管道过滤器的排污和减压阀的检修，地面宜有排水设施。

（10）当给水管网存在短时超压工况，且短时超压会引起使用不安全时，应设置泄压阀。泄压阀的设置应符合下列要求：

1）泄压阀前应设置阀门；

2）泄压阀的泄水口应连接管道，泄压水宜排入非生活用水水池，当直接排放时，可排入集水井或排水沟。

（11）安全阀前不得设置阀门，泄压口应连接管道将泄压水（气）引至安全地点排放。

（12）室外给水管道上的阀门，宜设置阀门井或阀门套筒。

（13）室内给水管道上的各种阀门，宜装设在便于检修和便于操作的位置。

（14）膨胀管上严禁装设阀门。

（15）热水管网应在下列管段上装设阀门：

1）与配水、回水干管连接的分干管；

2）配水立管和回水立管；

3）从立管接出的支管；

4）室内热水管道向住户、公用卫生间等接出的配水管的起端；

5）与水加热设备、水处理设备及温度、压力等控制阀件连接处的管段上按其安装要求配置阀门。

（16）热水管网在下列管段上，应装止回阀：

1）水加热器或贮水罐的冷水供水管（注：当水加热器或贮水罐的冷水供水管上安装倒流防止器时，应采取保证系统冷热水供水压力平衡的措施）；

2）机械循环的第二循环系统回水管；

3）冷热水混水器的冷热水供水管。

注：本内容参照《建筑给水排水设计规范》GB 50015—2003（2009 年版）第 3.4.4～3.4.8、3.4.10～3.4.12、3.5.4、3.5.14、5.4.20、5.6.7、5.6.8 条的规定。

1.8　生活水箱安装细则

《质量安全手册》第 3.9.8 条：

生活水箱安装符合设计和规范要求。

实施细则：

1. 质量目标

主控项目

（1）敞口水箱的满水试验和密闭水箱（罐）的水压试验必须符合设计与规范的规定。满水试验静置 24h，观察不渗不漏；水压试验在试验压力下 10min 压力不降，不渗不漏。

（2）中水高位水箱应与生活高位水箱分设在不同的房间内，如果条件不允许只能设在同一房间时，与生活高位水箱的净距离应大于 2m。通过现场观察法和尺量检查。

注：本内容参照《建筑给水排水及采暖工程施工质量验收规范》GB 50242—2002 第 6.3.5 和 12.2.1 条的规定。

一般项目

（3）水箱支架或底座安装，其尺寸及位置应符合设计规定，埋设平整牢固。通过对照图纸、尺量检查。

（4）水箱溢流管和泄放管应设置在排水地点附近，但不得与排水管直接连接。通过现场观察法检查。

（5）饮食业工艺设备引出的排水管及饮用水水箱的溢流管，不得与污水管道直接连接，并应留出不小于 100mm 的隔断空间。通过现场观察法和尺量检查。

（6）膨胀水箱的膨胀管及循环管上不得安装阀门。

注：本内容参照《建筑给水排水及采暖工程施工质量验收规范》GB 50242—2002 第 4.4.4、4.4.5、5.2.12 和 8.2.13 条的规定。

2. 质量保障措施

（1）埋地式生活饮用水贮水池周围 10m 以内不得有化粪池污水处理构筑物、渗水井、垃圾堆放点等污染源；周围 2m 以内不得有污水管和污染物。当达不到此要求时，应采取防污染的措施。

（2）建筑物内的生活饮用水水池（箱）体，应采用独立结构形式。不得利用建筑物的本体结构作为水池（箱）的壁板、底板及顶盖；生活饮用水水池（箱）与其他用水水池（箱）并列设置时，应有各自独立的分隔墙。

（3）建筑物内的生活饮用水水池（箱）宜设在专用房间内，其上层的房间不应有厕所、浴室、盥洗室、厨房、污水处理间等。

（4）生活饮用水水池（箱）的构造和配管，应符合下列规定：

1）人孔、通气管、溢流管应有防止生物进入水池（箱）的措施；

2）进水管宜在水池（箱）的溢流水位以上接入；

3）进出水管布置不得产生水流短路，必要时应设导流装置；

4）不得接纳消防管道试压水、泄压水等回流水或溢流水；

5）水池（箱）材质、衬砌材料和内壁涂料不得影响水质。

（5）当生活饮用水水池（箱）内的贮水 48h 内不能得到更新时，应设置水消毒处理装置。

（6）建筑物内的生活用水低位贮水池（箱）应符合下列规定：

1）贮水池（箱）的有效容积应按进水量与用水量变化曲线经计算确定。当资料不足时，宜按建筑物最高日用水量的 20%～25%确定；

2）池（箱）外壁与建筑本体结构墙面或其他池壁之间的净距，应满足施工或装配的要求。无管道的侧面，净距不宜小于 0.7m；安装有管道的侧面，净距不宜小于 1.0m，且管道外壁与建筑本体墙面之间的通道宽度不宜小于 0.6m；设有人孔的池顶，顶板面与上面建筑本体板底的净空不应小于 0.8m；

3）贮水池（箱）不宜毗邻电气用房和居住用房或在其下方；

4）贮水池内宜设有水泵吸水坑，吸水坑的大小和深度，应满足水泵或水泵吸水管的安装要求。

（7）生活用水高位水箱应符合下列规定：

1）由城镇给水管网夜间直接进水的高位水箱的生活用水调节容积，宜按用水人数和最高日用水定额确定；由水泵联动提升进水的水箱的生活用水调节容积，不宜小于最大用水时水量的 50%；

2）高位水箱箱壁与水箱间墙壁及箱顶与水箱间顶面的净距应符合规定，箱底与水箱间地面板的净距，当有管道敷设时不宜小于 0.8m；

3）水箱的设置高度（以底板面计）应满足最高层用户的用水水压要求，当达不到要求时，宜采取管道增压措施。

（8）建筑物贮水池（箱）应设置在通风良好、不结冻的房间内。

（9）水塔、水池、水箱等构筑物应设进水管、出水管、溢流管、泄水管和信号装置，并应符合下列要求：

1）进、出水管宜分别设置，并应采取防止短路的措施；

2）当利用城镇给水管网压力直接进水时，应设置自动水位控制阀，控制阀直径应与进水管管径相同，当采用直接作用式浮球阀时不宜少于两个，且进水管标高应一致；

3）当水箱采用水泵加压进水时，应设置水箱水位自动控制水泵开停的装置。当一组水泵供给多个水箱进水时，在进水管上宜装设电信号控制阀，由水位监控设备实现自动控制；

4）溢流管宜采用水平喇叭口集水，喇叭口下的垂直管段不宜小于 4 倍溢流管管径。溢流管的管径，应按能排泄水塔（池、箱）的最大入流量确定，并宜比进水管管径大一级；

5）泄水管的管径，应按水池（箱）泄空时间和泄水受体排泄能力确定。当水池（箱）中的水不能以重力自流泄空时，应设置移动或固定的提升装置；

6）水塔、水池应设水位监视和溢流报警装置，水箱宜设置水位监视和溢流报警装置。信息应传至监控中心。

（10）生活用水中途转输水箱的转输调节容积宜取转输水泵 5～10min 的流量。

注：本内容参照《建筑给水排水设计规范》GB 50015—2003（2009 年版）第 3.2.9～3.2.13、3.7.3、3.7.5～3.7.8 条的规定。

1.9 气压给水或稳压系统安全阀设置细则

《质量安全手册》第 3.9.9 条：

气压给水或稳压系统应设置安全阀。

实施细则：

1. 质量目标

主控项目

（1）蒸汽减压阀和管道及设备上安全阀的型号、规格、公称压力和安装位置应符合设计要求。安装完毕后应根据系统工作压力进行调试，并做出标记。对照图纸查验产品合格证及调试结果证明书。

（2）锅炉和省煤器安全阀的定压和调整应符合表 1-41 的规定。锅炉上装有两个安全阀时，其中的一个按表中较高值定压，另一个按较低值定压。装有一个安全阀时，应按较低值定压。通过现场查看定压合格证书进行检查。

安全阀定压规定 表 1-41

项　　次	工 作 设 备	安全阀开启压力(MPa)
1	蒸汽锅炉	工作压力+0.02MPa
		工作压力+0.04MPa
2	热水锅炉	1.12 倍工作压力,但不少于工作压力+0.07MPa
		1.14 倍工作压力,但不少于工作压力+0.10MPa
3	省煤器	1.1 倍工作压力

（3）蒸汽锅炉安全阀应安装通向室外的排汽管。热水锅炉安全阀泄水管应接到安全地点。在排汽管和泄水管上不得装设阀门。通过现场观察法检查。

注：本内容参照《建筑给水排水及采暖工程施工质量验收规范》GB 50242—2002 第8.2.4、13.4.1 和 13.4.5 条的规定。

一般项目

（4）消防水泵接合器的安全阀及止回阀安装位置和方向应正确，阀门启闭应灵活。通过现场观察法和手扳检查。

注：本内容参照《建筑给水排水及采暖工程施工质量验收规范》GB 50242—2002 第9.3.6 条的规定。

2. 质量保障措施

（1）安全阀前不得设置阀门，泄压口应连接管道将泄压水（气）引至安全地点排放。

（2）在闭式热水供应系统中，应设置压力式膨胀罐、泄压阀，日用热水量小于等于30m³ 的热水供应系统可采用安全阀等泄压措施。

（3）水加热设备的上部、热媒进出口管上、贮热水罐和冷热水混合器上应装温度计、压力表；热水循环的进水管上应装温度计及控制循环泵开停的温度传感器；热水箱应装温度计、水位计；压力容器设备应装安全阀，安全阀的接管直径应经计算确定，并应符合锅炉及压力容器的有关规定，安全阀的泄水管应引至安全处且在泄水管上不得装设阀门。

注：本内容参照《建筑给水排水设计规范》GB 50015—2003（2009 年版）第3.4.12、5.4.21、5.6.10 条的规定。

Chapter 02

通风与空调工程质量控制

2.1 风管加工强度和严密性细则

📋《质量安全手册》第 3.10.1 条：

风管加工的强度和严密性符合设计和规范要求。

📖实施细则：

2.1.1 金属风管

1. 质量目标

风管加工质量应通过工艺性的检测或验证，强度和严密性应符合下列规定：

（1）风管在试验压力保持 5min 及以上时，接缝处应无开裂，整体结构应无永久性的变形及损伤。试验压力应符合下列规定：

1）低压风管应为 1.5 倍的工作压力；

2）中压风管应为 1.2 倍的工作压力，且不低于 750Pa；

3）高压风管应为 1.2 倍的工作压力。

（2）矩形金属风管的严密性检验，在工作压力下的风管允许漏风量应符合表 2-1 的规定。

风管允许漏风量 表 2-1

风 管 类 别	允许漏风量[m³/(h·m²)]
低压风管	$Q_l \leqslant 0.1056 P^{0.65}$
中压风管	$Q_m \leqslant 0.0352 P^{0.65}$
高压风管	$Q_h \leqslant 0.0117 P^{0.65}$

注：Q_l 为低压风管允许漏风量，Q_m 为中压风管允许漏风量，Q_h 为高压风管允许漏风量，P 为系统风管工作压力（Pa）。

（3）低压、中压圆形金属与复合材料风管，以及采用非法兰形式的非金属风管的允许漏风量，应为矩形金属风管规定值的 50%。

（4）砖、混凝土风道的允许漏风量不应大于矩形金属低压风管规定值的 1.5 倍。

（5）排烟、除尘、低温送风及变风量空调系统风管的严密性应符合中压风管的规定，

N1～N5级净化空调系统风管的严密性应符合高压风管的规定。

（6）风管系统工作压力绝对值不大于125Pa的微压风管，在外观和制造工艺检验合格的基础上，不应进行漏风量的验证测试。

（7）输送剧毒类化学气体及病毒的实验室通风与空调风管的严密性能应符合设计要求。

（8）风管系统应当按类别和材质分别进行强度和严密性测试。

注：本内容参照《通风与空调工程施工质量验收规范》GB 50243—2016第4.2.1条的规定。

2. 质量保障措施

（1）金属风管制作应按下列工序（图2-1）进行。

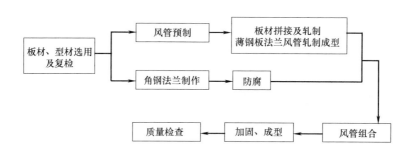

图2-1 金属风管制作工序

（2）选用板材或型材时，应根据施工图及相关技术文件的要求，对选用的材料进行复检。

钢板矩形风管与配件的板材最小厚度应按风管断面长边尺寸和风管系统的设计工作压力选定，并应符合表2-2的规定；钢板圆形风管与配件的板材最小厚度应按断面直径、风管系统的设计工作压力及咬口形式选定，并应符合表2-3的规定。排烟系统风管采用镀锌钢板时，板材最小厚度可按高压系统选定。不锈钢板、铝板风管与配件的板材最小厚度应按矩形风管长边尺寸或圆形风管直径选定，并应符合表2-4和表2-5的规定。

钢板矩形风管与配件的板材最小厚度（mm）　　　　　　表2-2

风管长边尺寸 b	低压系统($P{\leqslant}500Pa$) 中压系统($500Pa{<}P{\leqslant}1500Pa$)	高压系统($P{>}1500Pa$)
$b{\leqslant}320$	0.5	0.75
$320{<}b{\leqslant}450$	0.6	0.75
$450{<}b{\leqslant}630$	0.6	0.75
$630{<}b{\leqslant}1000$	0.75	1.0
$1000{<}b{\leqslant}1250$	1.0	1.0
$1250{<}b{\leqslant}2000$	1.0	1.2
$2000{<}b{\leqslant}4000$	1.2	按设计

（3）板材的画线与剪切应符合下列规定：

1）手工画线、剪切或机械化制作前，应对使用的材料（板材、卷材）进行线位校核；

钢板圆形风管与配件的板材最小厚度（mm） 表 2-3

风管直径 D	低压系统 （P≤500Pa）		中压系统 （500Pa＜P≤1500Pa）		高压系统 （P＞1500Pa）	
	螺旋咬口	纵向咬口	螺旋咬口	纵向咬口	螺旋咬口	纵向咬口
D≤320	0.50		0.50		0.50	
320＜D≤450	0.50	0.60	0.50	0.7	0.60	0.7
450＜D≤1000	0.60	0.75	0.60	0.7	0.60	0.7
1000＜D≤1250	0.7(0.8)	1.00	1.00	1.00	1.00	
1250＜D≤2000	1.00	1.20	1.20		1.20	
＞2000	1.20	按设计				

注：对于椭圆风管，表中风管直径是指其最大直径。

不锈钢板风管与配件的板材最小厚度（mm） 表 2-4

矩形风管长边尺寸 b 或圆形风管直径 D	板材最小厚度
100＜b(D)≤500	0.5
560＜b(D)≤1120	0.75
1250＜b(D)≤2000	1.0
2500＜b(D)≤4000	1.2

铝板风管与配件的板材最小厚度（mm） 表 2-5

矩形风管长边尺寸 b 或圆形风管直径 D	板材最小厚度
100＜b(D)≤320	1.0
360＜b(D)≤630	1.5
700＜b(D)≤2000	2.0
2500＜b(D)≤4000	2.5

2）应根据施工图及风管大样图的形状和规格，分别进行画线；

3）板材轧制咬口前，应采用切角机或剪刀进行切角；

4）采用自动或半自动风管生产线加工时，应按照相应的加工设备技术文件执行；

5）采用角钢法兰铆接连接的风管管端应预留 6～9mm 的翻边量，采用薄钢板法兰连接或 C 形、S 形插条连接的风管管端应留出机械加工成型量。

（4）风管板材拼接及接缝应符合下列规定：

1）风管板材的拼接方法可按表 2-6 确定；

风管板材的拼接方法 表 2-6

板厚（mm）	镀锌钢板（有保护层的钢板）	普通钢板	不锈钢板	铝板
δ≤1.0	咬口连接	咬口连接	咬口连接	咬口连接
1.0＜δ≤1.2				
1.2＜δ≤1.5	咬口连接或铆接	电焊	氩弧焊或电焊	铆接
δ＞1.5	焊接			气焊或氩弧焊

2）风管板材拼接的咬口缝应错开，不应形成十字形交叉缝；

3）洁净空调系统风管不应采用横向拼缝。

（5）风管板材拼接采用铆接连接时，应根据风管板材的材质选择铆钉。

（6）风管板材采用咬口连接时，应符合下列规定：

1）矩形、圆形风管板材咬口连接形式及适用范围应符合表 2-7 的规定。

风管板材咬口连接形式及适用范围 表 2-7

名　　称	连　接　形　式		适　用　范　围
单咬口		内平咬口	低、中、高压系统
		外平咬口	低、中、高压系统
联合角咬口			低、中、高压系统 矩形风管或配件四角咬口连接
转角咬口			低、中、高压系统 矩形风管或配件四角咬口连接
按扣式咬口			低、中压系统 矩形风管或配件四角咬口连接
立咬口、包边立咬口			圆形、矩形风管横向连接或纵向接缝，弯管横向连接

2）画线核查无误并剪切完成的片料应采用咬口机轧制或手工敲制成需要的咬口形状。折方或卷圆后的板料用合口机或手工进行合缝，端面应平齐。操作时，用力应均匀，不宜过重。板材咬合缝应紧密，宽度一致，折角应平直，并应符合表 2-8 的规定。

咬口宽度表（mm） 表 2-8

板厚δ	平咬口宽度	角咬口宽度
$\delta \leqslant 0.7$	6～8	6～7
$0.7 < \delta \leqslant 0.85$	8～10	7～8
$0.85 < \delta \leqslant 1.2$	10～12	9～10

3）空气洁净度等级为 1～5 级的洁净风管不应采用按扣式咬口连接，铆接时不应采用抽芯铆钉。

（7）风管焊接连接应符合下列规定：

1）板厚大于 1.5mm 的风管可采用电焊、氩弧焊等；

2）焊接前，应采用点焊的方式将需要焊接的风管板材进行成型固定；

3）焊接时宜采用间断跨越焊形式，间距宜为 100～150mm，焊缝长度宜为 30～

50mm，依次循环。焊材应与母材相匹配，焊缝应满焊、均匀。焊接完成后，应对焊缝除渣、防腐，板材校平。

（8）风管法兰制作应符合下列规定：

1）矩形风管法兰宜采用风管长边加长两倍角钢立面、短边不变的形式进行下料制作。角钢、螺栓、铆钉规格及间距应符合表 2-9 的规定。

金属矩形风管角钢法兰及螺栓、铆钉规格（mm）　　　　　　　表 2-9

风管长边尺寸 b	角钢规格	螺栓规格（孔）	铆钉规格（孔）	螺栓及铆钉间距	
				低、中压系统	高压系统
$b \leqslant 630$	∟ 25×3	M6 或 M8	$\phi 4$ 或 $\phi 4.5$	≤150	≤100
630<b≤1500	∟ 30×3	M8 或 M10			
1500<b≤2500	∟ 40×4	M8 或 M10	$\phi 5$ 或 $\phi 5.5$		
2500<b≤4000	∟ 50×5	M8 或 M10			

2）圆形风管法兰可选用扁钢或角钢，采用机械卷圆与手工调整的方式制作，法兰型材与螺栓规格及间距应符合表 2-10 的规定。

金属圆形风管法兰型材与螺栓规格及间距（mm）　　　　　　　表 2-10

风管直径 D	法兰型材规格		螺栓规格（孔）	螺栓间距	
	扁钢	角钢		中、低压系统	高压系统
$D \leqslant 140$	−20×4	—	M6 或 8	100～150	80～100
140<D≤280	−25×4	—			
280<D≤630	—	∟25×3			
630<D≤1250	—	∟30×4	M8 或 10		
1250<D≤2000	—	∟40×4			

3）法兰的焊缝应熔合良好、饱满，无夹渣和孔洞；矩形法兰四角处应设螺栓孔，孔心应位于中心线上。同一批量加工的相同规格法兰，其螺栓孔排列方式、间距应统一，且应具有互换性。

（9）风管与法兰组合成型应符合下列规定：

1）圆风管与扁钢法兰连接时，应采用直接翻边，预留翻边量不应小于 6mm，且不应影响螺栓紧固。

2）板厚小于或等于 1.2mm 的风管与角钢法兰连接时，应采用翻边铆接。风管的翻边应紧贴法兰，翻边量均匀，宽度应一致，不应小于 6mm，且不应大于 9mm。铆接应牢固，铆钉间距宜为 100～120mm，且数量不宜少于 4 个。

3）板厚大于 1.2mm 的风管与角钢法兰连接时，可采用间断焊或连续焊。管壁与法兰内侧应紧贴，风管端面不应凸出法兰接口平面，间断焊的焊缝长度宜为 30～50mm，间距不应大于 50mm。点焊时，法兰与管壁外表面贴合；满焊时，法兰应伸出风管管口 4～5mm。焊接完成后，应对施焊处进行相应的防腐处理。

4）不锈钢风管与法兰铆接时，应采用不锈钢铆钉；法兰及连接螺栓为碳素钢时，其表面应采用镀铬或镀锌等防腐措施。

5）铝板风管与法兰连接时，宜采用铝铆钉；法兰为碳素钢时，其表面应按设计要求进行防腐处理。

（10）薄钢板法兰风管制作应符合下列规定：

1）薄钢板法兰应采用机械加工。薄钢板法兰应平直，机械应力造成的弯曲度不应大于5‰。

2）薄钢板法兰与风管连接时，宜采用冲压连接或铆接。低、中压风管与法兰的铆（压）接点间距宜为120～150mm；高压风管与法兰的铆（压）接点间距宜为80～100mm。

3）薄钢板法兰弹簧夹的材质应与风管板材相同，形状和规格应与薄钢板法兰相匹配，厚度不应小于1.0mm，长度宜为130～150mm。

（11）成型的矩形风管薄钢板法兰应符合下列规定：

1）薄钢板法兰风管连接端面接口处应平整，接口四角处应有固定角件，其材质为镀锌钢板，板厚不应小于1.0mm。固定角件与法兰连接处应采用密封胶进行密封；

2）薄钢板法兰风管端面形式及适用风管长边尺寸应符合表2-11的规定；

薄钢板法兰风管端面形式及适用风管长边尺寸（mm）　　　　表2-11

法兰端面形式		适用风管长边尺寸b	风管法兰高度	角件板厚
普通型		b≤2000（长边尺寸大于1500时，法兰处应补强）	25～40	≥1.0
增强型	整体	b≤630		
	组合式	630＜b≤2000		
		2000＜b≤2500		

3）薄钢板法兰可采用铆接或本体压接进行固定。中压系统风管铆接或压接间距宜为120～150mm；高压系统风管铆接或压接间距宜为80～100mm。低压系统风管长边尺寸大于1500mm、中压系统风管长边尺寸大于1350mm时，可采用顶丝卡连接。顶丝卡宽度宜为25～30mm，厚度不应小于3mm，顶丝宜为M8镀锌螺钉。

（12）矩形风管C形、S形插条制作和连接应符合下列规定：

1）C形、S形插条应采用专业机械轧制（图2-2）。C形、S形插条与风管插口的宽度应匹配，C形插条的两端延长量宜大于或等于20mm。

2）采用C形平插条、S形平插条连接的风管边长不应大于630mm。S形平插条单独使用时，在连接处应有固定措施。C形直角插条可用于支管与主干管连接。

3）采用C形立插条、S形立插条连接的风管边长不宜大于1250mm。S形立插条与风管壁连接处应采用小于150mm的间距铆接。

4）插条与风管插口连接处应平整、严密。水平插条长度与风管宽度应一致，垂直插条的两端应各延长不少于20mm，插接完成后应折角。

5）铝板矩形风管不宜采用C形、S形平插条连接。

（13）矩形风管采用立咬口或包边立咬口连接时，其立筋的高度应大于或等于角钢法兰的高度，同一规格风管的立咬口或包边立咬口的高度应一致，咬口采用铆钉紧固时，其

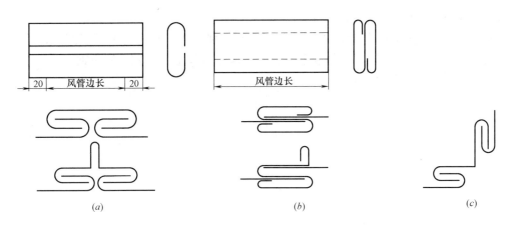

图 2-2　矩形风管 C 形和 S 形插条形式示意
(a) C 形平（立）插条；(b) S 形平（立）插条；(c) C 形直角插条

间距不应大于 150mm。

（14）圆形风管连接形式及适用范围应符合表 2-12 的规定。风管采用芯管连接时，芯管板厚度应大于或等于风管壁厚度，芯管外径与风管内径偏差应小于 3mm。

圆形风管连接形式及适用范围　　　　　　　　　　表 2-12

连接形式		附件规格（mm）	接口要求	适用范围
角钢法兰连接		按表 4.2.8-2 规定	法兰与风管连接采用铆接或焊接	低、中、高压风管
承插连接	普通	—	插入深度大于或等于 30mm，有密封措施	低压风管直径小于 700mm
	角钢加固	L25×3 L30×4	插入深度大于或等于 20mm，有密封措施	低、中压风管
	加强筋	—	插入深度大于或等于 20mm，有密封措施	低、中压风管
芯管连接		芯管板厚度大于或等于风管壁厚度	插入深度每侧大于或等于 50mm，有密封措施	低、中压风管
立筋抱箍连接		抱箍板厚度大于或等于风管壁厚度	风管翻边与抱箍结合严密、紧固	低、中压风管
抱箍连接		抱箍板厚度大于或等于风管壁厚度，抱箍宽度大于或等于 100mm	管口对正，抱箍应居中	低、中压风管

（15）风管加固应符合下列规定：

1）风管可采用管内或管外加固件、管壁压制加强筋等形式进行加固（图 2-3）。矩形风管加固件宜采用角钢、轻钢型材或钢板折叠；圆形风管加固件宜采用角钢。

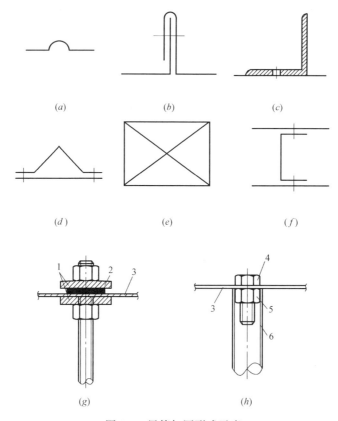

图 2-3　风管加固形式示意

（a）压筋；（b）立咬口加固；（c）角钢加固；（d）折角加固；（e）十字交叉筋；

（f）扁钢内支撑；（g）镀锌螺杆内支撑；（h）钢管内支撑

1—镀锌加固垫圈；2—密封圈；3—风管壁面；4—螺栓；5—螺母；6—焊接或铆接（$\phi 10 \times 1 \sim \phi 16 \times 3$）

2）矩形风管边长大于或等于 630mm、保温风管边长大于或等于 800mm，其管段长度大于 1250mm 或低压风管单边面积大于 $1.2m^2$，中、高压风管单边面积大于 $1.0m^2$ 时，均应采取加固措施。边长小于或等于 800mm 的风管宜采用压筋加固。边长在 400～630mm 之间，长度小于 1000mm 的风管也可采用压制十字交叉筋的方式加固。

3）圆形风管（不包括螺旋风管）直径大于或等于 800mm，且其管段长度大于 1250mm 或总表面积大于 $4m^2$ 时，均应采取加固措施。

4）中、高压风管的管段长度大于 1250mm 时，应采用加固框的形式加固。高压系统风管的单咬口缝应有防止咬口缝胀裂的加固措施。

5）洁净空调系统的风管不应采用内加固措施或加固筋，风管内部的加固点或法兰铆接点周围应采用密封胶进行密封。

6）风管加固应排列整齐，间隔应均匀对称，与风管的连接应牢固，铆接间距不应大于 220mm。风管压筋加固间距不应大于 300mm，靠近法兰端面的压筋与法兰间距不应大于 200mm，风管管壁压筋的凸出部分应在风管外表面。

7）风管采用镀锌螺杆内支撑时，镀锌加固垫圈应置于管壁内外两侧。正压时密封圈置于风管外侧，负压时密封圈置于风管内侧，风管四个壁面均加固时，两根支撑杆交叉成十字状。采用钢管内支撑时，可在钢管两端设置内螺母。

8）铝板矩形风管采用碳素钢材料进行内、外加固时，应按设计要求进行防腐处理；采用铝材进行内、外加固时，其选用材料的规格及加固间距应进行校核计算。

注：本内容参照《通风与空调工程施工规范》GB 50738—2011 第 4.1 和 4.2 节的规定。

2.1.2 聚氨酯铝箔与酚醛铝箔复合风管

1. 质量目标

（1）风管在试验压力保持 5min 及以上时，接缝处应无开裂，整体结构应无永久性的变形及损伤。试验压力应符合下列规定：

1）低压风管应为 1.5 倍的工作压力；

2）中压风管应为 1.2 倍的工作压力，且不低于 750Pa；

3）高压风管应为 1.2 倍的工作压力。

（2）低压、中压圆形金属与复合材料风管，以及采用非法兰形式的非金属风管的允许漏风量，应为矩形金属风管规定值的 50%。

（3）排烟、除尘、低温送风及变风量空调系统风管的严密性应符合中压风管的规定，N1～N5 级净化空调系统风管的严密性应符合高压风管的规定。

（4）风管系统工作压力绝对值不大于 125Pa 的微压风管，在外观和制造工艺检验合格的基础上，不应进行漏风量的验证测试。

（5）输送剧毒类化学气体及病毒的实验室通风与空调风管的严密性能应符合设计要求。

（6）风管系统应当按类别和材质分别进行强度和严密性测试。

注：本内容参照《通风与空调工程施工质量验收规范》GB 50243—2016 第 4.2.1 条的规定。

2. 质量保障措施

（1）聚氨酯铝箔与酚醛铝箔复合风管及配件制作应按下列工序（图 2-4）进行。

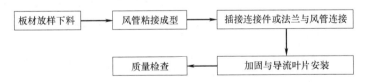

图 2-4　聚氨酯铝箔与酚醛铝箔复合风管及配件制作工序

（2）板材放样下料应符合下列规定：

1）放样与下料应在平整、洁净的工作台上进行，并不应破坏覆面层。

2）风管长边尺寸小于或等于 1160mm 时，风管宜按板材长度做成每节 4m。

3）矩形风管的板材放样下料展开宜采用一片法、U 形法、L 形法、四片法（图 2-5）。

4）矩形弯头宜采用内外同心弧型。先在板材上放出侧样板，弯头的曲率半径不应小

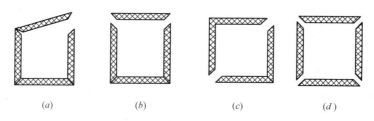

图 2-5 矩形风管 45°角组合方式示意

(a) 一片法；(b) U形法；(c) L形法；(d) 四片法

于一个平面边长，圆弧应均匀。按侧样板弯曲边测量长度，放内外弧板长方形样。弯头的圆弧面宜采用机械压弯成型制作，其内弧半径小于 150mm 时，轧压间距宜为 20～35mm；内弧半径为 150～300mm 时，轧压间距宜为 35～50mm；内弧半径大于 300mm 时，轧压间距宜为 50～70mm。轧压深度不宜超过 5mm。

5）制作矩形变径管时，先在板材上放出侧样板，再测量侧样板变径边长度，按测量长度对上下板放样。

6）板材切割应平直，板材切断成单块风管板后，进行编号。

7）风管长边尺寸小于或等于 1600mm 时，风管板材拼接可切 45°角直接粘接，粘接后在接缝处两侧粘贴铝箔胶带；风管长边尺寸大于 1600mm 时，板材需采用 H 形 PVC 或铝合金加固条拼接（图 2-6）。

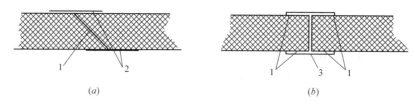

图 2-6 风管板材拼接方式示意

(a) 切 45°角粘接；(b) 中间加 H 形加固条拼接

1—胶粘剂；2—铝箔胶带；3—H 形 PVC 或铝合金加固条

（3）风管粘接成型应符合下列规定：

1）风管粘接成型前需预组合，检查接缝准确、角线平直后，再涂胶粘剂。

2）粘接时，切口处应均匀涂满胶粘剂，接缝应平整，不应有歪扭、错位、局部开裂等缺陷。管段成型后，风管内角缝应采用密封材料封堵；外角缝铝箔断开处应采用铝箔胶带封贴，封贴宽度每边不应小于 20mm。

3）粘接成型后的风管端面应平整，平面度和对角线偏差应符合表 2-13 的规定。风管垂直摆放至定型后再移动。

非金属与复合风管及法兰制作的允许偏差（mm）   表 2-13

风管长边尺寸 b 或直径 D	允 许 偏 差				
	边长或直径偏差	矩形风管表面平面度	矩形风管端口对角线之差	法兰或端口端面平面度	圆形法兰任意正交两直径
$b(D) \leqslant 320$	±2	3	3	2	3
$320 < b(D) \leqslant 2000$	±3	5	4	4	5

（4）插接连接件或法兰与风管连接应符合下列规定：

1）插接连接件或法兰应根据风管采用的连接方式，按表 2-14 中关于附件材料的规定选用。

非金属与复合风管连接形式及适用范围   表 2-14

非金属与复合风管连接形式		附件材料	适用范围
45°粘接	45°	铝箔胶带	酚醛铝箔复合风管、聚氨酯铝箔复合风管，$b \leqslant 500$mm
承插阶梯粘接	δ	铝箔胶带	玻璃纤维复合风管
对口粘接		—	玻镁复合风管 $b \leqslant 2000$mm
槽形插接连接		PVC 连接件	低压风管 $b \leqslant 2000$mm；中、高压风管 $b \leqslant 1500$mm
工形插接连接		PVC 连接件	低压风管 $b \leqslant 2000$mm；中、高压风管 $b \leqslant 1500$mm
		铝合金连接件	$b \leqslant 3000$mm
外套角钢法兰		L25×3	$b \leqslant 1000$mm
		L30×3	$b \leqslant 1600$mm
		L40×4	$b \leqslant 2000$mm
C 形插接法兰	高度25～30mm	PVC 连接件 铝合金连接件	$b \leqslant 1600$mm
		镀锌板连接件，板厚≥1.2mm	
"h"连接法兰		铝合金连接件	用于风管与阀部件及设备连接

注：1. b 为矩形风管长边尺寸，δ 为风管板材厚度；
   2. PVC 连接件厚度大于或等于 1.5mm；
   3. 铝合金连接件厚度大于或等于 1.2mm。

2）插接连接件的长度不应影响其正常安装，并应保证其在风管两个垂直方向安装时接触紧密。

3）边长大于 320mm 的矩形风管安装插接连接件时，应在风管四角粘贴厚度不小于 0.75mm 的镀锌直角垫片，直角垫片宽度应与风管板材厚度相等，边长不应小于 55mm。插接连接件与风管粘接应牢固。

4）低压系统风管边长大于 2000mm、中压或高压系统风管边长大于 1500mm 时，风管法兰应采用铝合金等金属材料。

（5）加固与导流叶片安装应符合下列规定：

1）风管宜采用直径不小于 8mm 的镀锌螺杆做内支撑加固，内支撑件穿管壁处应密封处理。内支撑的横向加固点数和纵向加固间距应符合表 2-15 的规定。

聚氨酯铝箔复合风管与酚醛铝箔复合风管内支撑横向
加固点数及纵向加固间距

表 2-15

类　别		系统设计工作压力（Pa）						
		≤300	301～500	501～750	751～1000	1001～1250	1251～1500	1501～2000
		横向加固点数						
风管内边长 b（mm）	410＜b≤600	—	—	—	1	1	1	1
	600＜b≤800	—	1	1	1	1	1	2
	800＜b≤1000	1	1	1	1	1	2	2
	1000＜b≤1200	1	1	1	1	1	2	2
	1200＜b≤1500	1	1	1	2	2	2	2
	1500＜b≤1700	2	2	2	2	2	2	2
	1700＜b≤2000	2	2	2	2	2	2	3
纵向加固间距（mm）								
聚氨酯铝箔复合风管		≤1000	≤800	≤600				≤400
酚醛铝箔复合风管		≤800		≤600				—

2）风管采用外套角钢法兰或 C 形插接法兰连接时，法兰处可作为 1 处加固点；风管采用其他连接形式，其边长大于 1200mm 时，应在连接后的风管一侧距连接件 250mm 内设横向加固。

（6）三通制作宜采用直接在主风管上开口的方式，并应符合下列规定：

1）矩形风管边长小于或等于 500mm 的支风管与主风管连接时，在主风管上应采用接口处内切 45°粘接（图 2-7a）。内角缝应采用密封材料封堵；外角缝铝箔断开处应采用铝箔胶带封贴，封贴宽度每边不应小于 20mm。

2）主风管上接口处采用 90°专用连接件连接时（图 2-7b），连接件的四角处应涂密封胶。

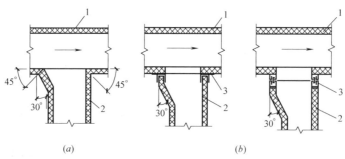

图 2-7　三通的制作示意

（a）接口内切 45°粘接；（b）90°专用连接件连接

1—主风管；2—支风管；3—90°专用连接件

注：本内容参照《通风与空调工程施工规范》GB 50738—2011 第 5.1 和 5.2 节的规定。

2.1.3 玻璃纤维复合风管

1. 质量目标

（1）风管在试验压力保持 5min 及以上时，接缝处应无开裂，整体结构应无永久性的变形及损伤。试验压力应符合下列规定：

1）低压风管应为 1.5 倍的工作压力；

2）中压风管应为 1.2 倍的工作压力，且不低于 750Pa；

3）高压风管应为 1.2 倍的工作压力。

（2）低压、中压圆形金属与复合材料风管，以及采用非法兰形式的非金属风管的允许漏风量，应为矩形金属风管规定值的 50%。

（3）排烟、除尘、低温送风及变风量空调系统风管的严密性应符合中压风管的规定，N1～N5 级净化空调系统风管的严密性应符合高压风管的规定。

（4）风管系统工作压力绝对值不大于 125Pa 的微压风管，在外观和制造工艺检验合格的基础上，不应进行漏风量的验证测试。

（5）输送剧毒类化学气体及病毒的实验室通风与空调风管的严密性能应符合设计要求。

（6）风管系统应当按类别和材质分别进行强度和严密性测试。

注：本内容参照《通风与空调工程施工质量验收规范》GB 50243—2016 第 4.2.1 条的规定。

2. 质量保障措施

（1）玻璃纤维复合风管与配件制作应按下列工序（图 2-8）进行。

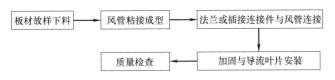

图 2-8　玻璃纤维复合风管与配件制作工序

（2）板材放样下料应符合下列规定：

1）放样与下料应在平整、洁净的工作台上进行。

2）风管板材的槽口形式可采用 45°角形或 90°梯形（图 2-9），其封口处宜留有不小于板材厚度的外覆面层搭接边量。展开长度超过 3m 的风管宜用两片法或四片法制作。

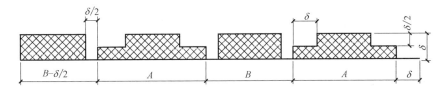

图 2-9　玻璃纤维复合风管 90°梯形槽口示意

δ—风管板厚；A—风管长边尺寸；B—风管短边尺寸

3）板材切割应选用专用刀具，切口平直，角度准确，无毛刺，且不应破坏覆面层。

4）风管板材拼接时，应在结合口处涂满胶粘剂，并应紧密粘合。外表面拼缝处宜预留宽度不小于板材厚度的覆面层，涂胶密封后，再用大于或等于50mm宽热敏或压敏铝箔胶带粘贴密封（图2-10a）；当外表面无预留搭接覆面层时，应采用两层铝箔胶带重叠封闭，接缝处两侧外层胶带粘贴宽度不应小于25mm（图2-10b），内表面拼缝处应采用密封胶抹缝或用大于或等于30mm宽玻璃纤维布粘贴密封。

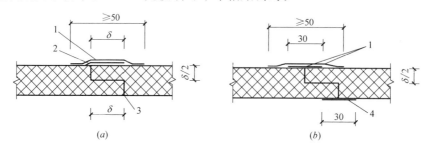

图 2-10　玻璃纤维复合板阶梯拼接示意

（a）外表面预留搭接覆面层；（b）外表面无预留搭接覆面层

1—热敏或压敏铝箔胶带；2—预留覆面层；3—密封胶抹缝；4—玻璃纤维布；δ—风管板厚

5）风管管间连接采用承插阶梯粘接时，应在已下料风管板材的两端，用专用刀具开出承接口和插接口（图2-11）。承接口应在风管外侧，插接口应在风管内侧。承、插口均应整齐，长度为风管板材厚度；插接口应预留宽度为板材厚度的覆面层材料。

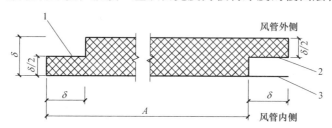

图 2-11　风管承插阶梯粘接示意

1—插接口；2—承接口；3—预留搭接覆面层；

A—风管有效长度；δ—风管板厚

（3）风管粘接成型应符合下列规定：

1）风管粘接成型应在洁净、平整的工作台上进行。

2）风管粘接前，应清除管板表面的切割纤维、油渍、水渍，在槽口的切割面处均匀满涂胶粘剂。

3）风管粘接成型时，应调整风管端面的平面度，槽口不应有间隙和错口。风管外接缝宜用预留搭接覆面层材料和热敏或压敏铝箔胶带搭叠粘贴密封（图2-12a）。当板材无预留搭接覆面层时，应用两层铝箔胶带重叠封闭（图2-12b）。

4）风管成型后，内角接缝处应采用密封胶勾缝。

5）内面层采用丙烯酸树脂的风管成型后，在外接缝处宜采用扒钉加固，其间距不宜大于50mm，并应采用宽度大于50mm的热敏胶带粘贴密封。

（4）法兰或插接连接件与风管连接应符合下列规定：

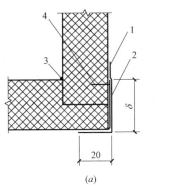 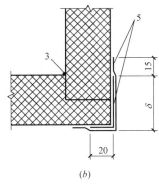

图 2-12 风管直角组合示意

(a) 外表面预留搭接覆面层；(b) 外表面无预留搭接覆面层

1—热敏或压敏铝箔胶带；2—预留覆面层；3—密封胶勾缝；4—扒钉；

5—两层热敏或压敏铝箔胶带；δ—风管板厚

1）采用外套角钢法兰连接时，角钢法兰规格可比同尺寸金属风管法兰小一号，槽形连接件宜采用厚度为 1.0mm 的镀锌钢板制作。角钢外法兰与槽形连接件应采用规格为 M6 镀锌螺栓连接（图 2-13），螺孔间距不应大于 120mm。连接时，法兰与板材间及螺栓孔的周边应涂胶密封。

2）采用槽形、工形插接连接及 C 形插接法兰时，插接槽口应涂满胶粘剂，风管端部应插入到位。

（5）风管加固与导流叶片安装应符合下列规定：

1）矩形风管宜采用直径不小于 6mm 的镀锌螺杆做内支撑加固。风管长边尺寸大于或等于 1000mm 或系统设计工作压力大于 500Pa 时，应增设金属槽形框外加固，并应与内支撑固定牢固。负压风管加固时，金属槽形框应设在风管的内侧。内支撑件穿管壁处应密封处理。

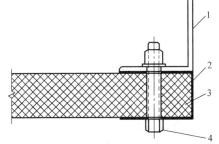

图 2-13 玻璃纤维复合风管角钢
法兰连接示意

1—角钢外法兰；2—槽形连接件；

3—风管；4—M6 镀锌螺栓

2）风管的内支撑横向加固点数及金属槽形框纵向间距应符合表 2-16 的规定，金属槽形框的规格应符合表 2-17 规定。

玻璃纤维复合风管内支撑横向加固点数及金属槽形框纵向间距　　　表 2-16

类　别		系统设计工作压力(Pa)				
		≤100	101～250	251～500	501～750	751～1000
		内支撑横向加固点数				
风管内边长 b (mm)	300<b≤400	—	—	—	—	1
	400<b≤500	—	—	1	1	1
	500<b≤600	—	—	1	1	1
	600<b≤800	1	1	1	2	2
	800<b≤1000	1	1	2	2	3
	1000<b≤1200	1	2	2	3	3

续表

类　　别		系统设计工作压力(Pa)				
		≤100	101～250	251～500	501～750	751～1000
		内支撑横向加固点数				
风管内边长 b (mm)	1200<b≤1400	2	2	3	3	4
	1400<b≤1600	2	3	3	4	5
	1600<b≤1800	2	3	4	4	5
	1800<b≤2000	3	3	4	5	6
金属槽形框纵向间距 (mm)		≤600		≤400		≤350

玻璃纤维复合风管金属槽形框规格（mm）　　　　表 2-17

风管内边长 b	槽形钢(宽度×高度×厚度)
b≤1200	40×10×1.0
1200<b≤2000	40×10×1.2

3）风管采用外套角钢法兰或 C 形插接法兰连接时，法兰处可作为 1 个加固点；风管采用其他连接方式，其边长大于 1200mm 时，应在连接后的风管一侧距连接件 150mm 内设横向加固；采用承插阶梯粘接的风管，应在距粘接口 100mm 内设横向加固。

注：本内容参照《通风与空调工程施工规范》GB 50738—2011 第 5.3 节的规定。

2.1.4　玻镁复合风管

1. 质量目标

（1）风管在试验压力保持 5min 及以上时，接缝处应无开裂，整体结构应无永久性的变形及损伤。试验压力应符合下列规定：

1）低压风管应为 1.5 倍的工作压力；

2）中压风管应为 1.2 倍的工作压力，且不低于 750Pa；

3）高压风管应为 1.2 倍的工作压力。

（2）低压、中压圆形金属与复合材料风管，以及采用非法兰形式的非金属风管的允许漏风量，应为矩形金属风管规定值的 50%。

（3）排烟、除尘、低温送风及变风量空调系统风管的严密性应符合中压风管的规定，N1～N5 级净化空调系统风管的严密性应符合高压风管的规定。

（4）风管系统工作压力绝对值不大于 125Pa 的微压风管，在外观和制造工艺检验合格的基础上，不应进行漏风量的验证测试。

（5）输送剧毒类化学气体及病毒的实验室通风与空调风管的严密性能应符合设计要求。

（6）风管系统应当按类别和材质分别进行强度和严密性测试。

注：本内容参照《通风与空调工程施工质量验收规范》GB 50243—2016 第 4.2.1 条的规定。

2. 质量保障措施

(1) 玻镁复合风管与配件制作应按下列工序（图 2-14）进行。

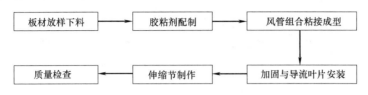

图 2-14　玻镁复合风管与配件制作

(2) 板材放样下料应符合下列规定：

1) 板材切割线应平直，切割面和板面应垂直。切割后的风管板对角线长度之差的允许偏差为 5mm。

2) 直风管可由 4 块板粘接而成（图 2-15）。切割风管侧板时，应同时切割出组合用的阶梯线，切割深度不应触及板材外覆面层，切割出阶梯线后，刮去阶梯线外夹芯层（图 2-16）。

3) 矩形弯管可采用由若干块小板拼成折线的方法制成内外同心弧型弯头，

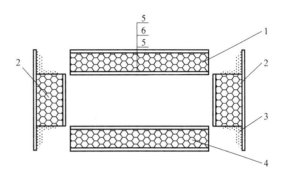

图 2-15　玻镁复合矩形风管组合示意

1—风管顶板；2—风管侧板；3—涂专用胶粘剂处；
4—风管底板；5—覆面层；6—夹芯层

与直风管的连接口应制成错位连接形式（图 2-17）。矩形弯头曲率半径（以中心线计）和最少分节数应符合表 2-18 的规定。

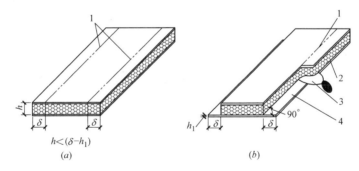

图 2-16　风管侧板阶梯线切割示意

(a) 板材阶梯线切割示意；(b) 用刮刀切至尺寸示意

1—阶梯线；2—待去除夹芯层；3—刮刀；4—风管板外覆面层；δ—风管板厚；
h—切割深度；h_1—覆面层厚度

4) 三通制作下料时，应先画出两平面板尺寸线，再切割下料（图 2-18）。内外弧小板片数应符合表 2-18 的规定。

5) 变径风管与直风管的制作方法应相同，长度不应小于大头长边减去小头长边之差。

6) 边长大于 2260mm 的风管板列接粘接后，在对接缝的两面应分别粘贴 3～4 层宽度不小于 50mm 的玻璃纤维布增强（图 2-19）。粘贴前应采用砂纸打磨粘贴面，并清除粉尘，粘贴牢固。

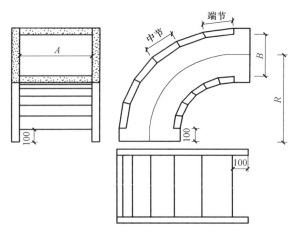

图 2-17　90°弯头放样下料示意

弯头曲率半径和最少分节数　　　　　　　　　　　　　　　　　表 2-18

弯头边长 B（mm）	曲率半径 R	弯头角度和最少分节数							
		90°		60°		45°		30°	
		中节	端节	中节	端节	中节	端节	中节	端节
B≤600	≥1.5B	2	2	1	2	1	2	—	2
600<B≤1200	(1.0～1.5)B	2	2	2	2	1	2		2
1200<B≤2000	(1.0～1.5)B	3	2	2	2	1	2	1	2

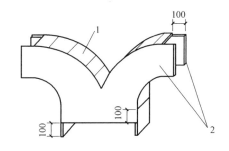

图 2-18　蝴蝶三通放样下料示意
1—外弧拼接板；2—平面板

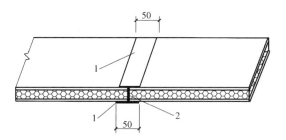

图 2-19　复合板拼接方法示意
1—玻璃纤维布；2—风管板对接处

（3）胶粘剂应按产品技术文件的要求进行配制。应采用电动搅拌机搅拌，搅拌后的胶粘剂应保持流动性。配制后的胶粘剂应及时使用，胶粘剂变稠或硬化时，不应使用。

（4）风管组合粘接成型应符合下列规定：

1）风管端口应制作成错位接口形式。

2）板材粘接前，应清除粘接口处的油渍、水渍、灰尘及杂物等。胶粘剂应涂刷均匀、饱满。

3）组装风管时，先将风管底板放于组装垫块上，然后在风管左右侧板阶梯处涂胶粘剂，插在底板边沿，对口纵向粘接应与底板错位 100mm，最后将顶板盖上，同样应与左右侧板错位 100mm，形成风管端口错位接口形式（图 2-20）。

4）风管组装完成后，应在组合好的风管两端扣上角钢制成的"冂"形箍，"冂"形箍

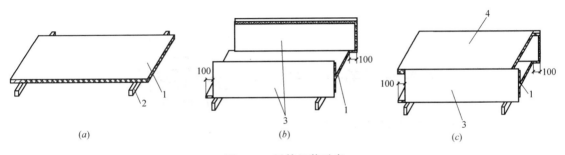

图 2-20　风管组装示意

（a）风管底板放于组装垫块上；（b）装风管侧板；（c）上顶板

1—底板；2—垫块；3—侧板；4—顶板

的内边尺寸应比风管长边尺寸大 3~5mm，高度应与风管短边尺寸相同。然后用捆扎带对风管进行捆扎，捆扎间距不应大于 700mm，捆扎带离风管两端短板的距离应小于 50mm（图 2-21）。

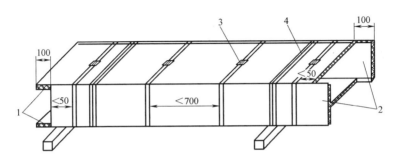

图 2-21　风管捆扎示意

1—风管上下板；2—风管侧板；3—扎带紧固；4—∏形箍

5）风管捆扎后，应及时清除管内外壁挤出的余胶，填充空隙。风管四角应平直，其端口对角线之差应符合表 2-13 的规定。

6）粘接后的风管应根据环境温度，按照规定的时间确保胶粘剂固化。在此时间内，不应搬移风管。胶粘剂固化后，应拆除捆扎带及"∏"形箍，并再次修整粘接缝余胶，填充空隙，在平整的场地放置。

（5）风管加固与导流叶片安装应符合下列规定：

1）矩形风管宜采用直径不小于 10mm 的镀锌螺杆做内支撑加固，内支撑件穿管壁处应密封处理（图 2-22）。负压风管的内支撑高度大于 800mm 时，应采用镀锌钢管内支撑。

2）风管内支撑横向加固数量应符合表 2-19 的规定，风管加固的纵向间距应小于或等于 1300mm。

3）距风机 5m 内的风管，应按表 2-19 的规定再增加 500Pa 风压计算内支撑数量。

（6）水平安装风管长度每隔 30m 时，应设置 1 个伸缩节。伸缩节长宜为 400mm，内边尺寸应比风管的外边尺寸大 3~5mm，伸缩节与风管中间应填塞 3~5mm 厚的软质绝热材料，且密封边长尺寸大于 1600mm 的伸缩节中间应增加内支撑加固，内支撑加固间距按 1000mm 布置，允许偏差±20mm（图 2-23）。

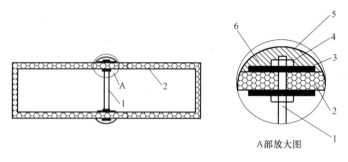

图 2-22　正压保温风管内支撑加固示意

1—镀锌螺杆；2—风管；3—镀锌加固垫圈；4—紧固螺母；5—保温罩；6—填塞保温材料；A—

风管内支撑横向加固数量
表 2-19

风管长边尺寸 b(mm)	系统设计工作压力(Pa)											
	低压系统 P≤500				中压系统 500<P≤1500				高压系统 1500<P≤3000			
	复合板厚度(mm)				复合板厚度(mm)				复合板厚度(mm)			
	18	25	31	43	18	25	31	43	18	25	31	43
1250≤b<1600	1	—	—	—	1	—	—	—	1	1	—	—
1600≤b<2300	1	1	1	1	2	1	1	1	2	2	1	1
2300≤b<3000	2	2	1	1	2	2	2	2	3	2	2	2
3000≤b<3800	3	2	2	2	3	3	3	2	4	3	3	3
3800≤b<4000	4	3	3	2	4	3	3	3	5	4	4	4

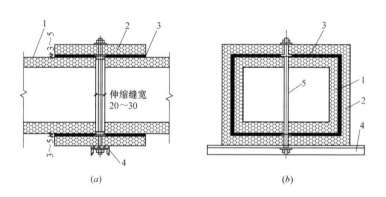

(*a*)　　　　　　　(*b*)

图 2-23　伸缩节的制作和安装示意

(*a*) 伸缩节的制作和安装；(*b*) 伸缩节中间设支撑柱

1—风管；2—伸缩节；3—填塞软质绝热材料并密封；4—角钢或槽钢防晃支架；5—内支撑杆

　　注：本内容参照《通风与空调工程施工规范》GB 50738—2011 第 5.1 和 5.4 节的规定。

2.1.5　硬聚氯乙烯风管

1. 质量目标

（1）风管在试验压力保持 5min 及以上时，接缝处应无开裂，整体结构应无永久性的变形及损伤。试验压力应符合下列规定：

1）低压风管应为 1.5 倍的工作压力；

2）中压风管应为 1.2 倍的工作压力，且不低于 750Pa；

3）高压风管应为 1.2 倍的工作压力。

（2）低压、中压圆形金属与复合材料风管，以及采用非法兰形式的非金属风管的允许漏风量，应为矩形金属风管规定值的 50%。

（3）排烟、除尘、低温送风及变风量空调系统风管的严密性应符合中压风管的规定，N1～N5 级净化空调系统风管的严密性应符合高压风管的规定。

（4）风管系统工作压力绝对值不大于 125Pa 的微压风管，在外观和制造工艺检验合格的基础上，不应进行漏风量的验证测试。

（5）输送剧毒类化学气体及病毒的实验室通风与空调风管的严密性能应符合设计要求。

（6）风管系统应当按类别和材质分别进行强度和严密性测试。

注：本内容参照《通风与空调工程施工质量验收规范》GB 50243—2016 第 4.2.1 条的规定。

2．质量保障措施

（1）硬聚氯乙烯风管与配件制作应按下列工序（图 2-24）进行。

（2）板材放样下料应符合下列规定：

1）风管或管件采用加热成型时，板材放样下料应考虑收缩余量。

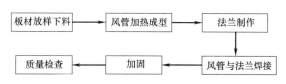

图 2-24　硬聚氯乙烯风管与配件制作工序

2）使用剪床切割时，厚度小于或等于 5mm 的板材可在常温下进行切割；厚度大于 5mm 的板材或在冬天气温较低时，应先把板材加热到 30℃ 左右，再用剪床进行切割。

3）使用圆盘锯床切割时，锯片的直径宜为 200～250mm，厚度宜为 1.2～1.5mm，齿距宜为 0.5～1mm，转速宜为 1800～2000r/min。

4）切割曲线时，宜采用规格为 300～400mm 的鸡尾锯进行切割。当切割圆弧较小时，宜采用钢丝锯进行切割。

（3）风管加热成型应符合下列规定：

1）硬聚氯乙烯板加热可采用电加热、蒸汽加热或热空气加热等方法。硬聚氯乙烯板加热时间应符合表 2-20 的规定。

硬聚氯乙烯板加热时间　　　　　　　　　　　　　　　表 2-20

板材厚度（mm）	2～4	5～6	8～10	11～15
加热时间（min）	3～7	7～10	10～14	15～24

2）圆形直管加热成型时，加热箱里的温度上升到 130～150℃ 并保持稳定后，应将板材放入加热箱内，使板材整个表面均匀受热。板材被加热到柔软状态时应取出，放在帆布上，采用木模卷制成圆管，待完全冷却后，将管取出。木模外表应光滑，圆弧应正确，木

模应比风管长 100mm。

3）矩形风管加热成型时，矩形风管四角宜采用加热折方成型。风管折方采用普通的折方机和管式电加热器配合进行，电热丝的选用功率应能保证板表面被加热到 150～180℃的温度。折方时，把画线部位置于两根管式电加热器中间并加热，变软后，迅速抽出，放在折方机上折成 90°角，待加热部位冷却后，取出成型的板材。

4）各种异形管件应使用光滑木材或铁皮制成的胎模，按前两款圆形直管和矩形风管加热成型的方法煨制成型。

（4）法兰制作应符合下列规定：

1）圆形法兰制作时，应将板材锯成条形板，开出内圆坡口后，放到电热箱内加热。加热好的条形板取出后应放到胎具上煨成圆形，并用重物压平。板材冷却定型后，进行组对焊接。法兰焊好后应进行钻孔。直径较小的圆形法兰，可在车床上车制。圆形法兰的用料规格、螺栓孔数和孔径应符合表 2-21 的规定。

硬聚氯乙烯圆形风管法兰规格

表 2-21

风管直径 D （mm）	法兰（宽×厚） （mm）	螺栓孔径 （mm）	螺孔数量	连接螺栓
D≤180	35×6	7.5	6	M6
180<D≤400	35×8	9.5	8～12	M8
400<D≤500	35×10	9.5	12～14	M8
500<D≤800	40×10	9.5	16～22	M8
800<D≤1400	45×12	11.5	24～38	M10
1400<D≤1600	50×15	11.5	40～44	M10
1600<D≤2000	60×15	11.5	46～48	M10
D>2000	按设计			

2）矩形法兰制作时，应将塑料板锯成条形，把 4 块开好坡口的条形板放在平板上组对焊接。矩形法兰的用料规格、螺栓孔径及螺孔间距应符合表 2-22 的规定。

硬聚氯乙烯矩形风管法兰规格（mm）

表 2-22

风管长边尺寸 b	法兰（宽×厚）	螺栓孔径	螺孔间距	连接螺栓
≤160	35×6	7.5		M6
160<b≤400	35×8	9.5		M8
400<b≤500	35×10	9.5		M8
500<b≤800	40×10	11.5	≤120	M10
800<b≤1250	45×12	11.5		M10
1250<b≤1600	50×15	11.5		M10
1600<b≤2000	60×18	11.5		M10

（5）风管与法兰焊接应符合下列规定：

1）法兰端面应垂直于风管轴线。直径或边长大于 500mm 的风管与法兰的连接处，宜均匀设置三角支撑加强板，加强板间距不应大于 450mm。

2）焊接的热风温度、焊条、焊枪喷嘴直径及焊缝形式应满足焊接要求。

3）焊缝形式宜采用对接焊接、搭接焊接、填角或对角焊接。焊接前，应按表 2-23 的规定进行坡口加工，并应清理焊接部位的油污、灰尘等杂质。

硬聚氯乙烯板焊缝形式和坡口尺寸及使用范围　　　　　　　　　　　表 2-23

焊缝形式	图　形	焊缝高度(mm)	板材厚度(mm)	坡口角度α(°)	使 用 范 围
V形对接焊缝		2～3	3～5	70～90	单面焊的风管
X形对接焊缝		2～3	≥5	70～90	风管法兰及厚板的拼接
搭接焊缝		≥最小板厚	3～10	—	风管和配件的加固
角焊缝(无坡口)		2～3	6～18	—	
角焊缝(无坡口)		≥最小板厚	≥3	—	风管配件的角部焊接
V形单面角焊缝		2～3	3～8	70～90	风管的角部焊接
V形双面角焊缝		2～3	6～15	70～90	厚壁风管的角部焊接

　　4）焊接时，焊条应垂直于焊缝平面，不应向后或向前倾斜，并应施加一定压力，使被加热的焊条与板材粘合紧密。焊枪喷嘴应沿焊缝方向均匀摆动，喷嘴距焊缝表面应保持5～6mm 的距离。喷嘴的倾角应根据被焊板材的厚度按表 2-24 的规定选择。

焊枪喷嘴倾角的选择　　　　　　　　　　　表 2-24

板厚(mm)	≤5	5～10	>10
倾角(°)	15～20	25～30	30～45

　　5）焊条在焊缝中断裂时，应采用加热后的小刀把留在焊缝内的焊条断头修切成斜面，再从切断处继续焊接。焊接完成后，应采用加热后的小刀切断焊条，不应用手拉断。焊缝应逐渐冷却。

　　6）法兰与风管焊接后，凸出法兰平面的部分应刨平。

　　（6）风管加固宜采用外加固框形式，加固框的设置应符合表 2-25 的规定，并应采用焊接将同材质加固框与风管紧固。

硬聚氯乙烯风管加固框规格（mm）　　表 2-25

圆　形				矩　形			
风管直径 D	管壁厚度	加固框		风管长边尺寸 b	管壁厚度	加固框	
		规格（宽×厚）	间距			规格（宽×厚）	间距
$D \leqslant 320$	3	—	—	$b \leqslant 320$	3	—	—
$320 < D \leqslant 500$	4	—	—	$320 < b \leqslant 400$	4	—	—
$500 < D \leqslant 630$	4	40×8	800	$400 < b \leqslant 500$	4	35×8	800
$630 < D \leqslant 800$	5	40×8	800	$500 < b \leqslant 800$	5	40×8	800
$800 < D \leqslant 1000$	5	45×10	800	$800 < b \leqslant 1000$	6	45×10	400
$1000 < D \leqslant 1400$	6	45×10	800	$1000 < b \leqslant 1250$	6	45×10	400
$1400 < D \leqslant 1600$	6	50×12	400	$1250 < b \leqslant 1600$	8	50×12	400
$1600 < D \leqslant 2000$	6	60×12	400	$1600 < b \leqslant 2000$	8	60×15	400

（7）风管直管段连续长度大于 20m 时，应按设计要求设置伸缩节（图 2-25）或软接头（图 2-26）。

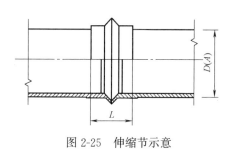

图 2-25　伸缩节示意　　　　　　　　图 2-26　软接头示意

注：本内容参照《通风与空调工程施工规范》GB 50738—2011 第 5.5 节的规定。

2.1.6　风管强度及严密性测试

1. 一般规定

（1）风管应根据设计和规范的要求进行强度及严密性的测试。

（2）风管强度应满足微压和低压风管在 1.5 倍的工作压力，中压风管在 1.2 倍的工作压力且不低于 750Pa，高压风管在 1.2 倍的工作压力下，保持 5min 及以上，接缝处无开裂，整体结构无永久性的变形及损伤为合格。

（3）风管的严密性测试应分为观感质量检验与漏风量检测。观感质量检验可应用于微压风管，也可作为其他压力风管工艺质量的检验，结构严密与无明显穿透的缝隙和孔洞应为合格。漏风量检测应为在规定工作压力下，对风管系统漏风量的测定和验证，漏风量不大于规定值应为合格。系统风管漏风量的检测应以总管和干管为主，宜采用分段检测、汇总综合分析的方法。检验样本风管宜为 3 节及以上组成，且总表面积不应少于 15m²。

（4）测试的仪器应在检验合格的有效期内。测试方法应符合要求。

（5）净化空调系统风管漏风量测试时，高压风管和空气洁净度等级为 1～5 级的系统应按高压风管进行检测，工作压力不大于 1500Pa 的 6～9 级的系统应按中压风管进行检测。

2. 测试装置

(1) 漏风量测试应采用经检验合格的专用漏风量测量仪器，或采用符合现行国家标准《用安装在圆形截面管道中的差压装置测量满管流体流量》GB/T 2624 中规定的计量元件搭设的测量装置。

(2) 漏风量测试装置可采用风管式或风室式。风管式测试装置应采用孔板作为计量元件；风室式测试装置应采用喷嘴作为计量元件。

(3) 漏风量测试装置的风机，风压和风量宜为被测定系统或设备的规定试验压力及最大允许漏风量的 1.2 倍及以上。

(4) 漏风量测试装置试验压力的调节，可采用调整风机转速的方法，也可采用控制节流装置开度的方法。漏风量值应在系统达到试验压力后保持稳压的条件下测得。

(5) 漏风量测试装置的压差测定应采用微压计，分辨率应为 1.0Pa。

(6) 风管式漏风量测试装置应符合下列规定：

1) 风管式漏风量测试装置应由风机、连接风管、测压仪器、整流栅、节流器和标准孔板等组成（图 2-27）。

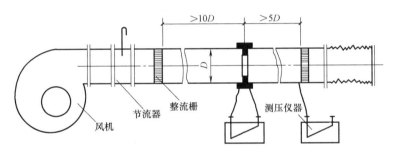

图 2-27 正压风管式漏风量测试装置

2) 应采用角接取压的标准孔板。孔板 β 值范围应为 0.22～0.70，孔板至前、后整流栅的直管段距离应分别大于或等于 10 倍和 5 倍风管直径。

3) 连接风管应均为光滑圆管。孔板至上游 2 倍风管直径范围内，圆度允许偏差应为 0.3%，下游应为 2%。

4) 孔板应与风管连接，前端与管道轴线垂直度允许偏差应为 1°；孔板与风管同心度允许偏差应为 1.5% 的风管直径。

5) 在第一整流栅后，所有连接部分应该严密不漏。

6) 漏风量应按下式计算：

$$Q = 3600\varepsilon \times \alpha \times A_n \sqrt{\frac{2\Delta P}{\rho}}$$

式中 Q——漏风量（m^3/h）；

ε——空气流束膨胀系数；

α——孔板的流量系数；

A_n——孔板开口面积（m^2）；

ρ——空气密度（kg/m³）；

ΔP——孔板压差（Pa）。

7）孔板的流量系数与 β 值的关系应根据图 2-28 确定，并应满足下列条件：

① 当 $1.0 \times 10^5 < Re < 2.0 \times 10^6$，$0.05 < \beta \le 0.49$，$50\text{mm} < D \le 1000\text{mm}$ 时，不计管道粗糙度对流量系数的影响；

② 当雷诺数 Re 小于 1.0×10^5 时，应按现行国家标准《用安装在圆形截面管道中的差压装置测量满管流体流量》GB/T 2624 中的有关条文求得流量系数 α。

8）孔板的空气流束膨胀系数 ε 值可按表 2-26 确定。

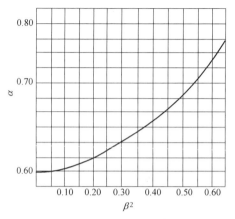

图 2-28 孔板流量系数与 β 值的关系图

采用角接取压标准孔板流束膨胀系数 ε 值（$k = 1.4$）　　　表 2-26

β^2 ＼ P_2/P_1	1.00	0.98	0.96	0.94	0.92	0.90	0.85	0.80	0.75
0.08	1.0000	0.9930	0.9866	0.9803	0.9742	0.9681	0.9531	0.9381	0.9232
0.10	1.0000	0.9924	0.9854	0.9787	0.9720	0.9654	0.9491	0.9328	0.9166
0.20	1.0000	0.9918	0.9843	0.9770	0.9689	0.9627	0.9450	0.9275	0.9100
0.30	1.0000	0.9912	0.9831	0.9753	0.9676	0.9599	0.9410	0.9222	0.9034

注：1. 本表允许内插，不允许外延。

2. P_2/P_1 为孔板后与孔板前的全压值之比。

9）负压条件下的漏风量测试装置应将风机的吸入口与节流器、孔板流量测量段逐项连接，并使孔板前 10D 整流栅置于迎风端，组成完整装置。然后应通过软接口与需测定风管或设备相连接（图 2-29）。

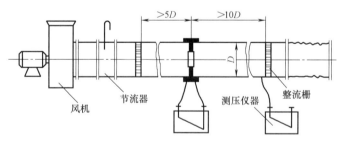

图 2-29 负压风管式漏风量测试装置

（7）风室式漏风量测试装置应符合下列规定：

1）风室式漏风量测试装置应由风机、连接风管、测压仪器、均流板、节流器、风室、隔板和喷嘴等组成（图 2-30）。

2）为利用喷嘴实施风量的测量，隔板应将风室分割成前后两孔腔，并应在隔板上开孔安装测量喷嘴。根据测试风量的需要，可采用不同孔径和数量的喷嘴。为保证喷嘴入口气流的稳定性和流量的正确性，两个喷嘴之间的中心距离不得小于大口径喷嘴喉部直径的

3 倍，且任意一个喷嘴中心到风室最近侧壁的距离不得小于其喷嘴喉部直径的 1.5 倍。计量喷嘴入口端均流板安装位置与隔板的距离不应小于 1.5 倍大口径喷嘴，出口端均流板安装位置与隔板的距离不应小于 2.5 倍大口径喷嘴。风机的出风口应与测试装置相连接（图 2-30）。当选用标准长颈喷嘴作为计量元件时，口径确定后，颈长应为 0.6 倍口径，喷嘴大口不应小于 2 倍口径，扩展部分长度应等于口径，喷嘴端口应刨边，并应留三分之一厚和 10°倾斜（图 2-31）。

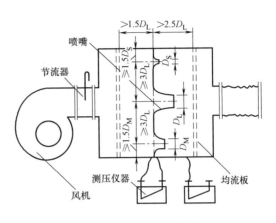

图 2-30　正压风室式漏风量测试装置

3）风室为一个两端留有连接口的密封箱体，过风断面积应按最大测试风量通过时，平均风速度应小于或等于 0.75m/s。风机的出风口应与节流器、喷嘴入口方向的接口相连接，另一端通过软接口与需测定风管或设备相连接（图 2-30）。

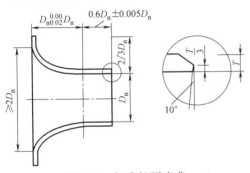

图 2-31　标准长颈喷嘴

4）风室中喷嘴两端的静压取压接口应为多个且均布于四壁。静压取压接口至喷嘴隔板的距离不得大于最小喷嘴喉部直径的 1.5 倍。应将多个静压接口并联成静压环，再与测压仪器相接。

5）采用本装置测定漏风量时，通过喷嘴喉部的流速应控制在 15～35m/s 范围内。

6）风室中喷嘴隔板后的所有连接部分应严密不漏。

7）单个喷嘴风量应按下式计算：

$$Q_n = 3600 C_d \times A_d \sqrt{\frac{2\Delta P}{\rho}}$$

式中　Q_n——单个喷嘴漏风量（m³/h）；

　　　C_d——喷嘴的流量系数（直径 127mm 及以上取 0.99，小于 127mm 可按表 2-27 或图 2-32 查取）；

　　　A_d——喷嘴的喉部面积（m²）；

　　　ΔP——喷嘴前后的静压差（Pa）。

喷嘴流量系数表　　　　　表 2-27

Re	流量系数 C_d	Re	流量系数 C_d	Re	流量系数 C_d	Re	流量系数 C_d
12000	0.950	40000	0.973	80000	0.983	200000	0.991
16000	0.956	50000	0.977	90000	0.984	250000	0.993
20000	0.961	60000	0.979	100000	0.985	300000	0.994
30000	0.969	70000	0.981	150000	0.989	350000	0.994

注：不计温度系数。

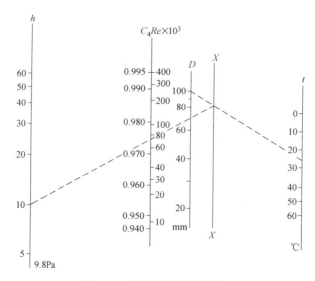

图 2-32 喷嘴流量系数推算图

8）多个喷嘴风量应按下式计算：

$$Q=\sum Q_n$$

9）负压条件下的漏风量测试装置应将风机的吸入口与节流器、风室箱体喷嘴入口反方向的接口相连接，另一端应通过软接口将箱体接口与需测定风管或设备相连接（图 2-33）。

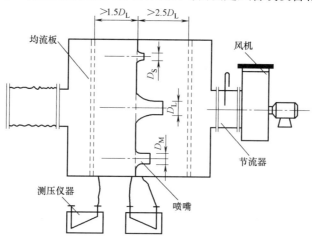

图 2-33 负压风室式漏风量测试装置

3. 漏风量测试

（1）系统风管与设备的漏风量测试，应分为正压试验和负压试验两类。应根据被测试风管的工作状态决定，也可采用正压测试来检验。

（2）系统风管漏风量测试可以采用整体或分段进行，测试时被测系统的所有开口均应封闭，不应漏风。

（3）被测系统风管的漏风量超过设计和规范的规定时，应查出漏风部位（可用听、摸、飘带、水膜或烟检漏），做好标记。修补完工后，应重新测试，直至合格。

（4）漏风量测定一般应为系统规定工作压力（最大运行压力）下的实测数值。特殊条件下，也可用相近或大于规定压力下的测试代替，漏风量可按下式计算：

$$Q_0 = Q(P_0/P)^{0.65}$$

式中　　Q_0——规定压力下的漏风量［$m^3/(h \cdot m^2)$］；

　　　　Q——测试的漏风量［$m^3/(h \cdot m^2)$］；

　　　　P_0——风管系统测试的规定工作压力（Pa）；

　　　　P——测试的压力（Pa）。

　　注：本内容参照《通风与空调工程施工质量验收规范》GB 50243—2016 附录 C 的规定。

2.2　防火风管和排烟风管材料细则

📋《质量安全手册》第 3.10.2 条：

防火风管和排烟风管使用的材料应为不燃材料。

📖实施细则：

1. 质量目标

防火风管的本体、框架与固定材料、密封垫料等必须采用不燃材料，防火风管的耐火极限时间应符合系统防火设计的规定。材料进场要检查材料质量合格证明文件和现场取样进行性能检测，并做现场点燃试验。

　　注：本内容参照《通风与空调工程施工质量验收规范》GB 50243—2016 第 4.2.2 条的规定。

2. 质量保障措施

（1）通风与空调工程所使用的材料与设备应有中文质量证明文件，并齐全有效。质量证明文件应反映材料与设备的品种、规格、数量和性能指标，并与实际进场材料和设备相符。设备的型式检验报告应为该产品系列，并应在有效期内。

（2）材料与设备进场时，施工单位应对其进行检查和试验，合格后报请监理工程师（建设单位代表）进行验收，填写材料（设备）进场验收记录。未经监理工程师（建设单位代表）验收合格的材料与设备，不应在工程中使用。

（3）非金属与复合风管板材的技术参数及适用范围应符合表 2-28 的规定。

非金属与复合风管板材的技术参数及适用范围　　　　　　表 2-28

风管类别		材料密度（kg/m³）	厚度(mm)	强度	适用范围
非金属风管	无机玻璃钢风管	≤2000	符合现行国家标准《通用与空调工程施工质量验收规范》GB 50243 的有关规定	弯曲强度≥65MPa	低、中、高压空调系统及防排烟系统
	硬聚氯乙烯风管	1300～1600	—	拉伸强度≥34MPa	洁净室及含酸碱的排风系统

续表

风管类别		材料密度 （kg/m³）	厚度(mm)	强度	适 用 范 围
复合风管	酚醛铝箔 复合风管	60	20	弯曲强度 ≥1.05MPa	设计工作压力≤2000Pa的空调系统及潮湿环境，风速≤12m/s，b≤2000mm
	聚氨酯 铝箔 复合风管	≥45	≥20	弯曲强度 ≥1.02MPa	设计工作压力≤2000Pa的空调系统、洁净空调系统及潮湿环境，风速≤12m/s，b≤2000mm
	玻璃纤维 复合风管	≥70	≥25	—	设计工作压力≤1000Pa的空调系统，风速≤10m/s，b≤2000mm
	玻镁复合风管 普通型	—	≥25	—	按复合板不同类型分别适合空调系统、洁净系统及防排烟系统
	节能型		≥31		
	低温节能型		≥43		
	洁净型		≥31		
	排烟型		≥18		
	防火型		≥35		
	耐火型		≥45		

注：b 为风管内边长尺寸。

本内容参照《通风与空调工程施工规范》GB 50738—2011 第 3.3.2、3.3.3、5.1.2 条的规定。

（4）防火风管的制作应符合下列规定：

1）防火风管，当风管的外径或外边长小于或等于 300mm 时，其允许偏差不应大于 2mm；当风管的外径或外边长大于 300mm 时，不应大于 3mm。管口平面度的允许偏差不应大于 2mm；矩形风管两条对角线长度之差不应大于 3mm，圆形法兰任意两直径之差不应大于 3mm。

2）采用型钢框架外敷防火板的防火风管，框架的焊接应牢固，表面应平整，偏差不应大于 2mm。防火板敷设形状应规整，固定应牢固，接缝应用防火材料封堵严密，且不应有穿孔。

3）采用在金属风管外敷防火绝热层的防火风管，风管严密性要求：风管在试验压力保持 5min 及以上时，接缝处应无开裂，整体结构应无永久性的变形及损伤。试验压力应符合下列规定：

① 低压风管应为 1.5 倍的工作压力；

② 中压风管应为 1.2 倍的工作压力，且不低于 750Pa；

③ 高压风管应为 1.2 倍的工作压力。

④ 矩形金属风管的严密性检验，在工作压力下的风管允许漏风量应符合表 4.2.1 的规定。

4）防火绝热层的设置应按规定执行。

注：本内容参照《通风与空调工程施工质量验收规范》GB 50243—2016 第 4.2.1 条的规定。

2.3 风机盘管和管道的绝热材料复试细则

📋《质量安全手册》第 3.10.3 条：

> 风机盘管和管道的绝热材料进场时，应取样复试合格。

📖实施细则：

2.3.1 空调水系统管道与设备绝热

1. 质量目标

主控项目

（1）风管和管道的绝热层、绝热防潮层及保护层，应采用不燃或难燃材料，材质、密度、规格与厚度应符合设计要求。通过查对施工图纸、合格证和做燃烧试验进行检查。

（2）风管和管道的绝热材料进场时，应对其下列技术性能参数进行复验，复验应为见证取样送检，取样为现场随机抽样：

1）风机盘管机组的供冷量、供热量、风量、出口静压、噪声及功率；

2）绝热材料的导热系数、密度、吸水率。

（3）洁净室（区）内的风管和管道的绝热层，不应采用易产尘的玻璃纤维和短纤维矿棉等材料。现场观察检查。

注：本内容参照《通风与空调工程施工质量验收规范》GB 50243—2016 第 10.2 节的规定。

一般项目

（1）设备、部件、阀门的绝热层，不得遮盖铭牌标志和影响部件、阀门的操作功能；经常操作的部位应采用能单独拆卸的绝热结构。现场观察检查。

（2）绝热层应满铺，表面应平整，不应有裂缝、空隙等缺陷。当采用卷材或板材时，允许偏差应为 5mm；当采用涂抹或其他方式时，允许偏差应为 10mm。现场观察检查。

（3）橡塑绝热材料的施工应符合下列规定，现场观察检查：

1）粘接材料应与橡塑材料相适用，无溶蚀被粘接材料的现象。

2）绝热层的纵横向接缝应错开，缝间不应有孔隙，与管道表面应贴合紧密，不应有气泡。

3）矩形风管绝热层的纵向接缝宜处于管道上部。

4）多重绝热层施工时，层间的拼接缝应错开。

（4）风管绝热材料采用保温钉固定时，应符合下列规定，并现场观察检查：

1）保温钉与风管、部件及设备表面的连接，应采用粘接或焊接，结合应牢固，不应脱落。不得采用抽芯铆钉或自攻螺钉等破坏风管严密性的固定方法。

2）矩形风管及设备表面的保温钉应均布，风管保温钉数量应符合表 2-29 的规定。首行保温钉距绝热材料边沿的距离应小于 120mm，保温钉的固定压片应松紧适度、均匀压紧。

风管保温钉数量（个/m²）   表 2-29

隔热层材料	风管底面	侧面	顶面
铝箔岩棉保温板	≥20	≥16	≥10
铝箔玻璃棉保温板(毡)	≥16	≥10	≥8

3）绝热材料纵向接缝不宜设在风管底面。

（5）管道采用玻璃棉或岩棉管壳保温时，管壳规格与管道外径应相匹配，管壳的纵向接缝应错开，管壳应采用金属丝、粘接带等捆扎，间距应为 300～350mm，且每节至少应捆扎两道。现场观察检查。

（6）风管及管道的绝热防潮层（包括绝热层的端部）应完整，并应封闭良好。立管的防潮层环向搭接缝口应顺水流方向设置；水平管的纵向缝应位于管道的侧面，并应顺水流方向设置。带有防潮层绝热材料的拼接缝应采用粘胶带封严，缝两侧粘胶带粘接的宽度不应小于 20mm。胶带应牢固地粘贴在防潮层面上，不得有胀裂和脱落。现场尺量和观察检查。

（7）绝热涂抹材料作为绝热层时，应分层涂抹，厚度应均匀，不得有气泡和漏涂等缺陷，表面固化层应光滑牢固，不应有缝隙。现场观察检查。

（8）金属保护壳的施工应符合下列规定，并现场尺量和观察检查：

1）金属保护壳板材的连接应牢固严密，外表应整齐平整。

2）圆形保护壳应贴紧绝热层，不得有脱壳、褶皱、强行接口等现象。接口搭接应顺水流方向设置，并应有凸筋加强，搭接尺寸应为 20～25mm。采用自攻螺钉紧固时，螺钉间距应匀称，且不得刺破防潮层。

3）矩形保护壳表面应平整，楞角应规则，圆弧应均匀，底部与顶部不得有明显的凸肚及凹陷。

4）户外金属保护壳的纵、横向接缝应顺水流方向设置，纵向接缝应设在侧面。保护壳与外墙面或屋顶的交接处应设泛水，且不应渗漏。

（9）管道或管道绝热层的外表面，应按设计要求进行色标。现场观察检查。

注：本内容参照《通风与空调工程施工质量验收规范》GB 50243—2016 第 10.3 节的规定。

2. 质量保障措施

（1）空调水系统管道与设备绝热施工前应具备下列施工条件：

1）选用的绝热材料与其他辅助材料应符合设计要求，胶粘剂应为环保产品，施工方法已明确。

2）管道系统水压试验合格；钢制管道防腐施工已完成。

（2）空调水系统管道与设备的绝热施工应按下列工序（图 2-34）进行。

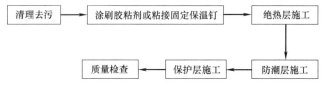

图 2-34　空调水系统管道与设备的绝热施工工序

（3）空调水系统管道与设备绝热施工前应进行表面清洁处理，防腐层损坏的应补涂完整。

（4）涂刷胶粘剂和粘接固定保温钉应符合下列规定：

1）应控制胶粘剂的涂刷厚度，涂刷应均匀，不宜多遍涂刷。

2）保温钉的长度应满足压紧绝热层固定压片的要求，保温钉与管道和设备的粘接应牢固可靠，其数量应满足绝热层固定要求。在设备上粘接固定保温钉时，底面每 $1m^2$ 不应少于 16 个，侧面每 $1m^2$ 不应少于 10 个，顶面每 $1m^2$ 不应少于 8 个；首行保温钉距绝热材料边沿应小于 120mm。

（5）空调水系统管道与设备绝热层施工应符合下列规定：

1）绝热材料粘接时，固定宜一次完成，并应按胶粘剂的种类保持相应的稳定时间。

2）绝热材料厚度大于 80mm 时，应采用分层施工，同层的拼缝应错开，且层间的拼缝应相压，搭接间距不应小于 130mm。

3）绝热管壳的粘贴应牢固，铺设应平整。每节硬质或半硬质的绝热管壳应用防腐金属丝捆扎或专用胶带粘贴不少于 2 道，其间距宜为 300～350mm，捆扎或粘贴应紧密，无滑动、松弛与断裂现象。

4）硬质或半硬质绝热管壳用于热水管道时拼接缝隙不应大于 5mm，用于冷水管道时不应大于 2mm，并用粘接材料勾缝填满。纵缝应错开，外层的水平接缝应设在侧下方。

5）松散或软质保温材料应按规定的密度压缩其体积，疏密应均匀；毡类材料在管道上包扎时，搭接处不应有空隙。

6）管道阀门、过滤器及法兰部位的绝热结构应能单独拆卸，且不应影响其操作功能。

7）补偿器绝热层应分层施工，内层紧贴补偿器，外层需沿补偿方向预留相应的补偿距离。

8）空调冷热水管道穿楼板或穿墙处的绝热层应连续不间断。

（6）防潮层与绝热层应结合紧密，封闭良好，不应有虚粘、气泡、皱褶、裂缝等缺陷，并应符合下列规定：

1）防潮层（包括绝热层的端部）应完整，且封闭良好。水平管道防潮层施工时，纵向搭接缝应位于管道的侧下方，并顺水；立管的防潮层应自下而上施工，环向搭接缝应朝下。

2）采用卷材防潮材料螺旋形缠绕施工时，卷材的搭接宽度宜为 30～50mm。

3）采用玻璃钢防潮层时，与绝热层应结合紧密，封闭良好，不应有虚粘、气泡、皱褶、裂缝等缺陷。

4）带有防潮层、隔汽层绝热材料的拼缝处，应用胶带密封，胶带的宽度不应小于 50mm。

（7）保护层施工应符合下列规定：

1）采用玻璃纤维布缠裹时，端头应采用卡子卡牢或用胶粘剂粘牢。立管应自下而上，水平管道应从最低点向最高点进行缠裹。玻璃纤维布缠裹应严密，搭接宽度应均匀，宜为 1/2 布宽或 30～50mm，表面应平整，无松脱、翻边、皱褶或鼓包。

2）采用玻璃纤维布外刷涂料作为防水与密封保护时，施工前应清除表面的尘土、油污，涂层应将玻璃纤维布的网孔堵密。

3）采用金属材料作为保护壳时，保护壳应平整，紧贴防潮层，不应有脱壳、皱褶、强行接口现象，保护壳端头应封闭。采用平搭接时，搭接宽度宜为 30～40mm；采用凸筋加强搭接时，搭接宽度宜为 20～25mm；采用自攻螺钉固定时，螺钉间距应匀称，不应刺破防潮层。

4）立管的金属保护壳应自下而上进行施工，环向搭接缝应朝下；水平管道的金属保护壳应从管道低处向高处进行施工，环向搭接缝口应朝向低端，纵向搭接缝应位于管道的侧下方，并顺水。

注：本内容参照《通风与空调工程施工规范》GB 50738—2011 第 13.3 节的规定。

2.3.2　空调风管系统与设备绝热

1. 质量目标

具体内容见本书"2.3.1 空调水系统管道与设备绝热"的相关要求。

2. 质量保障措施

（1）空调风管系统与设备绝热施工前应具备下列施工条件：

1）选用的绝热材料与其他辅助材料应符合设计要求，胶粘剂应为环保产品，施工方法已明确。

2）风管系统严密性试验合格。

图 2-35　空调风管系统与设备绝热施工工序

（2）空调风管系统与设备绝热应按下列工序（图 2-35）进行：

（3）镀锌钢板风管绝热施工前应进行表面去油、清洁处理；冷轧板金属风管绝热施工前应进行表面除锈、清洁处理，并涂防腐层。

（4）风管绝热层采用保温钉固定时，应符合下列规定：

1）保温钉与风管、部件及设备表面的连接宜采用粘接，结合应牢固，不应脱落。

2）固定保温钉的胶粘剂宜为不燃材料，其粘结力应大于 25N/cm²。

3）矩形风管与设备的保温钉分布应均匀，保温钉的长度和数量按规定执行。

4）保温钉粘结后应保证相应的固化时间，宜为 12～24h，然后再铺覆绝热材料。

5）风管的圆弧转角段或几何形状急剧变化的部位，保温钉的布置应适当加密。

（5）风管绝热材料应按长边加 2 个绝热层厚度、短边为净尺寸的方法下料。绝热材料应尽量减少拼接缝，风管的底面不应有纵向拼缝，小块绝热材料可铺覆在风管上平面。

（6）绝热层施工应满足设计要求，并应符合下列规定：

1）绝热层与风管、部件及设备应紧密贴合，无裂缝、空隙等缺陷，且纵、横向的接缝应错开。绝热层材料厚度大于 80mm 时，应采用分层施工，同层的拼缝应错开，层间的拼缝应相压，搭接间距不应小于 130mm。

2）阀门、三通、弯头等部位的绝热层宜采用绝热板材切割预组合后，再进行施工。

3）风管部件的绝热不应影响其操作功能。调节阀绝热要留出调节转轴或调节手柄的位置，并标明启闭位置，保证操作灵活方便。风管系统上经常拆卸的法兰、阀门、过滤器及检测点等应采用能单独拆卸的绝热结构，其绝热层的厚度不应小于风管绝热层的厚度，与固定绝热层结构之间的连接应严密。

4）带有防潮层的绝热材料接缝处，宜用宽度不小于 50mm 的粘胶带粘贴，不应有胀裂、皱褶和脱落现象。

5）软接风管宜采用软性的绝热材料，绝热层应留有变形伸缩的余量。

6）空调风管穿楼板和穿墙处套管内的绝热层应连续不间断，且空隙处应用不燃材料进行密封封堵。

（7）绝热材料粘接固定应符合下列规定：

1）胶粘剂应与绝热材料相匹配，并应符合其使用温度的要求；

2）涂刷胶粘剂前应清洁风管与设备表面，采用横、竖两方向的涂刷方法将胶粘剂均匀地涂在风管、部件、设备和绝热材料的表面；

3）涂刷完毕，应根据气温条件按产品技术文件的要求静放一定时间后，再进行绝热材料的粘接；

4）粘接宜一次到位并加压，粘接应牢固，不应有气泡。

（8）绝热材料使用保温钉固定后，表面应平整。

注：本内容参照《通风与空调工程施工规范》GB 50738—2011 第 13.4 节的规定。

2.4 风管系统支架、吊架安装细则

📋 《质量安全手册》第 3.10.4 条：

风管系统支架、吊架、抗震支架的安装符合设计和规范要求。

📖 实施细则：

2.4.1 支架、吊架制作

1. 质量目标

（1）支吊架的型钢材料选用应符合下列规定：

1）风管支吊架的型钢材料应按风管、部件、设备的规格和重量选用，并应符合设计要求。当设计无要求时，在最大允许安装间距下，风管吊架的型钢规格应符合表 2-30～表 2-33 的规定。

水平安装金属矩形风管的吊架型钢最小规格（mm）　　　　表 2-30

风管长边尺寸 b	吊杆直径	吊架规格	
		角钢	槽钢
b≤400	φ8	L25×3	⊏50×37×4.5
400<b≤1250	φ8	L30×3	⊏50×37×4.5
1250<b≤2000	φ10	L40×4	⊏50×37×4.5 ⊏63×40×4.8
2000<b≤2500	φ10	L50×5	—

水平安装金属圆形风管的吊架型钢最小规格（mm）　　　表 2-31

风管直径 D	吊杆直径	抱箍规格		角钢横担
		钢丝	扁钢	
D≤250	φ8	φ2.8	25×0.75	—
250<D≤450	φ8	*φ2.8 或 φ5		—
450<D≤630	φ8	*φ3.6		—
630<D≤900	φ8	*φ3.6	25×1.0	—
900<D≤1250	φ10	—		—
1250<D≤1600	*φ10	—	*25×1.5	L40×4
1600<D≤2000	*φ10	—	*25×2.0	L40×4

注：1. 吊杆直径中的"*"表示两根圆钢；
　　2. 钢丝抱箍中的"*"表示两根钢丝合用；
　　3. 扁钢中的"*"表示上、下两个半圆弧。

水平安装非金属及复合风管的吊架横担型钢最小规格（mm）　　　表 2-32

风管类别		角钢或槽钢横担				
		L25×3 ⊏50×37×4.5	L30×3 ⊏50×37×4.5	L40×4 ⊏50×37×4.5	L50×5 ⊏63×40×4.8	L63×5 ⊏80×43×5.0
非金属风管	无机玻璃钢风管	b≤630	—	b≤1000	b≤1500	b≤2000
	硬聚氯乙烯风管	b≤630	—	b≤1000	b≤2000	b>2000
复合风管	酚醛铝箔复合风管	b≤630	630<b≤1250	b>1250	—	—
	聚氨酯铝箔复合风管	b≤630	630<b≤1250	b>1250	—	—
	玻璃纤维复合风管	b≤450	450<b≤1000	1000<b≤2000	—	—
	玻镁复合风管	b≤630	—	b≤1000	b≤1500	b≤2000

水平安装非金属与复合风管的吊架吊杆型钢最小规格（mm）　　　表 2-33

风 管 类 别		吊杆直径			
		φ6	φ8	φ10	φ12
非金属风管	无机玻璃钢风管	—	b≤1250	1250<b≤2500	b>2500
	硬聚氯乙烯风管	—	b≤1250	1250<b≤2500	b>2500
复合风管	聚氨酯复合风管	b≤1250	1250<b≤2000	—	—
	酚醛铝箔复合风管	b≤800	800<b≤2000	—	—
	玻璃纤维复合风管	b≤600	600<b≤2000	—	—
	玻镁复合风管	—	b≤1250	1250<b≤2500	b>2500

注：b 为风管内边长。

　　2）水管支吊架的型钢材料应按水管、附件、设备的规格和重量选用，并应符合设计要求。当设计无要求时，应符合表 2-34 的规定。

水平管道支吊架的型钢最小规格（mm） 表 2-34

公称直径	横担角钢	横担槽钢	加固角钢或槽钢（斜支撑型）	膨胀螺栓	吊杆直径	吊环、抱箍
25	∟20×3	—	—	M8	$\phi6$	30×2 扁钢或 $\phi10$ 圆钢
32	∟20×3	—	—	M8	$\phi6$	
40	∟20×3	—	—	M10	$\phi8$	
50	∟25×4	—	—	M10	$\phi8$	40×3 扁钢或 $\phi12$ 圆钢
65	∟36×4	—	—	M14	$\phi8$	
80	∟36×4	—	—	M14	$\phi10$	
100	∟45×4	⊏50×37×4.5	—	M16	$\phi10$	50×3 扁钢或 $\phi16$ 圆钢
125	∟50×5	⊏50×37×4.5	—	M16	$\phi12$	
150	∟63×5	⊏63×40×4.8	—	M18	$\phi12$	
200	—	⊏63×40×4.8	*∟45×4 或⊏63×40×4.8	M18	$\phi16$	50×4 扁钢或 $\phi18$ 圆钢
250	—	⊏100×48×5.3	*∟45×4 或⊏63×40×4.8	M20	$\phi18$	60×5 扁钢或 $\phi20$ 圆钢
300	—	⊏126×53×5.5	*∟45×4 或⊏63×40×4.8	M20	$\phi22$	60×5 扁钢或 $\phi20$ 圆钢

注：表中"*"表示两个角钢加固件。

（2）焊接牢固，焊缝饱满，无夹渣。

（3）防锈漆涂刷均匀，无漏刷。

注：本内容参照《通风与空调工程施工规范》GB 50738—2011 第 7.2.4 条的规定。

2. 质量保障措施

（1）支吊架制作前应具备下列施工条件：

1）支吊架的形式及制作方法已明确，采用的技术标准和质量控制措施文件齐全；

2）加工场地环境满足作业条件要求；

3）型钢及附属材料进场检验合格；

4）加工机具准备齐备，满足制作要求。

（2）支吊架制作应按下列工序（图 2-36）进行：

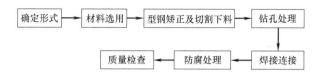

图 2-36 支吊架制作工序

（3）支吊架形式应根据建筑物结构和固定位置确定，并应符合设计要求。

（4）支吊架制作前，应对型钢进行矫正。型钢宜采用机械切割，切割边缘处应进行打磨处理。型钢切割下料应符合下列规定：

1）型钢斜支撑、悬臂型钢支架栽入墙体部分应采用燕尾形式，栽入部分不应小于 120mm；

2）横担长度应预留管道及保温宽度（图 2-37 和图 2-38）；

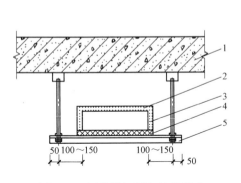

图 2-37 风管横担预留长度示意

1—楼板；2—风管；3—保温层；

4—隔热木托；5—横担

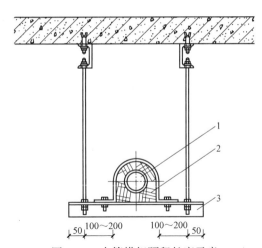

图 2-38 水管横担预留长度示意

1—水管；2—隔热木托；3—横担

3）有绝热层的吊环，应按保温厚度计算；采用扁钢或圆钢制作吊环时，螺栓孔中心线应一致，并应与大圆环垂直；

4）吊杆的长度应按实际尺寸确定，并应满足在允许范围内的调节余量；

5）柔性风管的吊环宽度应大于 25mm，圆弧长应大于 1/2 周长，并应与风管贴合紧密（图 2-39）。

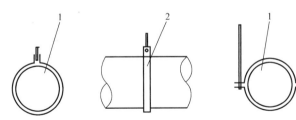

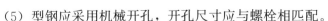

图 2-39 柔性风管吊环安装

1—风管；2—吊环或抱箍

（5）型钢应采用机械开孔，开孔尺寸应与螺栓相匹配。

（6）采用圆钢制作 U 形卡时，应采用圆板牙扳手在圆钢的两端套出螺纹，活动支架上的 U 形卡可一头套丝，螺纹的长度宜套上固定螺母后留出 2～3 扣。

（7）支吊架焊接应采用角焊缝满焊，焊缝高度应与较薄焊接件厚度相同，焊缝饱满、均匀，不应出现漏焊、夹渣、裂纹、咬肉等现象。采用圆钢吊杆时，与吊架根部焊接长度应大于 6 倍的吊杆直径。

注：本内容参照《通风与空调工程施工规范》GB 50738—2011 第 7.2 节的规定。

2.4.2 支架、吊架安装

1. 质量目标

主控项目

（1）预埋件位置应正确、牢固可靠，埋入部分应去除油污，且不得涂漆。

（2）风管系统支吊架的形式和规格应按工程实际情况选用。

（3）风管直径大于2000mm或边长大于2500mm的支吊架的安装要求，应按设计要求执行。

以上项目需要查看设计图，通过尺量、观察检查。

注：本内容参照《通风与空调工程施工质量验收规范》GB 50243—2016第6.2.1条的规定。

一般项目

（4）金属风管水平安装，直径或边长小于等于400mm时，支吊架间距不应大于4m；大于400mm时，间距不应大于3m。螺旋风管的支吊架间距可为5m与3.75m；薄钢板法兰风管的支吊架间距不应大于3m。垂直安装时，应设置至少2个固定点，支架间距不应大于4m。

（5）支吊架的设置不应影响阀门、自控机构的正常动作，且不应设置在风口、检查门处，离风口和分支管的距离不宜小于200mm。

（6）悬吊的水平主风管、干风管直线长度大于20m时，应设置防晃支架或防止摆动的固定点。

（7）矩形风管的抱箍支架，折角应平直，抱箍应紧贴风管。圆形风管的支架应设托座或抱箍，圆弧应均匀，且应与风管外径一致。

（8）风管或空调设备使用的可调节减震支吊架，拉伸或压缩量应符合设计要求。

（9）不锈钢板、铝板风管与碳素钢支架的接触处，应采取隔绝或防腐绝缘措施。

（10）边长（直径）大于1250mm的弯头、三通等部位应设置单独的支、吊架。

以上项目通过现场尺量、观察检查。

注：本内容参照《通风与空调工程施工质量验收规范》GB 50243—2016第6.3.1条的规定。

2. 质量保障措施

（1）支吊架安装前应具备下列施工条件：

1）应对照施工图核对现场，支吊架安装施工方案已批准，专项技术交底已完成。

2）固定材料、垫料、焊接材料、减震装置和成品支吊架以及制作完成的支吊架等满足施工要求。

3）支吊架安装现场环境满足作业条件要求。

4）支吊架安装的机具已准备齐备，满足安装要求。

（2）支吊架安装应按照下列工序（图2-40）进行：

图2-40 支吊架安装工序

（3）预埋件形式、规格及位置应符合设计要求，并应与结构浇筑为一体。

（4）支吊架定位放线时，应按施工图中管道、设备等的安装位置，弹出支吊架的中心线，确定支吊架的安装位置。严禁将管道穿墙套管作为管道支架。支吊架的最大允许间距应满足设计要求，并应符合下列规定：

1）金属风管（含保温）水平安装时，支吊架的最大间距应符合表 2-35 的规定。

水平安装金属风管支吊架的最大间距（mm）　　　　表 2-35

风管边长 b 或直径 D	矩形风管	圆形风管	
		纵向咬口风管	螺旋咬口风管
≤400	4000	4000	5000
>400	3000	3000	3750

注：薄钢板法兰，C 形、S 形插条连接风管的支吊架间距不应大于 3000mm。

2）非金属与复合风管水平安装时，支吊架的最大间距应符合表 2-36 的规定。

水平安装非金属与复合风管支吊架的最大间距（mm）　　　　表 2-36

风管类别		风管边长 b						
		≤400	≤450	≤800	≤1000	≤1500	≤1600	≤2000
		支吊架最大间距						
非金属风管	无机玻璃钢风管	4000	3000		2500		2000	
	硬聚氯乙烯风管	4000	3000					
复合风管	聚氨酯铝箔复合风管	4000	3000					
	酚醛铝箔复合风管	2000				1500		1000
	玻璃纤维复合风管	2400		2200		1800		
	玻镁复合风管	4000	3000			2500		2000

注：边长大于 2000mm 的风管可参考边长为 2000mm 的风管。

3）钢管水平安装时，支吊架的最大间距应符合表 2-37 的规定。

钢管支吊架的最大间距　　　　表 2-37

公称直径(mm)		15	20	25	32	40	50	70	80	100	125	150	200	250	300
支吊架的最大间距(m)	L_1	1.5	2.0	2.5	2.5	3.0	3.5	4.0	5.0	5.0	5.5	6.5	7.5	8.5	9.5
	L_2	2.5	3.0	3.5	4.0	4.5	5.0	6.0	6.5	6.5	7.5	7.5	9.0	9.5	10.5
		管径大于 300mm 的管道可参考管径为 300mm 的管道													

注：1. 适用于设计工作压力不大于 2.0MPa，非绝热或绝热材料密度不大于 200kg/m³ 的管道系统；
　　2. L_1 用于绝热管道，L_2 用于非绝热管道。

4）管道采用沟槽连接水平安装时，支吊架的最大间距应符合表 2-38 的规定。

沟槽连接管道支吊架允许最大间距　　　　表 2-38

公称直径(mm)	50	70	80	100	125	150	200	250	300	350	400
支吊架允许最大间距(m)		3.6			4.2			4.8			5.4

注：支吊架不应支撑在连接头上，水平管的任意两个连接头之间应有支吊架。

5）铜管支吊架的最大间距应符合表 2-39 的规定。

铜管支吊架的最大间距　　　　表 2-39

公称直径(mm)		15	20	25	32	40	50	65	80	100	125	150	200
支吊架的最大间距(m)	垂直管道	1.8	2.4	2.4	3.0	3.0	3.0	3.5	3.5	3.5	3.5	4.0	4.0
	水平管道	1.2	1.8	1.8	2.4	2.4	2.4	3.0	3.0	3.0	3.0	3.5	3.5

6）塑料管及复合管道支吊架的最大间距应符合表 2-40 的规定。

塑料管及复合管道支吊架的最大间距　　　　　　　　表 2-40

管径(mm)		12	14	16	18	20	25	32	40	50	63	75	90	110
支、吊架的最大间距(m)	立管	0.5	0.6	0.7	0.8	0.9	1.0	1.1	1.3	1.6	1.8	2.0	2.2	2.4
水平管	冷水管	0.4	0.4	0.5	0.5	0.6	0.7	0.8	0.9	1.0	1.1	1.2	1.35	1.55
	热水管	0.2	0.2	0.25	0.3	0.3	0.35	0.4	0.5	0.6	0.7	0.8	—	—

7）垂直安装的风管和水管支架的最大间距应符合表 2-41 的规定。

垂直安装风管和水管支架的最大间距（mm）　　　　　　表 2-41

管道类别		最大间距	支架最少数量
金属风管	钢板、镀锌钢板、不锈钢板、铝板	4000	单根直管不小于 2 个
复合风管	聚氨酯铝箔复合风管	2400	
	酚醛铝箔复合风管		
	玻璃纤维复合风管	1200	
	玻镁复合风管		
非金属风管	无机玻璃钢风管	3000	
	硬聚氯乙烯风管		
金属水管	钢管、钢塑复合管	楼层高度小于或等于 5m 时,每层应安装 1 个;楼层高度大于 5m 时,每层不应少于 2 个	

8）柔性风管支吊架的最大间距宜小于 1500mm。

（5）支吊架的固定件安装应符合下列规定：

1）采用膨胀螺栓固定支吊架时，应符合膨胀螺栓使用技术条件的规定，螺栓至混凝土构件边缘的距离不应小于 8 倍的螺栓直径，螺栓间距不小于 10 倍的螺栓直径。螺栓孔直径和钻孔深度应符合表 2-42 的规定。

常用膨胀螺栓规格、钻孔直径和钻孔深度（mm）　　　　表 2-42

膨胀螺栓种类	图　　示	规格	螺栓总长	钻孔直径	钻孔深度
内螺纹膨胀螺栓		M6	25	8	32～42
		M8	30	10	42～52
		M10	40	12	43～53
		M12	50	15	54～64
单胀管式膨胀螺栓		M8	95	10	65～75
		M10	110	12	75～85
		M12	125	18.5	80～90
双胀管式膨胀螺栓		M12	125	18.5	80～90
		M16	155	23	110～120

2）支吊架与预埋件焊接时，焊接应牢固，不应出现漏焊、夹渣、裂纹、咬肉等现象。

3）在钢结构上设置固定件时，钢梁下翼宜安装钢梁夹或钢吊夹，预留螺栓连接点、专用吊架型钢。吊架应与钢结构固定牢固，并应不影响钢结构安全。

（6）风管系统支吊架的安装应符合下列规定：

1）风机、空调机组、风机盘管等设备的支吊架应按设计要求设置隔震器，其品种、规格应符合设计及产品技术文件要求。

2）支吊架不应设置在风口、检查口处以及阀门、自控机构的操作部位，且距风口不应小于200mm。

3）圆形风管U形管卡圆弧应均匀，且应与风管外径相一致。

4）支吊架距风管末端不应大于1000mm，距水平弯头的起弯点间距不应大于500mm，设在支管上的支吊架距干管不应大于1200mm。

5）吊杆与吊架根部连接应牢固。吊杆采用螺纹连接时，拧入连接螺母的螺纹长度应大于吊杆直径，并应有防松动措施。吊杆应平直，螺纹完整、光洁。安装后，吊架的受力应均匀，无变形。

6）边长（直径）大于或等于630mm的防火阀宜设独立的支吊架；水平安装的边长（直径）大于200mm的风阀等部件与非金属风管连接时，应单独设置支、吊架。

7）水平安装的复合风管与支、吊架接触面的两端，应设置厚度大于或等于1.0mm，宽度60~80mm，长度100~120mm的镀锌角形垫片。

8）垂直安装的非金属与复合风管，可采用角钢或槽钢加工成"井"字形抱箍作为支架。支架安装时，风管内壁应衬镀锌金属内套，并应采用镀锌螺栓穿过管壁将抱箍与内套固定。螺孔间距不应大于120mm，螺母应位于风管外侧。螺栓穿过的管壁处应进行密封处理。

9）消声弯头或边长（直径）大于1250mm的弯头、三通等应设置独立的支、吊架。

10）长度超过20m的水平悬吊风管，应设置至少1个防晃支架。

11）不锈钢板、铝板风管与碳素钢支吊架的接触处，应采取防电化学腐蚀措施。

（7）水管系统支吊架的安装应符合下列规定：

1）设有补偿器的管道应设置固定支架和导向支架，其形式和位置应符合设计要求。

2）支吊架安装应平整、牢固，与管道接触紧密。支吊架与管道焊缝的距离应大于100mm。

3）管道与设备连接处，应设独立的支吊架，并应有减震措施。

4）水平管道采用单杆吊架时，应在管道起始点、阀门、弯头、三通部位及长度在15m内的直管段上设置防晃支吊架。

5）无热位移的管道吊架，其吊杆应垂直安装；有热位移的管道吊架，其吊架应向热膨胀或冷收缩的反方向偏移安装，偏移量为1/2的膨胀值或收缩值。

6）塑料管道与金属支吊架之间应有柔性垫料。

7）沟槽连接的管道，水平管道接头和管件两侧应设置支吊架，支吊架与接头的间距不宜小于150mm，且不宜大于300mm。

（8）制冷剂系统管道支吊架的安装应符合下列规定：

1）与设备连接的管道应设独立的支吊架；

2）管径小于或等于20mm的铜管道，在阀门处应设置支吊架；

3）不锈钢管、铜管与碳素钢支吊架接触处应采取防电化学腐蚀措施。

（9）支吊架安装后，应按管道坡向对支吊架进行调整和固定，支吊架纵向应顺直、美观。

注：本内容参照《通风与空调工程施工规范》GB 50738—2011 第 7.3 节的规定。

（10）装配式管道吊架应按设计要求及相关技术标准选用。装配式管道吊架进行综合排布安装时，吊架的组合方式应根据组合管道数量、承载负荷进行综合选配，并应单独绘制施工图，经原设计单位签字确认后，再进行安装。

（11）装配式管道吊架安装应符合下列规定：

1）吊架安装位置及间距应符合设计要求，并应固定牢靠；

2）采用膨胀螺栓固定时，螺栓规格应符合产品技术文件的要求，并应进行拉拔试验；

3）装配式管道吊架各配件的连接应牢固，并应有防松动措施。

注：本内容参照《通风与空调工程施工规范》GB 50738—2011 第 7.4 节的规定。

2.5 风管穿墙或楼板设置细则

📋 《质量安全手册》第 3.10.5 条：

风管穿过墙体或楼板时，应按要求设置套管并封堵密实。

📖 实施细则：

1. 质量目标

主控项目

（1）当风管穿过需要封闭的防火、防爆墙体或楼板时，必须设置厚度不小于 1.6mm 的钢制防护套管。风管与防护套管之间应采用不燃柔性材料封堵严密。通过现场尺量、观察检查。

注：本内容参照《通风与空调工程施工质量验收规范》GB 50243—2016 第 6.2.2 条的规定。

一般项目

（2）外保温风管必需穿越封闭的墙体时，应加设套管。通过现场尺量、观察检查。

注：本内容参照《通风与空调工程施工质量验收规范》GB 50243—2016 第 6.3.2 （6）条的规定。

2. 质量保障措施

（1）支吊架定位放线时，应按施工图中管道、设备等的安装位置，弹出支吊架的中心线，确定支吊架的安装位置。严禁将管道穿墙套管作为管道支架。

（2）管道穿过地下室或地下构筑物外墙时，应采取防水措施，并应符合设计要求。对有严格防水要求的建筑物，必须采用柔性防水套管。

（3）管道穿楼板和墙体处应设置套管，并应符合下列规定：

1）管道应设置在套管中心，套管不应作为管道支撑。管道接口不应设置在套管内，管道与套管之间应用不燃绝热材料填塞密实；

2）管道的绝热层应连续不间断穿过套管，绝热层与套管之间应用不燃材料填实，不应有空隙；

3）设置在墙体内的套管应与墙体两侧饰面相平；设置在楼板内的套管，其顶部应高出装饰地面 20mm；设置在卫生间或厨房内的穿楼板套管，其顶部应高出装饰地面 50mm，底部应与楼板相平。

（4）管道穿越结构变形缝处应设置金属柔性短管（图 2-41、图 2-42），金属柔性短管长度宜为 150～300mm，并应满足结构变形的要求，其保温性能应符合管道系统功能要求。

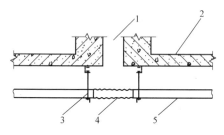 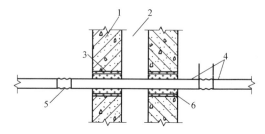

图 2-41 水管过结构变形缝空间安装示意　　　图 2-42 水管过结构变形缝墙体安装示意
　1—结构变形缝；2—楼板；3—吊架；　　　　　　1—墙体；2—变形缝；3—套管；4—水管；
　　4—金属柔性短管；5—水管　　　　　　　　　5—金属柔性短管；6—填充柔性材料

（5）空调冷热水管道穿楼板或穿墙处的绝热层应连续不间断。

注：本内容参照《通风与空调工程施工规范》GB 50738—2011 第 7.3.4、11.1.2、11.1.3、11.1.4、13.3.5（8）条的规定。

2.6 水泵、冷却塔技术参数细则

📋《质量安全手册》第 3.10.6 条：

> 水泵、冷却塔的技术参数和产品性能符合设计和规范要求。

📖 实施细则：

2.6.1 水泵

1. 质量目标

主控项目

（1）水泵的技术参数和产品性能应符合设计要求，管道与水泵的连接应采用柔性接管，且应为无应力状态，不得有强行扭曲、强制拉伸等现象。按图核对，通过现场观察、实测检查。

注：本内容参照《通风与空调工程施工质量验收规范》GB 50243—2016 第 9.2.6 条的规定。

一般项目

（2）水泵及附属设备的安装应符合下列规定，并通过扳手试拧、观察检查，用水平仪和塞尺测量方法检查下列项目：

1）水泵的平面位置和标高允许偏差应为 ±10mm，安装的地脚螺栓应垂直，且与设备底座应紧密固定。

2）垫铁组放置位置应正确、平稳，接触应紧密，每组不应多于 3 块。

3）整体安装的泵的纵向水平偏差不应大于 0.1‰，横向水平偏差不应大于 0.2‰。组合安装的泵的纵、横向安装水平偏差不应大于 0.05‰。水泵与电机采用联轴器连接时，联轴器两轴芯的轴向倾斜不应大于 0.2‰，径向位移不应大于 0.05mm。整体安装的小型管道水泵目测应水平，不应有偏斜。

4）减震器与水泵及水泵基础的连接，应牢固平稳、接触紧密。

注：本内容参照《通风与空调工程施工质量验收规范》GB 50243—2016 第 9.3.12 条的规定。

2. 质量保障措施

（1）水泵安装应按下列工序（图 2-43）进行：

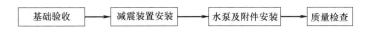

图 2-43　水泵安装工序

（2）水泵基础应符合以下规定：

1）型钢或混凝土基础的规格和尺寸应与机组匹配；

2）基础表面应平整，无蜂窝、裂纹、麻面和露筋；

3）基础应坚固，强度经测试满足机组运行时的荷载要求；

4）混凝土基础预留螺栓孔的位置、深度、垂直度应满足螺栓安装要求。基础预埋件应无损坏，表面光滑平整。

5）基础四周应有排水设施；

6）基础位置应满足操作及检修的空间要求。

（3）水泵减震装置安装应满足设计及产品技术文件的要求，并应符合下列规定：

1）水泵减震板可采用型钢制作或采用钢筋混凝土浇筑。多台水泵成排安装时，应排列整齐。

2）水泵减震装置应安装在水泵减震板下面。

3）减震装置应成对放置。

4）弹簧减震器安装时，应有限制位移措施。

（4）水泵就位安装应符合下列规定：

1）水泵就位时，水泵纵向中心轴线应与基础中心线重合对齐，并找平找正；

2）水泵与减震板固定应牢靠，地脚螺栓应有防松动措施。

（5）水泵吸入管安装应满足设计要求，并应符合下列规定：

1）吸入管水平段应有沿水流方向连续上升的不小于 0.5％ 的坡度。

2）水泵吸入口处应有不小于 2 倍管径的直管段，吸入口不应直接安装弯头。

3）吸入管水平段上严禁因避让其他管道而安装向上或向下的弯管。

4）水泵吸入管变径时，应做偏心变径管，管顶上平。

5）水泵吸入管应按设计要求安装阀门、过滤器。水泵吸入管与泵体连接处，应设置可挠曲软接头，不宜采用金属软管。

6）吸入管应设置独立的管道支、吊架。

（6）水泵出水管安装应满足设计要求，并应符合下列规定：

1）出水管段安装顺序应依次为变径管、可挠曲软接头、短管、止回阀、闸阀（蝶阀）；

2）出水管变径应采用同心变径；

3）出水管应设置独立的管道支吊架。

（7）水泵试运转与调试可按表 2-43 的要求进行。

水泵试运转与调试要求　　　　　　　　　　表 2-43

项目	方法和要求
试动转前检查	1. 各固定连接部位应无松动； 2. 各润滑部位加注润滑剂的种类和剂量应符合产品技术文件的要求，有预润滑要求的部位应按规定进行预润滑； 3. 各指示仪表、安全保护装置及电控装置均应灵敏、准确、可靠； 4. 检查水泵及管道系统上阀门的启闭状态，使系统形成回路，阀门应启闭灵活； 5. 检测水泵电机对地绝缘电阻应大于 0.5MΩ； 6. 确认系统已注满循环介质
试动转与调试	1. 启动时先"点动"，观察水泵电机旋转方向应正确； 2. 启动水泵后，检查水泵紧固连接件有无松动，水泵运行有无异常振动和声响，电动机的电流和功率不应超过额定值； 3. 各密封处不应泄漏，在无特殊要求的情况下，机械密封的泄漏量不应大于 10mL/h，填料密封的泄漏量不应大于 60mL/h； 4. 水泵应连续运转 2h 后，测定滑动轴承外壳最高温度不超过 70℃，滚动轴承外壳温度不超过 75℃； 5. 试运转结束后，应检查所有紧固连接部位，不应有松动

注：本内容参照《通风与空调工程施工规范》GB 50738—2011 第 10.8 节和 16.2.1 条的规定。

2.6.2 冷却塔

1. 质量目标

主控项目

（1）冷却塔的技术参数和产品性能应符合设计要求，管道与水泵的连接应采用柔性接管，且应为无应力状态，不得有强行扭曲、强制拉伸等现象。按图核对，通过现场观察、实测检查。

注：本内容参照《通风与空调工程施工质量验收规范》GB 50243—2016 第 6.2.2 条的规定。

一般项目

（2）冷却塔安装应符合下列规定，并通过尺量、观察检查及积水盘充水试验等方法检查：

1）基础的位置、标高应符合设计要求，允许误差应为 ±20mm，进风侧距建筑物应大于 1m。冷却塔部件与基座的连接应采用镀锌或不锈钢螺栓，固定应牢固。

2）冷却塔安装应水平，单台冷却塔的水平度和垂直度允许偏差应为 2‰。多台冷却塔安装时，排列应整齐，各台开式冷却塔的水面高度应一致，高度偏差值不应大于

30mm。当采用共用集管并联运行时，冷却塔集水盘（槽）之间的连通管应符合设计要求。

3）冷却塔的集水盘应严密、无渗漏，进、出水口的方向和位置应正确。静止分水器的布水应均匀，转动布水器喷水出口方向应一致，转动应灵活，水量应符合设计或产品技术文件的要求。

4）冷却塔风机叶片端部与塔身周边的径向间隙应均匀。可调整角度的叶片，角度应一致，并应符合产品技术文件要求。

5）有水冻结危险的地区，冬期使用的冷却塔及管道应采取防冻与保温措施。

注：本内容参照《通风与空调工程施工质量验收规范》GB 50243—2016 第 6.2.2 条的规定。

2. 质量保障措施

（1）冷却塔安装应按下列工序（图 2-44）进行：

基础验收 → 冷却塔运输吊装 → 冷却塔就位安装 → 冷却塔配管 → 质量检查

图 2-44 冷却塔安装工序

（2）冷却塔的基础应符合以下规定：

1）型钢或混凝土基础的规格和尺寸应与机组匹配；

2）基础表面应平整，无蜂窝、裂纹、麻面和露筋；

3）基础应坚固，强度经测试满足机组运行时的荷载要求；

4）混凝土基础预留螺栓孔的位置、深度、垂直度应满足螺栓安装要求。基础预埋件应无损坏，表面光滑平整；

5）基础四周应有排水设施；

6）基础位置应满足操作及检修的空间要求。

（3）冷却塔运输吊装：

1）应核实冷却塔与运输通道的尺寸，保证设备运输通道畅通；

2）应复核冷却塔重量与运输通道的结构承载能力，确保结构梁、柱、板的承载安全；

3）冷却塔运输应平稳，并采取防震、防滑、防倾斜等安全保护措施；

4）采用的吊具应能承受吊装冷却塔的整个重量，吊索与冷却塔接触部位应衬垫软质材料；

5）冷却塔应捆扎稳固，主要受力点应高于冷却塔重心。

（4）冷却塔安装应符合下列规定：

1）冷却塔的安装位置应符合设计要求，进风侧距建筑物应大于 1000mm。

2）冷却塔与基础预埋件应连接牢固，连接件应采用热镀锌或不锈钢螺栓，其紧固力应一致、均匀。

3）冷却塔安装应水平，单台冷却塔安装的水平度和垂直度允许偏差均为 2/1000。同一冷却水系统的多台冷却塔安装时，各台冷却塔的水面高度应一致，高差不应大于 30mm。

4）冷却塔的积水盘应无渗漏，布水器应布水均匀。

5）冷却塔的风机叶片端部与塔体四周的径向间隙应均匀。对于可调整角度的叶片，角度应一致。

6）组装的冷却塔，其填料的安装应在所有电、气焊接作业完成后进行。

（5）冷却塔配管可按下列规定进行：

1）冷却塔与管道连接应在管道冲（吹）洗合格后进行；

2）与冷却塔连接的管路上应按设计及产品技术文件的要求安装过滤器、阀门、部件、仪表等，位置应正确，排列应规整；

3）冷却塔与管道连接时，应设置软接头，管道应设独立的支吊架；

4）压力表距阀门位置不宜小于200mm。

（6）冷却塔试运转与调试可按表2-44的要求进行。

冷却塔试运转与调试要求 表 2-44

项目	方法与要求
试运转前检查	1. 冷却塔内应清理干净,冷却水管道系统应无堵塞; 2. 冷却塔和冷却水管道系统已通水冲洗,无漏水现象; 3. 自动补水阀动作灵活、准确; 4. 校验冷却塔内补水、溢水的水位; 5. 检测电机绕组对地绝缘电阻应大于 0.5MΩ; 6. 用手盘动风机叶片,应灵活,无异常现象
试动转	1. 启动时先"点动",检查风机的旋转方向应正确; 2. 运转平稳后,电动机的运行电流不应超过额定值,连续运转时间不应少于 2h; 3. 检查冷却水循环系统的工作状态,并记录运转情况及有关数据,包括喷水的偏流状态、冷却塔出入口水温、喷水量和吸水量是否平衡,补给水和集水池情况; 4. 测量冷却塔的噪声。在塔的进风口方向,离塔壁水平距离为 1 倍塔体直径(当塔形为矩形时,取当量直径;$D=1.13\sqrt{a\cdot b}$,a,b 为塔的边长)及离地面高度 1.5m 处测量噪声,其噪声应低于产品铭牌额定值; 5. 试运行结束后,应清洗冷却塔集水池及过滤器

注：本内容参照《通风与空调工程施工规范》GB 50738—2011 第 10.4 节和 16.2.4 条的规定。

2.7　空调水管道系统试验细则

📋 《质量安全手册》第 3.10.7 条：

空调水管道系统应进行强度和严密性试验。

📖 实施细则：

2.7.1　管道连接

1. 质量目标

管道系统安装完毕，外观检查合格后，应按设计要求进行水压试验。当设计无要求时，应符合下列规定：

（1）冷（热）水、冷却水与蓄能（冷、热）系统的试验压力，当工作压力小于或等于1.0MPa时，应为1.5倍工作压力，最低不应小于0.6MPa；当工作压力大于1.0MPa时，应为工作压力加0.5MPa。

（2）系统最低点压力升至试验压力后，应稳压10min，压力下降不得大于0.02MPa，然后应将系统压力降至工作压力，外观检查无渗漏为合格。对于大型、高层建筑等垂直位差较大的冷（热）水、冷却水管道系统，当采用分区、分层试压时，在该部位的试验压力下，应稳压10min，压力不得下降，再将系统压力降至该部位的工作压力，在60min内压力不得下降，外观检查无渗漏为合格。

（3）各类耐压塑料管的强度试验压力（冷水）应为1.5倍工作压力，且不应小于0.9MPa；严密性试验压力应为1.15倍的设计工作压力。

（4）凝结水系统采用通水试验，应以不渗漏、排水畅通为合格。

注：本内容参照《通风与空调工程施工质量验收规范》GB 50243—2016 第 9.2.3 条的规定。

2. 质量保障措施

（1）空调水系统管道连接应满足设计要求，并应符合下列规定：

1）管径小于或等于DN32的焊接钢管宜采用螺纹连接；管径大于DN32的焊接钢管宜采用焊接。

2）管径小于或等于DN100的镀锌钢管宜采用螺纹连接；管径大于DN100的镀锌钢管可采用沟槽式或法兰连接。采用螺纹连接或沟槽连接时，镀锌层破坏的表面及外露螺纹部分应进行防腐处理；采用焊接法兰连接时，对焊缝及热影响地区的表面应进行二次镀锌或防腐处理。

3）塑料管及复合管道的连接方法应符合产品技术标准的要求，管材及配件应为同一厂家的配套产品。

（2）管道螺纹连接应符合下列规定：

1）管道与管件连接应采用标准螺纹，管道与阀门连接应采用短螺纹，管道与设备连接应采用长螺纹。

2）螺纹应规整，不应有毛刺、乱丝，不应有超过10%的断丝或缺扣。

3）管道螺纹应留有足够的装配余量可供拧紧，不应用填料来补充螺纹的松紧度。

4）填料应按顺时针方向薄而均匀地紧贴缠绕在外螺纹上，上管件时，不应将填料挤出。

5）螺纹连接应紧密牢固。管道螺纹应一次拧紧，不应倒回。螺纹连接后管螺纹根部应有2～3扣的外露螺纹。多余的填料应清理干净，并做好外露螺纹的防腐处理。

（3）管道熔接应符合下列规定：

1）管材连接前，端部宜去掉20～30mm，切割管材宜采用专用剪和割刀，切口应平整，无毛刺，并应擦净连接断面上的污物。

2）承插热熔连接前，应标出承插深度，插入的管材端口外部宜进行坡口处理，坡角不宜小于30°，坡口长度不宜大于4mm。

3）对接热熔连接前，检查连接管的两个端面应吻合，不应有缝隙，调整好对口的两连接管间的同心度，错口不宜大于管道壁厚的10%。

4）电熔连接前，应检查机具与管件的导线连接正确，通电加热电压满足设备技术文件的要求。

5）熔接加热温度、加热时间、冷却时间、最小承插深度应满足热熔加热设备和管材产品技术文件的要求。

6）熔接接口在未冷却前可校正，严禁旋转。管道接口冷却过程中，不应移动、转动管道及管件，不应在连接件上施加张拉及剪切力。

7）热熔接口应接触紧密、完全重合，熔接圈的高度宜为 2～4mm，宽度宜为 4～8mm，高度与宽度的环向应均匀一致，电熔接口的熔接圈应均匀地挤在管件上。

（4）管道焊接应符合下列规定：

1）管道坡口表面应整齐、光洁，不合格的管口不应进行对口焊接；管道对口形式和组对要求应符合表 2-45 和表 2-46 的规定。

手工电弧焊对口形式及组对要求 表 2-45

接头名称	对口形式	接头尺寸（mm）			
		壁厚 δ	间隙 C	钝边 P	坡口角度 α（°）
对接不开坡口		1～3	0～1.5	—	—
		3～6 双面焊	1～2.5		
对接 V 形坡口		6～9	0～2	0～2	65～75
		9～26	0～3	0～3	55～65
T 形坡口		2～30	0～2		

氧-乙炔焊对口形式及组对要求 表 2-46

接头名称	对口形式	接头尺寸（mm）			
		壁厚 δ	间隙 C	钝边 P	坡口角度 α（°）
对接不开坡口		<3	1～2	—	—
对接 V 形坡口		3～6	2～3	0.5～1.5	70～90

2）管道对口、管道与管件对口时，外壁应平齐。

3）管道对口后进行点焊，点焊高度不超过管道壁厚的70%，其焊缝根部应焊透，点焊位置应均匀对称。

4）采用多层焊时，在焊下层之前，应将上一层的焊渣及金属飞溅物清理干净。各层的引弧点和熄弧点均应错开20mm。

5）管材与法兰焊接时，应先将管材插入法兰内，先点焊2～3点，用角尺找正、找平后再焊接。法兰应两面焊接，其内侧焊缝不应凸出法兰密封面。

6）焊缝应满焊，高度不应低于母材表面，并应与母材圆滑过渡。焊接后应立刻清除焊缝上的焊渣、氧化物等。

（5）焊缝的位置应符合下列规定：

1）直管段管径大于或等于DN150时，焊缝间距不应小于150mm；管径小于DN150时，焊缝间距不应小于管道外径；

2）管道弯曲部位不应有焊缝；

3）管道接口焊缝距支、吊架边缘不应小于100mm；

4）焊缝不应紧贴墙壁和楼板，并严禁置于套管内。

（6）法兰连接应符合下列规定：

1）法兰应焊接在长度大于100mm的直管段上，不应焊接在弯管或弯头上。

2）支管上的法兰与主管外壁净距应大于100mm，穿墙管道上的法兰与墙面净距应大于200mm。

3）法兰不应埋入地下或安装在套管中，埋地管道或不通行地沟内的法兰处应设检查井。

4）法兰垫片应放在法兰的中心位置，不应偏斜，且不应凸入管内，其外边缘宜接近螺栓孔。除设计要求外，不应使用双层、多层或倾斜形垫片。拆卸重新连接法兰时，应更换新垫片。

5）法兰对接应平行、紧密，与管道中心线垂直，连接法兰的螺栓应长短一致，朝向相同，螺栓露出螺母部分不应大于螺栓直径的一半。

（7）沟槽连接应符合下列规定：

1）沟槽式管接头应采用专门的滚槽机加工成型，可在施工现场按配管长度进行沟槽加工。钢管最小壁厚、沟槽尺寸、管端至沟槽边尺寸应符合表2-47的规定。

钢管最小壁厚和沟槽尺寸（mm） 表2-47

公称直径	钢管外径	最小壁厚	管端至沟槽边尺寸（偏差-0.5～0）	沟槽宽度（偏差0～0.5）	沟槽深度（偏差0～0.5）
20	27	2.75	14	8	1.5
25	33	3.25			1.8
32	43	3.25			
40	48	3.50			
50	57	3.50	14.5	13	2.2
50	60	3.50			
65	76	3.75			
80	89	4.00			

续表

公称直径	钢管外径	最小壁厚	管端至沟槽边尺寸 (偏差−0.5~0)	沟槽宽度 (偏差0~0.5)	沟槽深度 (偏差0~0.5)
100	108	4.00	16	13	2.2
100	114	4.00			
125	133	4.50			
125	140	4.50			
150	159	4.50			
150	165	4.50			
150	168	4.50			
200	219	6.00	19		2.5
250	273	6.50			
300	325	7.50			
350	377	9.00	25		5.5
400	426	9.00			
450	480	9.00			
500	530	9.00			
600	630	9.00			

2）现场滚槽加工时，管道应处在水平位置上，严禁管道出现纵向位移和角位移，不应损坏管道的镀锌层及内壁各种涂层或内衬层，沟槽加工时间不宜小于表2-48的规定。

加工1个沟槽的时间　　　　　　表2-48

公称直径 DN(mm)	50	65	80	100	125	150	200	250	300	350	400	450	500	600
时间(min)	2	2	2.5	2.5	3	3	4	5	6	7	8	10	12	16

3）沟槽接头安装前应检查密封圈规格正确，并应在密封圈外部和内部密封唇上涂薄薄一层润滑剂，在对接管道的两侧定位。

4）密封圈外侧应安装卡箍，并应将卡箍凸边卡进沟槽内。安装时应压紧上下卡箍的耳部，在卡箍螺孔位置穿上螺栓，检查确认卡箍凸边全部卡进沟槽内，并应均匀轮换拧紧螺母。

注：本内容参照《通风与空调工程施工规范》GB 50738—2011 第11.2节的规定。

2.7.2　管道安装

1. 质量目标

管道系统安装完毕，外观检查合格后，应按设计要求进行水压试验。当设计无要求时，应符合下列规定：

（1）冷（热）水、冷却水与蓄能（冷、热）系统的试验压力，当工作压力小于或等于1.0MPa时，应为1.5倍工作压力，最低不应小于0.6MPa；当工作压力大于1.0MPa时，应为工作压力加0.5MPa。

（2）系统最低点压力升至试验压力后，应稳压10min，压力下降不得大于0.02MPa，然后应将系统压力降至工作压力，外观检查无渗漏为合格。对于大型、高层建筑等垂直位差较大的冷（热）水、冷却水管道系统，当采用分区、分层试压时，在该部位的试验压力下，应稳压 10min，压力不得下降，再将系统压力降至该部位的工作压力，在 60min 内压力不得下降，外观检查无渗漏为合格。

（3）各类耐压塑料管的强度试验压力（冷水）应为 1.5 倍工作压力，且不应小于 0.9MPa；严密性试验压力应为 1.15 倍的设计工作压力。

（4）凝结水系统采用通水试验，应以不渗漏、排水畅通为合格。

注：本内容参照《通风与空调工程施工质量验收规范》GB 50243—2016 第 9.2.3 条的规定。

2. 质量保障措施

（1）空调水系统管道与附件安装应按下列工序（图 2-45）进行：

（2）水系统管道预制应符合下列规定：

1）管道除锈防腐应符合规定。

2）下料前应进行管材调直，可按管道材质、管道弯曲程度及管径大小选择冷调或热调。

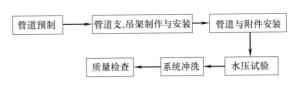

图 2-45　空调水系统管道与附件安装工序

3）预制前应先按施工图确定预制管段长度。螺纹连接时，应考虑管件所占的长度及拧进管件的内螺纹尺寸。

4）切割管道时，管道切割面应平整，毛刺、铁屑等应清理干净。

5）管道坡口加工宜采用机械方法，也可采用等离子弧、氧乙炔焰等热加工方法。采用热加工方法加工坡口后，应除去坡口表面的氧化皮、熔渣及影响接头质量的表面层，并应将凹凸不平处打磨平整。管道坡口加工应符合表 2-45 和表 2-46 的规定。

6）螺纹连接的管道因管螺纹加工偏差使组装管段出现弯曲时，应进行调直。调直前，应先将有关的管件上好，加力点不应离螺纹太近。

7）管道上直接开孔时，切口部位应采用校核过的样板画定，用氧炔焰切割，打磨掉氧化皮与熔渣，切断面应平整。

8）管道预制长度宜便于运输和吊装。

9）预制的半成品应标注编号，分批分类存放。

（3）水系统管道支、吊架制作与安装应符合有关规定。

（4）管道安装应符合下列规定：

1）管道安装位置、敷设方式、坡度及坡向应符合设计要求。

2）管道与设备连接应在设备安装完毕、外观检查合格且冲洗干净后进行；与水泵、空调机组、制冷机组的接管应采用可挠曲软接头连接，软接头宜为橡胶软接头，且公称压力应符合系统工作压力的要求。

3）管道和管件在安装前，应对其内外壁进行清洁。管道安装间断时，应及时封闭敞开的管口。

4）管道变径应满足气体排放及泄水要求。

5）管道开三通时，应保证支路管道伸缩不影响主干管。

（5）冷凝水管道安装应符合下列规定：

1）冷凝水管道的坡度应满足设计要求。当设计无要求时，干管坡度不宜小于 0.8%，支管坡度不宜小于 1%。

2）冷凝水管道与机组连接应按设计要求安装存水弯。采用的软管应牢固可靠、顺直、无扭曲，软管连接长度不宜大于 150mm。

3）冷凝水管道严禁直接接入生活污水管道，且不应接入雨水管道。

（6）管道安装完毕、外观检查合格后，应进行水压试验。冷凝水管道应进行通水试验，提前隐蔽的管道应单独进行水压试验。

（7）管道与设备连接前应进行冲洗试验。

注：本内容参照《通风与空调工程施工规范》GB 50738—2011 第 11.3 节的规定。

2.8　空调制冷系统、水系统、风系统联合试运转及调试细则

📋《质量安全手册》第 3.10.8 条：

空调制冷系统、空调水系统与空调风系统的联合试运转及调试符合设计和规范要求。

📖实施细则：

2.8.1　空调制冷系统

1. 质量目标

主控项目

（1）空调制冷系统非设计满负荷条件下的联合试运转及调试，正常运转不应少于 8h，除尘系统不应少于 2h。联合试运转及调试过程应做好记录。

注：本内容参照《通风与空调工程施工质量验收规范》GB 50243—2016 第 11.2.7 条的规定。

一般项目

（2）舒适性空调的室内温度应优于或等于设计要求，恒温恒湿和净化空调的室内温、湿度应符合设计要求。

（3）室内（包括净化区域）噪声应符合设计要求，测定结果可采用 Nc 或 dB（A）的表达方式。

（4）环境噪声有要求的场所，制冷、空调设备机组应按规定进行测定。

（5）压差有要求的房间、厅堂与其他相邻房间之间的气流流向应正确。

注：本内容参照《通风与空调工程施工质量验收规范》GB 50243—2016 第 11.3.3 条的规定。

2. 质量保障措施

（1）制冷系统安装后应采用洁净干燥的空气对整个系统进行吹污，将残存在系统内部的污物吹净，制冷系统吹污应符合下列规定：

1）管道吹污前，应将孔板、喷嘴、滤网、阀门的阀芯等拆掉，妥善保管或采取流经

旁路的方法。

2）对不允许参加吹污的仪表及管道附件应采取安全可靠的隔离措施。

3）吹污前应选择在系统的最低点设排污口，采用压力为 0.6MPa 的干燥空气或氮气进行吹扫。系统管道较长时，可采用几个排污口进行分段排污，用白布检查，5min 无污物为合格。

（2）系统内污物吹净后，应对整个系统（包括设备、阀件）进行气密性试验。系统气密性试验应符合下列规定：

1）制冷剂为氨的系统，应采用压缩空气进行试验。制冷剂为氟利昂的系统，应采用瓶装压缩氮气进行试验，较大的制冷系统可采用经干燥处理后的压缩空气进行试验。

2）应采用肥皂水对系统所有焊缝、阀门、法兰等连接部件进行涂抹检漏。

3）试验过程中发现泄漏时，应做好标记。应在泄压后进行检修，禁止带压修补。

4）应在试验压力下，经稳压 24h 后观察压力值，压力无变化为合格。因环境温度变化而引起的压力误差应进行修正。记录压力数值时，应每隔 1h 记录一次室温和压力值。试验终了时的压力值应按下式计算：

$$P_1 = P_2 \frac{273 + t_1}{273 + t_2}$$

式中　P_1——试验起始压力（MPa）；

　　　P_2——试验终了压力（MPa）；

　　　t_1——试验起始温度（℃）；

　　　t_2——试验终了温度（℃）。

5）制冷系统气密性试验压力应符合表 2-49 的规定。

制冷系统气密性试验压力（MPa）　　　　　　　　　　表 2-49

制冷剂	R717/R502	R22	R12/R134a	R11/R123
低压系统	1.8	1.8	1.2	0.3
高压系统	2.0	2.5	1.6	0.3

注：1. 低压系统：指自节流阀起，经蒸发器到压缩机吸入口；
　　2. 高压系统：指自压缩机排出口起，经冷凝器到节流阀。

6）溴化锂吸收式制冷系统的气密性试验应符合产品技术文件要求。无要求时，气密性试验正压为 0.2MPa（表压力）保持 24h，压力下降不大于 66.5Pa 为合格。

（3）制冷系统抽真空试验应符合下列规定：

1）氟利昂制冷系统真空试验的剩余压力不应高于 5.3kPa，氨制冷系统真空试验的剩余压力不应高于 8kPa。保持 24h，氟利昂系统压力回升不大于 0.53kPa 为合格，氨系统压力无变化为合格。

2）氨制冷系统的真空试验应采用真空泵进行。无真空泵时，应将压缩机的专用排气阀（或排气口）打开，抽空时将气体排至大气，通过压缩机的吸气管道使整个系统抽空。

3）溴化锂吸收式制冷系统真空试验应符合产品技术文件要求，设计无要求时，真空气密性试验的绝对压力应小于 66.5Pa，持续 24h，升压不大于 25Pa 为合格。

（4）制冷系统充制冷剂应符合下列规定：

1）系统充制冷剂时，可采用由压缩机低压吸气阀侧充灌制冷剂或在加液阀处充灌制冷剂。

2）由压缩机低压吸气阀侧充灌制冷剂时，应先将压缩机低压吸气阀逆时针方向旋转到底，关闭多用通道口，并应拧下多用通道口上的丝堵，然后接上三通接头，一端接真空压力表，另一端通过紫铜管与制冷剂钢瓶连接。稍打开制冷剂阀门，使紫铜管内充满制冷剂，再稍拧松三通接头上的接头螺母，将紫钢管内的空气排出。拧紧接头螺母，并开大制冷剂钢瓶阀门，在磅秤上读出重量，做好记录。再将压缩机低压吸气阀顺时针方向旋转，使多用通道和低压吸气端连通，制冷剂即可进入系统。

3）在加液阀处充灌制冷剂时，出液阀应关闭，其他阀门均应开启，操作方法与低压吸气阀侧充灌制冷剂相同。

4）当系统压力升至 0.2MPa 时，应对系统再次进行检漏。氨系统使用酚酞试纸，氟利昂系统使用卤素检漏仪。如果有泄漏应在泄压后修理。

（5）变制冷剂流量多联机系统联合试运行与调试可按表 2-50 的要求进行。

变制冷剂流量多联机系统联合试运行与调试要求 表 2-50

项　目	内　容
试运行与调试前检查	1. 熟悉和掌握调试方案及产品技术文件要求； 2. 电源线路、控制配线、接地系统应与设计和产品技术文件一致； 3. 冷媒配管、绝热施工应符合设计与产品技术文件要求； 4. 系统气密性试验和抽真空试验合格； 5. 冷媒追加量应符合设计与产品技术文件的要求； 6. 截止阀应按要求开启
试运行与调试步骤	1. 系统通电预热 6h 以上，确认自检正常； 2. 控制系统室内机编码，确保每台室内机控制器可与主控制器正常通信； 3. 选定冷暖切换优先控制器，按照工况要求进行设定； 4. 按照产品技术文件的要求，依次运行室内机，确认相应室外机组能进行运转，确认室内机是否吹出冷风（热风），调节控制器的风量和风向按钮，检查室内机组是否动作； 5. 所有室内机开启运行 60min 后，测试主机电源电压和运转电压、运转电流、运转频率、制冷系统运转压力、吸排风温差、压缩机吸排气温度、机组噪声等，应符合设计与产品技术文件要求

注：本内容参照《通风与空调工程施工规范》GB 50738—2011 第 15.10 节和 16.3.6 条的规定。

2.8.2　空调水系统

1. 质量目标

主控项目

（1）空调水系统非设计满负荷条件下的联合试运转及调试，正常运转不应少于 8h，除尘系统不应少于 2h。联合试运转及调试过程应做好记录。

注：本内容参照《通风与空调工程施工质量验收规范》GB 50243—2016 第 11.2.7 条的规定。

一般项目

（2）空调系统非设计满负荷条件下的联合试运转及调试应符合下列规定：

1）空调水系统应排除管道系统中的空气，系统连续运行应正常平稳，水泵的流量、压差和水泵电机的电流不应出现 10% 以上的波动。

2）水系统平衡调整后，定流量系统的各空气处理机组的水流量应符合设计要求，允许偏差应为 15%；变流量系统的各空气处理机组的水流量应符合设计要求，允许偏差应为 10%。

3）冷水机组的供回水温度和冷却塔的出水温度应符合设计要求。多台制冷机或冷却塔并联运行时，各台制冷机及冷却塔的水流量与设计流量的偏差不应大于 10%。

4）舒适性空调的室内温度应优于或等于设计要求，恒温恒湿和净化空调的室内温、湿度应符合设计要求。

5）室内（包括净化区域）噪声应符合设计要求，测定结果可采用 Nc 或 dB（A）的表达方式。

6）环境噪声有要求的场所，制冷、空调设备机组应按规定进行测定。

7）压差有要求的房间、厅堂与其他相邻房间之间的气流流向应正确。

注：本内容参照《通风与空调工程施工质量验收规范》GB 50243—2016 第 11.3.3 条的规定。

2. 质量保障措施

（1）阀门进场检验时，设计工作压力大于 1.0MPa 及在主干管上起切断作用的阀门应进行水压试验（包括强度和严密性试验），合格后再使用。其他阀门不单独进行水压试验，可在系统水压试验中检验。阀门水压试验应在每批（同牌号、同规格、同型号）数量中抽查 20%，且不应少于 1 个。安装在主干管上起切断作用的阀门应全数检查。

（2）阀门强度试验应符合下列规定：

1）试验压力应为公称压力的 1.5 倍。

2）试验持续时间应为 5min。

3）试验时，应把阀门放在试验台上，封堵好阀门两端，完全打开阀门启闭件，从一端口引入压力（止回阀应从进口端加压），打开上水阀门，充满水后，及时排气。然后缓慢升至试验压力值。到达强度试验压力后，在规定的时间内，检查阀门壳体无破裂或变形，压力无下降，壳体（包括填料函及阀体与阀盖连接处）不应有结构损伤，强度试验为合格。

（3）阀门严密性试验应符合下列规定：

1）阀门的严密性试验压力应为公称压力的 1.1 倍。

2）试验持续时间应符合表 2-51 的规定。

阀门严密性试验持续时间

表 2-51

公称直径 DN (mm)	最短试验持续时间（s）	
	金属密封	非金属密封
≤50	15	15
65～200	30	15
250～450	60	30
≥500	120	60

3）规定介质流通方向的阀门，应按规定的流通方向加压（止回阀除外）。试验时应逐渐加压至规定的试验压力，然后检查阀门的密封性能。在试验持续时间内无可见泄漏，压

力无下降，阀瓣密封面无渗漏为合格。

注：本内容参照《通风与空调工程施工规范》GB 50738—2011 第 15.4 节的规定。

（4）水系统管道水压试验可分为强度试验和严密性试验，包括分区域、分段的水压试验和整个管道系统水压试验。试验压力应满足设计要求，当设计无要求时，应符合下列规定：

1）设计工作压力小于或等于 1.0MPa 时，金属管道及金属复合管道的强度试验压力应为设计工作压力的 1.5 倍，但不应小于 0.6MPa；设计工作压力大于 1.0MPa 时，强度试验压力应为设计工作压力加上 0.5MPa。严密性试验压力应为设计工作压力。

2）塑料管道的强度试验压力应为设计工作压力的 1.5 倍；严密性试验压力应为设计工作压力的 1.15 倍。

（5）分区域、分段水压试验应符合下列规定：

1）检查各类阀门的开关状态。试压管路的阀门应全部打开，试验段与非试验段连接处的阀门应隔断。

2）打开试验管道的给水阀门向区域系统中注水，同时开启区域系统上各高点处的排气阀，排尽试压区域管道内的空气。待水注满后，关闭排气阀和进水阀。

3）打开连接加压泵的阀门，用电动或手压泵向系统加压，宜分 2～3 次升至试验压力。在此过程中，每加至一定压力数值时，应对系统进行全面检查，无异常现象时再继续加压。先缓慢升压至设计工作压力，停泵检查，观察各部位无渗漏、压力不降后，再升压至试验压力，停泵稳压，进行全面检查。10min 内管道压力不应下降且无渗漏、变形等异常现象，则强度试验合格。

4）应将试验压力降至严密性试验压力进行试验，在试验压力下对管道进行全面检查，60min 内区域管道系统无渗漏，严密性试验为合格。

（6）系统管路水压试验应符合下列规定：

1）在各分区、分段管道与系统主、干管全部连通后，应对整个系统的管道进行水压试验。最低点的压力不应超过管道与管件的承受压力。

2）试验过程同分区域、分段水压试验。管道压力升至试验压力后，稳压 10min，压力下降不应大于 0.02MPa，管道系统无渗漏，强度试验为合格。

3）试验压力降至严密性试验压力，外观检查无渗漏，严密性试验为合格。

注：本内容参照《通风与空调工程施工规范》GB 50738—2011 第 15.5 节的规定。

（7）空调水系统流量的测定与调整应符合下列规定：

1）主干管上设有流量计的水系统，可直接读取冷热水的总流量。

2）采用便携式超声波流量计测定空调冷热水和冷却水的总流量以及各空调机组的水流量时，应按仪器要求选择前后远离阀门或弯头的直管段。当各空调机组水流量与设计流量的偏差大于 20%，或冷热水及冷却水系统总流量与设计流量的偏差大于 10% 时，需进行平衡调整。

3）采用便携式超声波流量计测试空调水系统流量时，应先去掉管道测试位置的油漆，并用砂纸去除管道表面铁锈，然后将被测管道参数输入超声波流量计中，按测试要求安装传感器，输入管道参数后，得出传感器的安装距离，并对传感器安装位置进行调校；检查流量计状态、信号强度、信号质量、信号传输时间比等反映信号质量参数的数值应在流量计产品技术文件规定的正常范围内，否则应对测试工序进行重新检查。在流量计状态正常后，读取流量值。

注：本内容参照《通风与空调工程施工规范》GB 50738—2011 第 16.3.5 条的规定。

2.8.3 空调风系统

1. 质量目标

主控项目

（1）空调风系统非设计满负荷条件下的联合试运转及调试，正常运转不应少于 8h，除尘系统不应少于 2h。联合试运转及调试过程应做好记录。

注：本内容参照《通风与空调工程施工质量验收规范》GB 50243—2016 第 11.2.7 条的规定。

一般项目

（2）舒适性空调的室内温度应优于或等于设计要求，恒温恒湿和净化空调的室内温、湿度应符合设计要求。

（3）室内（包括净化区域）噪声应符合设计要求，测定结果可采用 Nc 或 dB（A）的表达方式。

（4）环境噪声有要求的场所，制冷、空调设备机组应按规定进行测定。

（5）压差有要求的房间、厅堂与其他相邻房间之间的气流流向应正确。

注：本内容参照《通风与空调工程施工质量验收规范》GB 50243—2016 第 11.3.3 条的规定。

2. 质量保障措施

（1）系统风量的测定和调整包括通风机性能的测定、风口风量的测定、系统风量的测定和调整，可按表 2-52～表 2-54 的要求进行。

通风机性能的测定　　　　　　　　　　　　　　　　表 2-52

项目	检 测 方 法
风 压 和 风 量 的 测 定	1. 通风机风量和风压的测量截面位置应选择在靠近通风机出口而气流均匀的直管段上，按气流方向，宜在局部阻力之后大于或等于 4 倍矩形风管长边尺寸(圆形风管直径)，及局部阻力之前大于或等于 1.5 倍矩形风管长边尺寸(圆形风管直径)的直管段上。当测量截面的气流不均匀时，应增加测量截面上测点的数量； 2. 测定风机的全压时，应分别测出风口端和吸风口端测定截面的全压平均值； 3. 通风机的风量为风机吸入口端风量和出风口端风量的平均值，且风机前后的风量之差不应大于 5%，否则应重测或更换测量截面
转 速 的 测 定	1. 通风机的转速测定宜采用转速表直接测量风机主轴转速，重复测量 3 次，计算平均值； 2. 现场无法用转速表直接测风机转速时，宜根据实测电动机转速按下式换算出风机的转速： $$n_1 = n_2 \cdot D_2 / D_1$$ 式中　n_1——通风机的转速(rpm)； 　　　n_2——电动机的转速(rpm)； 　　　D_1——风机皮带轮直径(mm)； 　　　D_2——电动机皮带直径(mm)
输 入 功 率 的 测 定	1. 宜采用功率表测试电机输入功率； 2. 采用电流表、电压表测试时，应按下式计算电机输入功率： $$P = \sqrt{3} \cdot V \cdot I \cdot \eta / 1000$$ 式中　P——电机输入功率(kW)； 　　　V——实测线电压(V)； 　　　I——实测线电流(A)； 　　　η——电机功率因数，取 0.8～0.85； 3. 输入功率应小于电机额定功率，超过时应分析原因，并调整风机运行工况到达设计点

送（回）风口风量的测定 表 2-53

项　　目	检 测 方 法
送（回）风口风量的测定	1. 百叶风口宜采用风量罩测试风口风量； 2. 可采用辅助风管法求取风口断面的平均风速，再乘以风口净面积得到风口风量值。辅助风管的内截面应与风口相同，长度等于风口长边的 2 倍； 3. 采用叶轮风速仪贴近风口测定风量时，应采用匀速移动测量法或定点测量法。匀速移动法不应少于 3 次，定点测量法的测点不应少于 5 个

系统风量的测定和调整 表 2-54

项　　目	检测步骤与方法
系统风量的测定和调整步骤	1. 按设计要求调整送风 和回风各干、支管道及各送（回）风口的风量； 2. 在风量达到平衡后，进一步调整通风机的风量，使其满足系统的要求； 3. 调整后各部分调节阀不变动，重新测定各处的风量。应使用红油漆在所有风阀的把柄处做标记，并将风阀位置固定
绘制风管系统草图	根据系统的实际安装情况，绘制出系统单线草图供测试时使用。草图上应标明风管尺寸、测定截面位置、风阀的位置、送（回）风口的位置以及各种设备规格、型号等。在测定截面处，应注明截面的设计风量、面积
测量截面的选择	风管的风量宜用热球式风速仪测量。测量截面的位置应选择在气流均匀处，按气流方向，应选择在局部阻力之后大于或等于 5 倍矩形风管长边尺寸（圆形风管直径），及局部阻力之前大于或等于 2 倍矩形风管长边尺寸（圆形风管直径）的直管段上，见图 16.3.4。当测量截面上的气流不均匀时，应增加测量截面上的测点数量 测量截面位置示意 1—测定断面；2—静压测点； D—圆形风管直径；b—矩形风管长边尺寸
测量截面内测点的位置与数量选择	应按现行国家标准《通风与空调工程施工质量验收规范》GB 50243、《洁净室施工及验收规范》GB 50591，现行行业标准《公共建筑节能检测标准》JGJ/T 177 执行
风管内风量的计算	通过风管测试截面的风量可按下式确定： $$Q = 3600 \cdot F \cdot v$$ 式中　Q——风管风量（m³/h）； 　　　　F——风管测试截面的面积（m²）； 　　　　v——测试截面内平均风速（m/s）

（2）变风量（VAV）系统联合试运行与调试可按表 2-55 的要求进行。

变风量（VAV）系统联合试运行与调试要求 表 2-55

项　　目	内　　容
试运行与调试前检查	1. 空调系统上的全部阀门灵活开启； 2. 清理机组及风管内的杂物，保证风管的通畅； 3. 检查变风量末端装置的各控制线是否连接可靠，变风量末端装置与风口的软管连接是否严密； 4. 空调箱冷热源供应正常

项　　目	内　　容
试运行与调试步骤	1. 逐台开启变风量末端装置,校验调节器及检测仪表性能; 2. 开启空调箱风机及该空调箱所在系统全部变风量末端装置,检验自控系统及检测仪表联动性能; 3. 所有的空调风阀置于自动位置,接通空调箱冷热源; 4. 每个房间设定合理的温度值,使变风量末端装置的风阀处在中间开启状态; 5. 按本规范第16.3.4条的要求进行系统风量的调整,确保空调箱送至变风量末端各支管风量的平衡及回风量与新风量的平衡; 6. 测定与调整空调箱的性能参数及控制参数,确保风管系统的控制静压合理

注:本内容参照《通风与空调工程施工规范》GB 50738—2011 第16.3.4和16.3.7条的规定。

2.9　防排烟系统联合试运转及调试细则

《质量安全手册》第3.10.9条:

防排烟系统联合试运转与调试后的结果符合设计和规范要求。

实施细则:

1. 质量目标

防排烟系统联合试运转与调试后的结果,应符合设计要求及国家现行标准的有关规定。联合试运转与调试应做好记录。

注:本内容参照《通风与空调工程施工质量验收规范》GB 50243—2016 第11.2.4条的规定。

2. 质量保障措施

防排烟系统测定和调整可按表2-56的要求进行。

防排烟系统的测定和调整　　　　　　　　　　　　表2-56

步　　骤	内　　容
测定与调整前检查	1. 检查风机、风管及阀部件安装符合设计要求; 2. 检查防火阀、排烟防火阀的型号、安装位置、关闭状态,检查电源、控制线路连接状况、执行机构的可靠性; 3. 检查送风口、排烟口的安装位置、安装质量、动作可靠性
机械正压送风系统测试与调整	1. 若系统采用砖或混凝土风道,测试前应检查风道严密性,内表面平整,无堵塞、孔洞、串井等现象; 2. 关闭楼梯间的门窗及前室或合用前室的门(包括电梯门),打开楼梯间的全部送风口; 3. 在大楼选一层作为模拟火灾层(宜选在加压送风系统管路最不利点附近),将模拟火灾层及上下层的前室送风阀打开,将其他各层的前室送风阀关闭; 4. 启动加压送风机,测试前室、楼梯间、避难层的余压值。消防加压送风系统应满足走廊→前室→楼梯间的压力呈递增分布。楼梯间内上下均匀选择3~5个测试点,重复不少于3次的平均静压,静压值应达到设计要求。测试开启送风口的前室的1个点,重复次数不少于3次的静压平均值,测定前室、合用前室、消防楼梯前室、封闭避难层(间)与走道之间的压力差应达到设计要求。测试是在门全部关闭的状态下进行,压力测点的具体位置应视门、排烟口、送风口等的布置情况而定,应该远离各种洞口等气流通路;

续表

步　骤	内　容
机械正压送风系统测试与调整	5. 同时打开模拟火灾层及其上下层的走道→前室→楼梯间的门,分别测试前室通走道和楼梯间通前室的门洞平面处的平均风速,应符合设计要求。测试时,门洞风速测点布置应均匀,可采用等小矩形面法,即将门洞划分为若干个边长为 200～400mm 的小矩形网格,每个小矩形网格的对角线交点即为测点,如图所示: 门洞风速测点布置示意 6. 以上 4、5 两项可任选其一进行测试
机械排烟系统测试与调整	1. 走道(廊)排烟系统:打开模拟火灾层及上下一层的走道排烟阀,启动走道排烟风机,测试排烟口处平均风速,根据排烟口截面(有效面积)及走道排烟面积计算出每 $1m^2$ 面积的排烟量,应符合设计要求。测试宜与机械加压送风系统同时进行,若系统采用砖或混凝土风道,测试前还应对风道进行检验。平均风速测定可采用匀速移动法或定点测量法,测定时,风速仪应贴近风口,匀速移动法不少于 3 次,定点测量法的测点不少于 4 个; 2. 中庭排烟系统:启动中庭排烟风机,测试排烟口处风速,根据排烟口截面计算出排烟量(若测试排烟口风速有困难,可直接测试中庭排烟风机风量),并按中庭净空换算成换气次数,应符合设计要求; 3. 地下车库排烟系统:若与车库排风系统合用,须关闭排风口,打开排烟口。启动车库排烟风机,测试各排烟口处风速,根据排烟口截面计算出排烟量,并按车库净空换算成换气次数,应符合设计要求; 4. 设备用房排烟系统:若排烟风机单独担负一个防烟分区的排烟时,应把该排烟风机所担负的防烟分区中的排烟口全部打开。若排烟风机担负两个以上防烟分区时,则只需把最大防烟分区及次大的防烟分区中的排烟口全部打开,其他一律关闭。启动机械排烟风机,测定通过每个排烟口的风速,根据排烟口截面计算出排烟量,符合设计要求为合格

注:本内容参照《通风与空调工程施工规范》GB 50738—2011 第 16.3.9 条的规定。

下 篇

工程质量管理资料范例

Chapter 03

建筑材料进场检验资料

3.0.1 《材料、构配件进场检验记录》填写范例

材料、构配件进场检验记录					资料编号		××××××
工程名称		××工程			检验日期		××年×月×日
序号	名称	规格型号	进场数量	生产厂家 合格证号	检验项目	检验结果	备注
1	镀锌钢板	1.0×1000×2000	10.5t	××钢铁公司 ××××	外观、板厚、数量、材质证明	符合要求	
2	镀锌钢板	0.75×1000×2000	9.355t	××钢铁公司 ××××	外观、板厚、数量、材质证明	符合要求	
3	镀锌钢板	0.60×1000×2000	6.8t	××钢铁公司 ××××	外观、板厚、数量、材质证明	符合要求	
检验结论: 经检查,进场材料外观质量良好,厚度均匀,符合设计要求及施工规范规定,合格。							
签字栏	施工单位	××机电 安装工程公司	专业质检员 ×××		专业工长 ×××		检验员 ×××
	监理(建设)单位	××建设监理有限公司			专业工程师		×××

注：本表由施工单位填写,施工单位、监理单位各保存一份。

材料、构配件进场检验记录						资料编号	×××	
工程名称		××工程				检验日期	××年×月×日	
序号	名称	规格型号	进场数量	生产厂家 合格证号	检验项目	检验结果	备注	
1	给水衬塑复合钢管	DN100	36m	××钢管厂 合格证:××	外观、管径及壁厚、质量证明文件	合格		
2	给水衬塑复合钢管	DN65	180m	××钢管厂 合格证:××	外观、管径及壁厚、质量证明文件	合格		
3	给水衬塑复合钢管	DN50	108m	××钢管厂 合格证:××	外观、管径及壁厚、质量证明文件	合格		
4	给水衬塑复合钢管	DN40	108m	××钢管厂 合格证:××	外观、管径及壁厚、质量证明文件	合格		
5	给水衬塑复合钢管	DN32	180m	××钢管厂 合格证:××	外观、管径及壁厚、质量证明文件	合格		
6	给水衬塑复合钢管	DN25	180m	××钢管厂 合格证:××	外观、管径及壁厚、质量证明文件	合格		
7	给水衬塑复合钢管	DN20	48m	××钢管厂 合格证:××	外观、管径及壁厚、质量证明文件	合格		
8	给水衬塑复合钢管	DN15	156m	××钢管厂 合格证:××	外观、管径及壁厚、质量证明文件	合格		

检验结论:

　　以上管材经外观检查合格,管径、壁厚均匀,钢管外表面光滑,无伤痕和裂纹,内表面无气泡、裂纹、脱皮,无明显痕纹、凹陷、色泽不均,钢与塑之间无离层,两端截面与管轴线垂直,材质、规格型号及数量经复检符合设计、规范要求,产品质量证明文件齐全,并与实际进场管材相符,同意验收。

签字栏	施工单位	××机电 安装工程公司	专业质检员	专业工长	检验员
			×××	×××	×××
	监理(建设)单位	××建设监理有限公司		专业工程师	×××

注:本表由施工单位填写,施工单位、监理单位各保存一份。

3.0.2 《设备开箱检验记录》填写范例

设备开箱检验记录		资料编号	×××
设备名称	屋顶风机	检验日期	××年×月×日
规格型号	XYF-6	总数量	10台
装箱单号	500～509	检验数量	10台

检验记录	包装情况	塑料布包装				
	随机文件	装箱清单、产品合格证书、出厂检测报告、设备说明书齐全				
	备件与附件	减震垫、螺栓等齐全				
	外观情况	外观情况良好,喷涂均匀,无铸造缺陷				
	测试情况	经手动测试运转情况良好				
检验结果	缺、损附备件明细表					
	序号	名称	规格	单位	数量	备注

检验结论:
　　检查包装、随机文件齐全,外观良好,符合设计及规范要求,同意验收。

签字栏	建设(监理)单位	施工单位	供应单位
	×××	×××	×××

注:本表由施工单位填写,施工单位、监理单位各保存一份。

设备开箱检验记录		资料编号	×××
工程名称	××工程	检验日期	××年×月×日
设备名称	离心式水泵	规格型号	65DL×7
生产厂家	××机电设备公司	产品合格证编号	××××-××
总数量	4台	检验数量	4台

检验记录	包装情况	包装完好、无损坏,标识明确				
	随机文件	出厂合格证、安装使用说明书、装箱单、检验报告、保修卡齐全				
	备件与附件	法兰4套,单流阀4个				
	外观情况	泵体表面无损坏,无锈蚀,漆面完好				
	测试情况					
检验结果	缺、损附备件明细表					
	序号	名称	规格	单位	数量	备注

检验结论:
检查包装、随机文件齐全,外观良好,符合设计及规范要求,同意验收。

签字栏	建设(监理)单位	施工单位	供应单位
	×××	×××	×××

注:本表由施工单位填写,施工单位、监理单位各保存一份。

3.0.3 《设备及管道附件试验记录》填写范例

<table>
<tr>
<td colspan="3" rowspan="2" style="text-align:center">设备及管道附件试验记录</td>
<td>资料编号</td>
<td>×××</td>
</tr>
<tr>
<td></td>
<td></td>
</tr>
<tr>
<td colspan="3">工程名称</td>
<td>××大厦</td>
<td>系统名称</td>
<td>给水系统</td>
</tr>
<tr>
<td colspan="3">设备/管道
附件名称</td>
<td>蝶阀</td>
<td>试验日期</td>
<td>××年×月×日</td>
</tr>
<tr>
<td colspan="6">试验要求：</td>
</tr>
<tr>
<td colspan="3">型号、材质</td>
<td>DN73F-10C</td>
<td>DN73F-10C</td>
<td>DN73F-10C</td>
<td>DN73F-10C</td>
<td></td>
</tr>
<tr>
<td colspan="3">规格</td>
<td>DN100</td>
<td>DN80</td>
<td>DN65</td>
<td>DN50</td>
<td></td>
</tr>
<tr>
<td colspan="3">总数量</td>
<td>××</td>
<td>××</td>
<td>××</td>
<td>××</td>
<td></td>
</tr>
<tr>
<td colspan="3">试验数量</td>
<td>××</td>
<td>××</td>
<td>××</td>
<td>××</td>
<td></td>
</tr>
<tr>
<td colspan="3">公称或工作压力
（MPa）</td>
<td>1</td>
<td>1</td>
<td>1</td>
<td>1</td>
<td></td>
</tr>
<tr>
<td rowspan="6">强
度
试
验</td>
<td colspan="2">试验压力
（MPa）</td>
<td>1.5</td>
<td>1.5</td>
<td>1.5</td>
<td>1.5</td>
<td></td>
</tr>
<tr>
<td colspan="2">试验持续时间
（s）</td>
<td>60</td>
<td>60</td>
<td>60</td>
<td>15</td>
<td></td>
</tr>
<tr>
<td colspan="2">试验压力降
（MPa）</td>
<td>0</td>
<td>0</td>
<td>0</td>
<td>0</td>
<td></td>
</tr>
<tr>
<td colspan="2">渗漏情况</td>
<td>无渗漏</td>
<td>无渗漏</td>
<td>无渗漏</td>
<td>无渗漏</td>
<td></td>
</tr>
<tr>
<td colspan="2">试验结论</td>
<td>合格</td>
<td>合格</td>
<td>合格</td>
<td>合格</td>
<td></td>
</tr>
<tr>
<td colspan="2">试验压力
（MPa）</td>
<td>1.1</td>
<td>1.1</td>
<td>1.1</td>
<td>1.1</td>
<td></td>
</tr>
<tr>
<td rowspan="5">严
密
性
试
验</td>
<td colspan="2">试验持续时间
（s）</td>
<td>30</td>
<td>30</td>
<td>30</td>
<td>15</td>
<td></td>
</tr>
<tr>
<td colspan="2">试验压力降
（MPa）</td>
<td>0</td>
<td>0</td>
<td>0</td>
<td>0</td>
<td></td>
</tr>
<tr>
<td colspan="2">渗漏情况</td>
<td>无渗漏</td>
<td>无渗漏</td>
<td>无渗漏</td>
<td>无渗漏</td>
<td></td>
</tr>
<tr>
<td colspan="2">试验结论</td>
<td>合格</td>
<td>合格</td>
<td>合格</td>
<td>合格</td>
<td></td>
</tr>
<tr>
<td rowspan="3">签
字
栏</td>
<td colspan="2">施工单位</td>
<td colspan="2">××建设集团
有限公司</td>
<td>专业技术负责人</td>
<td>专业质检员</td>
<td>专业工长</td>
</tr>
<tr>
<td colspan="2"></td>
<td colspan="2"></td>
<td>×××</td>
<td>×××</td>
<td>×××</td>
</tr>
<tr>
<td colspan="2">监理（建设）单位</td>
<td colspan="3">××工程建设监理有限公司</td>
<td>专业工程师</td>
<td>×××</td>
</tr>
</table>

注：本表由施工单位填写，施工单位、监理单位、建设单位各保存一份。

设备及管道附件试验记录			资料编号		×××
工程名称	××工程		系统名称		通风系统
设备/管道附件名称	风机盘管		试验日期		××年×月×日

试验要求：

	型号、材质	YGFC	YGFC	YGFC	YGFC	YGFC
	规格	05-CC-3SL	05-CC-3S	04-CC-3S	04-CC-3S	04-CC-3S
	总数量	1	1	1	1	1
	试验数量	1	1	1	1	1
	公称或工作压力 (MPa)					
强度试验	试验压力 (MPa)	2.4	2.4	2.4	2.4	2.4
	试验持续时间 (s)	120	120	120	120	120
	试验压力降 (MPa)	0	0	0	0	0
	渗漏情况	无渗漏	无渗漏	无渗漏	无渗漏	无渗漏
	试验结论	合格	合格	合格	合格	合格
严密性试验	试验压力 (MPa)					
	试验持续时间 (s)					
	试验压力降 (MPa)					
	渗漏情况					
	试验结论					
签字栏	施工单位	××建设有限公司	专业技术负责人 ×××	专业质检员 ×××	专业工长 ×××	
	监理(建设)单位	××建设监理有限公司		专业工程师	×××	

注：本表由施工单位填写，施工单位、监理单位、建设单位各保存一份。

3.0.4 《工程物资进场报验表》填写范例

工程物资进场报验表		资料编号	××××
工程名称	××工程	报验日期	××年×月×日

现报上关于 <u>送排风系统</u> 工程的物资进场检验记录,该批物资经我方检验符合设计、规范及合约要求,请予以批准使用。

物资名称	主要规格	单位	数量	选样报审表编号	使用部位
镀锌钢板	$\delta = 0.5$	片	300	—	各层
镀锌钢板	$\delta = 0.75$	片	900	—	各层

附件: 名称 页数 编号

1. ☑ 出厂合格证 　　　<u>×</u> 页　　　　<u>×××</u>

2. ☑ 厂家质量检验报告　<u>×</u> 页　　　　<u>×××</u>

3. ☐ 厂家质量保证书　　____ 页　　　____

4. ☐ 商检证　　　　　　____ 页　　　____

5. ☑ 进场检验报告　　　<u>×</u> 页　　　　<u>×××</u>

6. ☐ 进场复试报告　　　____ 页　　　____

7. ☐ 备案情况　　　　　____ 页　　　____

8. ☐ 　　　　　　　　　____ 页　　　____

申报单位名称:××建设集团有限公司　　　　申报人(签字):×××

施工单位检验意见:
　报验工程材料的质量证明文件齐全,同意报项目监理部审批。

☑有/ ☐无　附页

施工单位名称:××建筑集团有限公司　技术负责人(签字):×××　审核日期:××年×月×日

验收意见:
　1. 物资质量资料齐全、有效。
　2. 材料检验合格。

审定结论:　☑同意　　☐补报资料　　☐重新检验　　☐退场

监理单位名称:××建筑监理有限公司　监理工程师(签字):×××　验收日期:××年×月×日

　注:本表由施工单位填报,建设单位、监理单位、施工单位各存一份。

Chapter 04

施工试验检测资料

4.1 建筑给水排水及采暖工程施工试验记录

4.1.1 《灌（满）水试验记录》填写范例

灌(满)水试验记录			资料编号	×××
工程名称	××工程		试验日期	××年×月×日
试验项目	室内给水系统		试验部位	水箱间
材质	玻璃钢		规格	3000mm×2000mm×2000mm
试验要求： 　满水后静置24h,不渗不漏,水箱不变形。				
试验记录： 　试验从9月18日8:00开始,将水箱泄水阀关闭,将进水管、溢流管进行封堵,开始向水箱注水至18日9:50注满,于19日10:00对水箱进行观察,未发现水箱及配管接口处渗漏,水箱未变形,液面未下降。				
试验结论： 　经检查,屋顶消防水箱满水试验符合设计要求和《建筑给水排水及采暖工程施工质量验收规范》GB 50242—2002的规定,合格,可以连接管道。				

签字栏	施工单位	××机电安装 工程有限公司	专业技术负责人	专业质检员	专业工长
			×××	×××	×××
	监理(建设)单位	××建设监理有限公司	专业工程师		×××

注：本表由施工单位填写,建设单位、施工单位、监理单位各保存一份。

4.1.2 《强度严密性试验记录》填写范例

强度严密性试验记录		资料编号	×××
工程名称	××办公楼工程	试验日期	××年×月×日
试验项目	室内给水系统支管单向试压	试验部位	五层①～⑬/①～⑥轴冷水支管
材质	PB管	规格	D_e20

试验要求：

给水支管采用 PB 管，工作压力为 0.3MPa，试验压力为 0.6MPa，在试验压力下稳压 1h，压力不降，然后降至工作压力的 1.15 倍 0.35MPa，稳压 2h，各连接处不渗不漏为合格。

试验记录：

试验压力表设在本层支管末端上，从 8:00 开始对干管进行上水并加压，至 8:30 表压试验值升至 0.6MPa，关闭供水阀门，至 9:30 观察 1h，压力没有下降，9:40 将压力降为 0.35MPa，稳压 2h 至 11:40，压力没有下降，同时检查管道各连接处不渗不漏。

试验结论：

经检查，试验方式、过程及结果均符合设计要求和《建筑给水排水及采暖工程施工质量验收规范》GB 50242—2002 的规定，合格。

签字栏	施工单位	××建设集团有限公司	专业技术负责人	专业质检员	专业工长
			×××	×××	×××
	监理(建设)单位	××工程建设监理有限公司	专业工程师	×××	

注：本表由施工单位填写，建设单位、施工单位、城建档案馆各保存一份。

4.1.3 《通水试验记录》填写范例

通水试验记录		资料编号	×××
工程名称	××工程	试验日期	××年×月×日
试验项目	室内给水系统	试验部位	一～四层低区供水

试验系统简述及试验要求:

低压供水系统一～四层由市政自来水直接供给,分两个进户,由地下一层导管供给各立管,每户设铜截止阀1只,DN20水表1只。每层16个坐便器,16个洗脸盆水嘴,8个浴缸水嘴,8个淋浴器用水器具,8个洗衣机水嘴,8个洗菜盆水嘴。

试验记录:

通水试验从上午8:30开始,与排水系统同时进行。开启全部分户截止阀,打开全部给水水嘴,供水流量正常,最高点四层各水嘴出水均畅通,水嘴及阀门启闭灵活。试验至11:30结束。

试验结论:

一～四层低区供水系统通水试验符合设计要求和《建筑给水排水及采暖工程施工质量验收规范》GB 50242—2002的规定,合格。

签字栏	施工单位	××建设集团有限公司	专业技术负责人	专业质检员	专业工长
			×××	×××	×××
	监理(建设)单位	××工程建设监理有限公司	专业工程师		×××

注: 本表由施工单位填写,建设单位、施工单位、监理单位各保存一份。

通水试验记录		资料编号	×××
工程名称	××工程	试验日期	××年×月×日
试验项目	室内排水系统	试验部位	一～九层污水管道

试验系统简述及试验要求：

　　本楼地上共二十七层，为了满足同时开放 1/3 配水点进行放水，分 3 次通水试验，本次记录的是一～九层通水试验。每层 8 个厨房，16 个卫生间。主卫生间设有坐便器、洗脸盆、浴盆，次卫生间设有坐便器、洗脸盆，厨房设有洗菜盆和洗衣机排水口，卫生间和厨房污水立管均为 DN100，设专用透气立管。一～四层为市政自来水直接供给，五层以上为变频泵加压供水。

试验记录：

　　通水试验从上午 8:30 开始。按每个污水导管出户所对应的立管进行通水试验，然后分别进行卫生间和厨房从一层到九层同时从卫生器具排水。检查各管道排水情况，均畅通无堵塞，能及时排到室外污水检查井，管道及各接口无渗漏现象。试验至 11:30 结束。

试验结论：

　　一～九层污水排水管道通水试验符合设计要求和《建筑给水排水及采暖工程施工质量验收规范》GB 50242—2002 的规定，合格。

签字栏	施工单位	××建设集团有限公司	专业技术负责人	专业质检员	专业工长
			×××	×××	×××
	监理(建设)单位	××工程建设监理有限公司	专业工程师		×××

　　注：本表由施工单位填写，建设单位、施工单位、监理单位各保存一份。

4.1.4 《冲（吹）洗试验记录》填写范例

冲(吹)洗试验记录		资料编号	×××
工程名称	××大厦	**试验日期**	××年×月×日
试验项目	给水系统	**试验部位**	全系统
试验介质	自来水	**试验方式**	水冲洗

试验要求：
　　给水系统交付使用前必须进行冲洗。单向冲洗,各配水点水色透明度与进水目测一致且无杂物时,停止冲洗。

试验记录：
　　从上午 8:00 开始对全楼给水系统进行冲洗,单向冲洗,以距市政自来水供水阀门的距离由近及远依次打开阀门水嘴冲洗,到上午 11:30,各配水点水色透明度与进水目测一致,无杂物,停止冲洗。

试验结论：
　　符合设计要求及《建筑给水排水及采暖工程施工质量验收规范》GB 50242—2002 的规定,合格。

签字栏	施工单位	××建设集团有限公司	专业技术负责人	专业质检员	专业工长
			×××	×××	×××
	监理(建设)单位	××工程建设监理有限公司	专业工程师		×××

注：本表由施工单位填写,建设单位、施工单位、监理单位各保存一份。

4.1.5 《通球试验记录》填写范例

<table>
<tr><td colspan="3" rowspan="2" style="text-align:center">通球试验记录</td><td>资料编号</td><td>×××</td></tr>
<tr></tr>
<tr><td>工程名称</td><td colspan="2">××工程</td><td>试验日期</td><td>××年×月×日</td></tr>
<tr><td>试验项目</td><td colspan="2">室内排水系统</td><td>试验部位</td><td>4/P 排水导管</td></tr>
<tr><td>管径(mm)</td><td colspan="2">DN150</td><td>球径(mm)</td><td>100</td></tr>
<tr><td colspan="5">试验要求：
　　从导管端头检查口把管径不小于 2/3 管内径的塑料球放入管内，向系统内灌水，将球从室外检查井内排出，为合格。</td></tr>
<tr><td colspan="5">试验记录：
　　将塑料球放入 4/P 排水导管起始端的检查口内，同时从一层立管检查口灌水冲洗，用隔栅网封住检查井排水导管的出口，接到球后放入第二个，试验重复三次，均畅通无阻。</td></tr>
<tr><td colspan="5">试验结论：
　　经检查，试验符合设计要求和《建筑给水排水及采暖工程施工质量验收规范》GB 50242—2002 的规定，合格。</td></tr>
<tr><td rowspan="2">签
字
栏</td><td>施工单位</td><td rowspan="1">××机电工程
有限公司</td><td>专业技术负责人</td><td>专业质检员</td></tr>
</table>

签字栏	施工单位	××机电工程有限公司	专业技术负责人	专业质检员	专业工长
			×××	×××	×××
	监理(建设)单位	××工程建设监理有限公司	专业工程师	×××	

注：本表由施工单位填写，建设单位、施工单位、监理单位各保存一份。

4.1.6 《补偿器安装记录》填写范例

补偿器安装记录		资料编号	×××
工程名称	××工程	日期	××年×月×日
设计压力 （MPa）	1.6	安装部位	一层热水立管
规格型号	0.6RFS150×16 0.6RFS100×20	材质	不锈钢
固定支架间距 （m）	30	管内介质温度 （℃）	60℃水
计算预拉值 （mm）	20	实际预拉值 （mm）	20

安装记录及说明：

补偿器的安装及预拉值示意图和说明均由厂家完成,安装如下图所示：

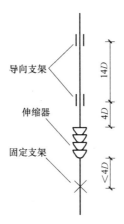

结论：

补偿器安装符合设计要求及《建筑给水排水及采暖工程施工质量验收规范》GB 50242—2002 的规定,同意验收。

签字栏	施工单位	××机电工程 有限公司	专业技术负责人	专业质检员	专业工长
			×××	×××	×××
	监理（建设）单位	××工程建设监理有限公司	专业工程师		×××

注：本表由施工单位填写,施工单位、监理单位各保存一份。

4.1.7 《消火栓试射记录》填写范例

消火栓试射记录		资料编号	×××	
工程名称	××工程	试射日期	××年×月×日	
试射消火栓位置	屋顶消火栓	启泵按钮	☑合格 □不合格	
消火栓组件	☑合格 □不合格	栓口安装	☑合格 □不合格	
栓口水枪型号	☑合格 □不合格	卷盘间距、组件	☑合格 □不合格	
栓口静压(MPa)	0.20	栓口动压(MPa)	0.35	

试验要求：

　　取屋顶消火栓进行试射试验,观察压力表读数不应大于 0.5MPa,射出的密集水柱长度不应小于 10m,屋顶消火栓静压不小于 0.07MPa。

试验记录：

　　试验从 14:00 开始。打开屋顶消火栓箱,按下消防泵启动按钮,取下消防水龙带,迅速接好栓口和水枪,打开消火栓阀门,拉到平屋顶上水平向上倾角 30°～45°试射,同时观察压力表读数为 0.35MPa,射出的密集水柱约 20m。检查屋顶消火栓静压为 0.20MPa。试验至 14:30 结束。

试验结论：

屋顶消火栓试射试验符合设计要求。

签字栏	施工单位	××机电工程有限公司	专业技术负责人	专业质检员	专业工长
			×××	×××	×××
	监理(建设)单位	××工程建设监理有限公司	专业工程师		×××

注：本表由施工单位填写,建设单位、施工单位、监理单位各保存一份。

4.1.8 《安全附件安装检查记录》填写范例

安全附件安装检查记录		资料编号	×××
工程名称	××工程	安装位号	3号
锅炉型号	WNS 2.8-1.0/95/70-YQ	工作介质	水
设计(额定)压力(MPa)	1.0	最大工作压力(MPa)	0.6
检 查 项 目		检 查 结 果	
压力表	量程及精度等级	0～1.6MPa;1.5级	
	校验日期	××年×月×日	
	在最大工作压力处应画红线	☑已画　☐未画	
	旋塞或针型阀是否灵活	☑灵活　☐不灵活	
	蒸汽压力表管是否设存水弯管	☑已设　☐未设	
	铅封是否完好	☑完好　☐不完好	
安全阀	开启压力范围	0.54～0.57MPa	
	校验日期	××年×月×日	
	铅封是否完好	☑完好　☐不完好	
	安全阀排放管应引至安全地点	☑是　☐不是	
	锅炉安全阀应有泄水管	☑有　☐没有	
水位计(液位计)	锅炉水位计应有泄水管	☑有　☐没有	
	水位计应画出高低水位红线	☑已画　☐未画	
	水位计旋塞(阀门)是否灵活	☑灵活　☐不灵活	
报警装置	校验日期	××年×月×日	
	报警高低限(声、光报警)	☑灵敏、准确　☐不合格	
	连锁装置工作情况	☑动作迅速、灵敏　☐不合格	

说明:
安全附件安装符合设计和施工规范要求。

结论		☑合格		☐不合格	
签字栏	施工单位	××机电工程有限公司	专业技术负责人	专业质检员	专业工长
			×××	×××	×××
	监理(建设)单位	××工程建设监理有限公司	专业工程师		×××

注：本表由施工单位填写，施工单位、监理单位各保存一份。

4.1.9 《锅炉烘炉试验记录》填写范例

锅炉烘炉试验记录		资料编号	×××
工程名称	××工程	安装位号	5 号
锅炉型号	WNS 2.8-1.0/95/70-YQ	试验日期	××年×月×日

需要说明的事项:
　设备/管道内部封闭前情况:设备、管道内部已无任何杂物。

烘干方法	木柴火焰	烘炉时间	起始时间2015 年9 月3 日10 时0 分
			终止时间2015 年9 月7 日18 时0 分

温度区间(℃)	升降温度速度(℃/h)	所用时间(h)
14～44	1.5	20
44～84	2	20
84～100	1	16
100～140	2	20
140	0	18
140	0	10

1. **封闭方法**:按人孔、手孔和燃烧器接口的先后顺序逐个进行封闭。
2. **试验结论**: ☑合格　　□不合格
3. **附件**:烘炉曲线图(包括计划曲线及实际曲线)

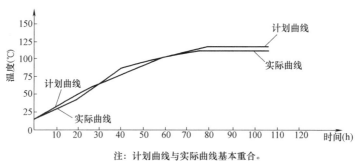

注:计划曲线与实际曲线基本重合。

签字栏	结论		☑合格		□不合格	
	施工单位	××机电工程有限公司	专业技术负责人	专业质检员	专业工长	
			×××	×××	×××	
	监理(建设)单位	××工程建设监理有限公司	专业工程师	×××		

注:本表由施工单位填写,施工单位、监理单位各保存一份。

4.1.10 《锅炉煮炉试验记录》填写范例

<table>
<tr>
<td colspan="3" rowspan="2">锅炉煮炉试验记录</td>
<td>资料编号</td>
<td>×××</td>
</tr>
<tr>
<td></td>
<td></td>
</tr>
<tr>
<td>工程名称</td>
<td colspan="2">××工程</td>
<td>安装位号</td>
<td>3号</td>
</tr>
<tr>
<td>锅炉型号</td>
<td colspan="2">WNS 2.8-1.0/95/70-YQ</td>
<td>煮炉日期</td>
<td>××年×月×日</td>
</tr>
<tr>
<td colspan="5">
试验要求:
  1. 根据煮炉前的污垢厚度,确定锅炉加药配方。
  2. 检查煮炉后受热面内部清洁程度,记录煮炉时间、压力。
</td>
</tr>
<tr>
<td colspan="5">
试验记录:
  9月20日上午8:00,根据锅内的污垢厚度和产品技术文件的规定,按1:1的比例配成氢氧化钠(NaOH)和磷酸三钠($Na_3PO_4 \cdot 12H_2O$)混合药液,并稀释成20%的溶液,从安全阀座口处投入锅内。药水溶液加至炉水的最低水位,然后将锅炉封闭,点火加热。逐步升高水温对90℃,保持水温煮炉至21日13:00。然后逐步升高炉内压力至0.7MPa并保持压力继续煮炉至22日15:00,煮炉结束。待水温自然降至40℃时,放净炉水,并用清水进行清洗,清除与药液接触过的阀门和锅筒的污物。至22日18:00对锅炉内壁进行检查,内壁无油污和锈斑,阀门无堵塞现象。
</td>
</tr>
<tr>
<td colspan="5">
试验结论:
  符合设计和施工规范要求,试验结果合格。
</td>
</tr>
<tr>
<td rowspan="2">签字栏</td>
<td>施工单位</td>
<td>××机电工程
有限公司</td>
<td>专业技术负责人
×××</td>
<td>专业质检员   专业工长
×××   ×××</td>
</tr>
<tr>
<td>监理(建设)单位</td>
<td colspan="2">××工程建设监理有限公司</td>
<td>专业工程师   ×××</td>
</tr>
</table>

注:本表由施工单位填写,施工单位、监理单位各保存一份。

4.1.11 《锅炉试运行记录》填写范例

锅炉试运行记录		资料编号	×××
工程名称		××工程	
施工单位		××机电工程有限公司	

本锅炉在安全附件校验合格后,由____建设____单位组织,经共同验收,自__2015__年_9_月_28_日_8_时至__2015__年_9_月_30_日_8_时试运行,运行情况正常,符合规程及设计文件要求,试运行合格,可以投入使用。

试运行情况记录:

　　锅炉烘炉、煮炉和严密性试验合格后,按《锅炉安装工程施工及验收规范》GB 50273—2009 相关规定分别进行安全阀最终调整,即热状态定压检验和调整。安全阀调整后,锅炉带负荷连续试运行48h,运行全过程未出现异常,合格。

　　符合设计和施工规范要求。

记录人:×××

建设单位 (签章)	监理单位 (签章)	管理单位 (签章)	施工单位 (签章)
×××	×××	×××	×××

　　注:本表由施工单位填写,建设单位、施工单位、监理单位各保存一份。

4.1.12 《设备单机试运转记录》填写范例

设备单机试运转记录			资料编号		×××	
工程名称	××工程		试运转时间		××年×月×日	
设备部位图号	水施 4	设备名称	变频泵 2 号		规格型号	65DL×7
试验单位	××公司	设备所在系统	给水系统		额定数据	$30m^3/h,108m$

序号	试 验 项 目	试 验 记 录	试验结论
1	叶轮旋转方向	与箭头所指方向一致	合格
2	运转过程中有无异常噪声	无异常噪声	合格
3	额定工况下运转时间	连续运转 2h 无异常	合格
4	轴承温度	运行 2h 后测量轴承温度 65℃	合格
5			
6			
7			
8			
9			
10			
11			
12			
13			
14			

试运转结论：

水泵运转正常、平稳,叶轮旋转方向、轴承温升等均符合产品说明书及设计要求和《建筑给水排水及采暖工程施工质量验收规范》GB 50242—2002 的规定。同意验收。

签字栏	施工单位	××机电工程有限公司	专业技术负责人	专业质检员	专业工长
			×××	×××	×××
	监理(建设)单位	××工程建设监理有限公司	专业工程师		×××

注：本表由施工单位填写,建设单位、施工单位、城建档案馆、监理单位各保存一份。

4.1.13 《系统试运转调试记录》填写范例

系统试运转调试记录		资料编号	×××
工程名称	××工程	试运转调试时间	××年×月×日
试运转调试项目	采暖系统调试	试运转调试部位	一～六层低区系统

试运转调试内容：

系统所有的阀门、自动放风阀等附件全部安装完毕，压力试验、冲洗试验均已合格。

关闭总供水阀门，开启总回水阀门，使水充满系统的立支管后开启总供水阀门，关闭循环管阀门，使系统正常循环运行。

正常供暖 0.5h 后检查系统，没有发现管道不热的现象；供暖 24h 后，采暖入户的供、回水参数符合设计要求，逐屋进行室温测量，遇到温度不符合设计要求的，调节温控阀，重新测量室内温度，直至所有室内温度均符合设计要求。

试运转调试结论：

经检查，系统调试符合设计要求和《建筑给水排水及采暖工程施工质量验收规范》GB 50242—2002 的规定，同意验收。

签字栏	建设单位	监理单位	施工单位
	×××	×××	×××

注：本表由施工单位填写，建设单位、施工单位、城建档案馆、监理单位各保存一份。

4.2 通风与空调工程施工试验记录

4.2.1 《风管漏光检测记录》填写范例

风管漏光检测记录		资料编号	×××
工程名称	××大厦	试验日期	××年×月×日
系统名称	地下层送风系统	工作压力(Pa)	500
系统接缝总长度(m)	56.50	每10m接缝为一个检测段的分段数	6段
检测光源	150W带保护罩低压照明		
分段序号	实测漏光点数(个)	每10m接缝的允许漏光点数(个/10m)	结论
1	0	<2	合格
2	1	<2	合格
3	0	<2	合格
4	0	<2	合格
5	1	<2	合格
6	0	<2	合格
合计	总漏光点数(个)	每100m接缝的允许漏光点数(个/100m)	结论
	2	平均小于16	合格

检测结论：

按施工验收规范要求进行测试的6段中各段漏光点均未超标，评定结论为合格。

已测出的漏光处用密封胶堵严。

签字栏	施工单位	××机电工程有限公司	专业技术负责人	专业质检员	专业工长
			×××	×××	×××
	监理(建设)单位	××工程建设监理有限公司		专业工程师	×××

注：本表由施工单位填写，建设单位、施工单位、监理单位各保存一份。

4.2.2 《风管漏风检测记录》填写范例

风管漏风检测记录		资料编号	×××
工程名称	××大厦	试验日期	××年×月×日
系统名称	X-5新风系统	工作压力(Pa)	500
系统总面积(m²)	232.9	试验压力(Pa)	800
试验总面积(m²)	185.2	系统检测分段数	2段

检测区段图示：

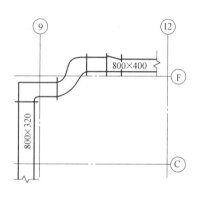

分段实测数值

序号	分段表面积 (m²)	试验压力 (Pa)	实际漏风量 (m³/h)
1	98	800	2.4
2	87.2	800	1.96

系统允许漏风量 [m³/(m²·h)]	$Q_L \leqslant 0.1056P^{0.65}$ 5.99	实测系统漏风量 [m³/(m²·h)]	2.18(各段平均值)

检测结论：
　　各段用漏风检测仪所测漏风量低于规范要求,检测评定合格。

签字栏	施工单位	××机电工程 有限公司	专业技术负责人	专业质检员	专业工长
			×××	×××	×××
	监理(建设)单位	××工程建设监理有限公司	专业工程师		×××

注：本表由施工单位填写,建设单位、施工单位、监理单位各保存一份。

4.2.3　《现场组装除尘器、空调机漏风检测记录》填写范例

| 现场组装除尘器、空调机漏风检测记录 | | 资料编号 | ×××｜

现场组装除尘器、空调机漏风检测记录		资料编号	×××
工程名称	××大厦	分部工程	通风与空调
分项工程	除尘系统设备安装	检测日期	××年×月×日
设备名称	组合式脉冲布袋除尘器	型号规格	ZH-4/32
总风量 （m³/h）	7000	允许漏风率 （%）	5
工作压力 （Pa）	800	测试压力 （Pa）	1000
允许漏风量 （m³/h）	＜350	实测漏风量 （m³/h）	240

检测记录：

　　除尘器组装后，采用 Q80 型漏风检测设备测试，先打压至工作压力，漏风量在允许范围内。然后再打压超出工作压力值，观看读数依数在允许范围内，证明安装严格。

检测结论：

　　符合设计要求及《通风与空调工程施工质量验收规范》GB 50243—2016 规定，组装合格。

签字栏	施工单位	××机电工程 有限公司	专业技术负责人	专业质检员	专业工长
			×××	×××	×××
	监理(建设)单位	××工程建设监理有限公司	专业工程师		×××

　　注：本表由施工单位填写，施工单位、监理单位各保存一份。

4.2.4 《各房间室内风量温度测量记录》填写范例

各房间室内风量温度测量记录		资料编号		×××
工程名称	××大厦	测量日期		××年×月×日
系统名称	送风系统	系统位置		三层
房间(测点)编号	风量(m^3/h)			所在房间室内温度(℃)
	设计风量 $Q_设$	实际风量 $Q_实$	相对差	
会议室 1	400	420	−0.05	25
会议室 2	500	505	−0.01	27
会议室 3	500	497	0.01	25
贵宾室 1	600	665	−0.11	24
休息室 1	800	760	0.05	26
休息室 2	400	414	−0.04	26
休息室 3	700	711	−0.02	27
走廊	1000	975	0.03	22
施工单位		××机电工程有限公司		
测量人		记录人		审核人
×××		×××		×××

注：本表由施工单位填写，建设单位、施工单位、监理单位各保存一份。

4.2.5 《管网风量平衡记录》填写范例

管网风量平衡记录							资料编号		×××	
工程名称		××大厦					测试日期		××年×月×日	
系统名称		K-7送风系统					系统位置		首层报告厅	
测点编号	风管规格（mm×mm）	断面积（m²）	平均风压（Pa）			风速（m/s）	风量（m³/h）		相对差	使用仪器编号
			动压	静压	全压		设计风量 $Q_设$	实际风量 $Q_实$		
1	240×240	0.06				2.84		613.4		
2	240×240	0.06				2.87		619.9		
3	240×240	0.06				2.87		619.9		
4	240×240	0.06				2.71		585.4		
5	240×240	0.06				2.86		617.8		
6	240×240	0.06				2.88		622.1		
7	240×240	0.06				3.00		648.0		
8	240×240	0.06				2.91		628.6		
9	240×240	0.06				2.71		585.3		
10	240×240	0.06				2.72		587.5		
11	240×240	0.06				2.61		563.7		
							总 6500	总 6692	3%	
					$\delta=(Q_实-Q_设)/Q_设\times100\%$					
					$\Delta=\dfrac{6692-6500}{6500}\times100\%=3\%$					
施工单位		××机电工程有限公司								
审核人		测定人					记录人			
×××		×××					×××			

注：本表由施工单位填写，建设单位、施工单位、监理单位各保存一份。

4.2.6 《空调系统试运转调试记录》填写范例

空调系统试运转调试记录		资料编号	××××
工程名称	××大厦	试运转调试日期	××年×月×日
系统名称	K-3 送风系统	系统所在位置	首层多功能厅
设计总风量 (m³/h)	1300	实测总风量 (m³/h)	1390
风机全压(Pa)	(机组)余压 500	实测风机全压 (Pa)	495

试运转调试内容：
　　开风机之前将该系统(所测系统)调节阀、风口全部置于全开位置,三通调节阀处于中间位置,开启风机进行系统风量测定、调整,系统总风量调试结果与设计风量的相对偏差不大于10%。
　　用微压计与毕托管从系统的最远、最不利环路开始,逐步调向风机。

试运转调试结论：
　　测试记录结果符合设计和规范要求,合格。

签字栏	施工单位	××机电工程 有限公司	专业技术负责人	专业质检员	专业工长
			×××	×××	×××
	监理(建设)单位	××工程建设监理有限公司	专业工程师		×××

　　注：本表由施工单位填写,建设单位、施工单位、监理单位、城建档案馆各保存一份。

4.2.7 《空调水系统试运转调试记录》填写范例

空调水系统试运转调试记录		资料编号	×××
工程名称	××大厦	试运转调试日期	××年×月×日
设计空调冷(热)水总流量 $Q_{设}$ (m³/h)	110	相对差	5.1%
实际空调冷(热)水总流量 $Q_{实}$ (m³/h)	103.6		
空调冷(热)水供水温度(℃)	12	空调冷(热)水回水温度(℃)	7
设计冷却水总流量 $Q_{设}$ (m³/h)	130	相对差	2.7%
实际冷却水总流量 $Q_{实}$ (m³/h)	126.4		
冷却水供水温度(℃)	37	冷却水回水温度(℃)	32

试运转调试内容:

本工程空调水系统 K6~8 及 K11~14 为带风机盘管系统,调试时按开机顺序冷却水泵→冷却塔→冷冻水泵→冷水机组进行调试运行。所有系统共有 78 台风机盘管,YGFC-04-CC-2S 15 台、YG-FC-03-CC-2S 10 台、YGFC-06-CC-2S 34 台、YGFC-06-CC-3S 12 台、YGFC-08-CC-2S 7 台,运行中随时测温、测噪声,检查有无异常情况。由上午 7 时开机至下午 5 时关机(关机顺序与开机反向),运行 10h(规范是大于 8h),达到设计要求:风机盘管噪声 45dB,室内温度+26℃。

试运转调试结论:

系统联动试运转时,设备及主要部件联动中协调、运作正确,无异常现象,所测数值均达到设计和规范要求。

签字栏	施工单位	××机电工程有限公司	专业技术负责人	专业质检员	专业工长
			×××	×××	×××
	监理(建设)单位	××工程建设监理有限公司	专业工程师	×××	

注:本表由施工单位填写,建设单位、施工单位、监理单位、城建档案馆各保存一份。

4.2.8 《制冷系统气密性试验记录》填写范例

制冷系统气密性试验记录			资料编号		×××

工程名称	××大厦		试验时间	××年×月×日	
试验项目	制冷设备系统安装		试验部位	1号机房 1号冷冻机组制冷系统	

管道编号	气密性试验			
	试验介质	试验压力(MPa)	停压时间	试验结果
1	氮气	1.6	×日×时×分	压降不大于0.03MPa
2	氮气	1.6	×日×时×分	压降不大于0.03MPa
3	氮气	1.6	×日×时×分	压降不大于0.02MPa

管道编号	真空试验			
	设计真空度(kPa)	试验真空度(kPa)	试验时间	试验结果
1	760mmHg (101.3kPa)	720mmHg (96kPa)	24h	剩余压力<5.3kPa

管道编号	充注制冷剂检漏试验			
	充制冷剂压力 (MPa)	检漏仪器	补漏位置	试验结果
				厂家已做

试验结论:
以上由生产厂家现场试验,经检查试验记录,符合施工规范及厂家的技术文件规定,试验结果合格。

签字栏	施工单位	××机电工程有限公司	专业技术负责人	专业质检员	专业工长
			×××	×××	×××
	监理(建设)单位	××工程建设监理有限公司		专业工程师	×××

注:本表由施工单位填写,建设单位、施工单位、监理单位、城建档案馆各保存一份。

4.2.9 《净化空调系统测试记录》填写范例

净化空调系统测试记录		资料编号	×××
工程名称	××大厦	测试日期	××年×月×日
系统名称	净化空调系统	洁净室级别	3级和4级
仪器型号	光学粒子计数器 1L/min	仪器编号	×××

高效过滤器	型号	D类	数量	4台
	测试内容	首先测试高效过滤器风口处的出风量是否符合设计要求		
		然后用扫描法在过滤器下风侧用粒子计数器动力采样头		
		对高效过滤器表面、过框、封头胶处进行移动扫描,测出泄漏率是否超出设计参数		

室内洁净度		实测洁净等级	室内洁净面积(m²)
	测试内容	根据检测数据(静态下),悬浮粒子浓度达到3级洁净度	20
		根据检测数据(空态下),悬浮粒子浓度达到4级洁净度	40

测试结论:
以上检测记录及数据符合设计及规范要求,检测结果为合格。

签字栏	施工单位	××机电工程有限公司	专业技术负责人	专业质检员	专业工长
			×××	×××	×××
	监理(建设)单位	××工程建设监理有限公司	专业工程师	×××	

注:本表由施工单位填写,建设单位、施工单位、监理单位、城建档案馆各保存一份。

4.2.10 《防排烟系统联合试运行记录》填写范例

防排烟系统联合试运行记录		资料编号	×××
工程名称	××大厦	试运行时间	××年×月×日
试运行项目	排烟风口排风量	系统编号或位置	一区一层报告厅
风道类别	钢板 PY-1	风机类别型号	BFK-20

试验风口位置	风口尺寸(mm)	风速(m/s)	风量(m^3/h) 设计风量 $Q_{设}$	风量(m^3/h) 实际风量 $Q_{实}$	相对差 $\delta=(Q_{实}-Q_{设})/Q_{设}\times100\%$	风压(Pa)
1	800×400	6.09	7108	7016		
2	800×400	6.06	7108	6985		
3	800×400	5.87	7108	6768		
4	800×400	6.07	7108	7002		
5	800×400	5.96	7108	6874		
6	800×400	5.84	7108	6735		

系统设计风量(m^3/h)	42649	系统实际风量(m^3/h)	41380	相对差 δ	−3%

结论:
经运行,前端风口调节阀关小,末端风口调节阀开至最大,实测各风口风量值基本相同,相对偏差不超过5%,符合设计及规范要求,运转合格。

签字栏	施工单位	××机电工程有限公司	专业技术负责人	专业质检员	专业工长
			×××	×××	×××
	监理(建设)单位	××工程建设监理有限公司		专业工程师	×××

注:本表由施工单位填写,建设单位、施工单位、监理单位、城建档案馆各保存一份。

4.2.11 《设备单机试运转记录》填写范例

设备单机试运转记录		资料编号	×××
工程名称	××大厦	试运转时间	××年×月×日×时～×时
设备名称	变频给水泵	设备编号	M2-43(A版)
规格型号	BA1-100×4	额定数据	$Q=54\text{m}^3/\text{h}; H=70.4; N=18.5\text{kW}$
生产厂家	××设备公司	设备所在系统	给水系统

试验要求：
设备外观检查后通电试运转,检查运行状况、减震器连接状况、减震效果、传动装置、压力表、电气设备、轴承温升等状况,符合设计要求,规范规定及设备技术文件规定,运转合格。

序号	试验项目	试验记录	试验结论
1	减震器连接状况	连接牢固、平稳,接触紧密,并符合减震要求	符合设计要求、施工规范规定及设备技术文件规定
2	减震效果	基础减震运行平稳,无异常震动与声响	符合设计要求、施工规范规定及设备技术文件规定
3	传动装置	水泵安装后其纵向水平度偏差、垂直度偏差以及联轴器两轴芯的偏差满足设计及规范要求。盘车灵活,无异常现象,润滑情况良好,运行时各固定连接部位无松动	符合设计要求、施工规范规定及设备技术文件规定
4	压力表	灵敏、准确、可靠	符合设计要求、施工规范规定及设备技术文件规定
5	电气设备	电机绕组对地绝缘电阻合格,电动机转向与泵的转向相符,电机运行电流、电压正常	符合设计要求、施工规范规定及设备技术文件规定
6	轴承温升	试运转时的环境温度25℃,连续运转2h后,水泵轴承外壳最高温度67℃	符合设计要求、施工规范规定及设备技术文件规定

试运转结论：
经试运转,给水泵的单机试运行符合设计要求、施工规范规定及设备技术文件规定,合格

签字栏	施工单位	××机电工程有限公司	专业技术负责人	专业质检员	专业工长
			×××	×××	×××
	监理(建设)单位	××工程建设监理有限公司	专业工程师		×××

注：本表由施工单位填写,建设单位、施工单位、监理单位、城建档案馆各保存一份。

4.2.12 《空调系统试运转调试记录》填写范例

空调系统试运转调试记录		资料编号	×××
工程名称	××工程	试运转调试日期	××年×月×日
系统名称	K-8送风系统	系统所在位置	首层多功能厅
实测总风量 (m³/h)	1390	设计总风量 (m³/h)	1300
风机全压(Pa)	(机组)余压500	实测风机全压 (Pa)	495

试运转调试内容:
　　开风机之前将该系统(所测系统)调节阀、风口全部置于全开位置,三通调节阀处于中间位置,开启风机进行系统风量测定、调整,系统总风量调试结果与设计风量的相对偏差不大于10%。
　　用微压计与毕托管从系统的最远、最不利环路开始,逐步调向风机。

试运转调试结论:
　　测试记录结果符合设计和《通风与空调工程施工质量验收规范》GB 50243—2016 要求,合格。

签字栏	建设(监理)单位	施工单位	××机电工程有限公司	
		专业技术负责人	专业质检员	专业工长
	×××	×××	×××	×××

注:本表由施工单位填写,建设单位、施工单位、监理单位、城建档案馆各保存一份。

Chapter ▶▶ 05

施工记录

5.1 建筑给水排水及采暖工程施工记录

5.1.1 《隐蔽工程验收记录》填写范例

隐蔽工程验收记录		资料编号	×××
工程名称	××工程		
隐检项目	给水出外墙防水套管安装	隐检日期	××年×月×日
隐检部位	地下一层 ①～③/⑤～⑥ 轴线 −1.85m 标高		

隐检依据:施工图图号(_____水施××_____),设计变更/洽商
(编号_____/_____)及国家现行有关标准等。

主要材料名称及规格/型号:_____刚性防水套管 DN80_____

隐检内容:

1. 防水套管的材质为焊接钢管,防水翼环壁厚为 5mm,翼环高度为 50mm。

2. 防水套管安装在地下一层(①～③/⑤～⑥)外墙上,标高为−1.85m。

3. 套管固定采用附加筋的形式,安装牢固。翼环焊缝均匀,表面无裂纹。

4. 套管断面及管内壁涂刷樟丹油,防腐良好。

隐检内容已做完,请予以检查。

申报人:×××

检查意见:

经检查,防水套管的制作、安装位置、固定方式等均符合设计要求和《建筑给水排水及采暖工程施工质量验收规范》GB 50242—2002 的规定。

检查结论: ☑同意隐蔽 □不同意,修改后进行复查

复查结论:

复查人: 复查日期:

签字栏	施工单位	××机电工程有限公司	专业技术负责人	专业质检员	专业工长
			×××	×××	×××
	监理(建设)单位	××工程建设监理有限公司	专业工程师	×××	

注:本表由施工单位填写,建设单位、施工单位、监理单位、城建档案馆各保存一份。

隐蔽工程验收记录		资料编号	×××
工程名称		××工程	
隐检项目	低区冷水导管安装	隐检日期	××年×月×日
隐检部位	地下一层 ⑪～⑰/ⓖ～ⓜ 轴线		−1.90m 标高

隐检依据:施工图图号(_____水施 1、水施 3_____),设计变更/洽商
(编号_____/_____)及国家现行有关标准等。
主要材料名称及规格/型号:_____给水涂塑复合钢管 DN50、DN40、DN25_____

隐检内容:

1. 本层低区冷水导管采用给水涂塑复合钢管,管径为 DN50～DN25,采用丝扣连接,管件使用正确,丝扣合格,接口严密。

2. 导管安装在地下一层⑪～⑰轴交ⓖ～ⓜ轴顶板下,标高为−0.80m,进户管道标高为−1.90m,坡度为 2‰。

3. 管道位置合理,管理使用 ϕ10 圆钢吊架固定,吊带间距不大于 0.7m。

4. 管道及支、吊架防腐没有遗漏,无脱皮、起泡现象。

5. 阀门安装位置、方向正确。

6. 强度试验结果合格。

隐检内容已做完,请予以检查。

申报人:×××

检查意见:

经检查,管道安装使用的材质、连接方式、安装位置、坡度、固定方式、阀门安装、管道及支吊架防腐以及单项水压试验结果等符合技术要求和《建筑给水排水及采暖工程施工质量验收规范》GB 50242—2002 的规定。

检查结论: ☑同意隐蔽 ☐不同意,修改后进行复查

复查结论:

复查人: 复查日期:

签字栏	施工单位	××机电工程有限公司	专业技术负责人	专业质检员	专业工长
			×××	×××	×××
	监理(建设)单位	××工程建设监理有限公司		专业工程师	×××

注:本表由施工单位填写,建设单位、施工单位、监理单位、城建档案馆各保存一份。

隐蔽工程验收记录		资料编号	×××

工程名称	××办公楼工程		
隐检项目	消火栓系统管道安装	隐检日期	××年×月×日
隐检部位	地下一～三层　　①～⑬/Ⓐ～Ⓖ轴线　　－4.800～9.400m 标高		

隐检依据:施工图图号(　　　水施－15～水施－18　　　),设计变更/洽商(编号　　／　　)及国家现行有关标准等。

主要材料名称及规格/型号:　　　热镀锌焊接钢管　DN100～DN65　　　

隐检内容:

  1. 管材及管件产品合格证、质量证明书、检测报告齐全、有效,合格;其品种、规格符合设计要求。

  2. 管材及管件安装的位置、标高、坡度符合设计要求。消防管道 DN≥100 采用沟槽连接,DN＜100 采有丝扣连接,外露丝扣做防锈处理。

  3. 管道变径位置、管道支架规格、位置及固定形式符合设计及规范要求。

  4. 管道水压试压结果符合设计及规范要求。

影像资料的部位、数量:

  隐检内容已做完,请予以检查。

申报人:×××

检查意见:

经检查,符合设计要求及《建筑给水排水及采暖工程施工质量验收规范》GB 50242—2002 的规定。

检查结论:　　☑同意隐蔽　　☐不同意,修改后进行复查

复查结论:

复查人:　　　　　　　　　复查日期:

签字栏	施工单位	××消防工程有限公司(专业分包) ××建设集团有限公司(总包)	专业技术负责人	专业质检员	专业工长
			×××(专业分包) ×××(总包)	×××(专业分包) ×××(总包)	×××(专业分包) ×××(总包)
	监理(建设)单位	××工程建设监理有限公司	专业工程师	×××	

注:本表由施工单位填写,建设单位、施工单位、监理单位、城建档案馆各保存一份。

隐蔽工程验收记录		资料编号	××××
工程名称		××工程	
隐检项目	污水托吊立管、支管	隐检日期	××年×月×日
隐检部位	一～三层　　①～⑳/Ⓐ～Ⓗ 轴线　　0.300～8.700mm 标高		

隐检依据:施工图图号(　　　　　设施 4、设施 6　　　　　),设计变更/洽商(编号　　　／　　　)及国家现行有关标准等。

主要材料名称及规格/型号:　　　　排水铸铁管　DN100～DN50　　　　

隐检内容:
　　检查污水托吊立管、支管安装:各器具排水口尺寸、安装位置正确,立管采用法兰承口柔性连接,法兰螺栓为镀锌螺栓,支管采用普通铸铁管,捻口连接,水泥捻口饱满;立管与横支管连接采用 TY 三通,立管垂直度不大于 2mm/m,支管坡度不小于 25‰;地漏水封不小于 50mm,立管根部设置地坪卡子;管道及支吊架进行防腐处理,有闭水试验记录。
　　隐检内容已做完,请予以检查。

申报人:×××

检查意见:
　　经检查,污水立管、支管安装使用的材质、连接方式、安装位置、坡度、固定方式、管道及支吊架防腐以及闭水试验结果等符合技术要求和《建筑给水排水及采暖工程施工质量验收规范》GB 50242—2002 的规定。地漏水封均大于 50mm,标高正确。

检查结论:　☑同意隐蔽　　☐不同意,修改后进行复查

复查结论:

复查人:　　　　　　　　复查日期:

签字栏	施工单位	××机电工程有限公司	专业技术负责人	专业质检员	专业工长
			×××	×××	×××
	监理(建设)单位	××工程建设监理有限公司	专业工程师		×××

注:本表由施工单位填写,建设单位、施工单位、监理单位、城建档案馆各保存一份。

隐蔽工程验收记录		资料编号	×××
工程名称		××工程	
隐检项目	卫生间排水导管、支管安装	隐检日期	××年×月×日
隐检部位	地下一层　　①～⑫/Ⓐ～Ⓖ轴线　　－1.80m 标高		

隐检依据:施工图图号(_____设施9_____),设计变更/洽商(编号_____/_____)及国家现
　　　　行有关标准等。

主要材料名称及规格/型号:_____灰口铸铁机制管　DN100、DN50_____

隐检内容:
　1. 管道为灰口铸铁机制管,管径为 DN100、DN50,水泥捻口连接。
　2. 地下埋设安装,标高为－1.80m,坡度为 15‰。
　3. 管道外刷防锈漆一遍,沥青防腐两道。
　4. 管道使用砖砌墩水泥固定,间距为 1.2m。
　5. 卫生间地漏标高低于实际地面 5mm。
　6. 灌水试验结果合格。

申报人:×××

检查意见:
　经检查,排水导管、支管安装符合技术要求及《建筑给水排水及采暖工程施工质量验收规范》GB 50242—2002 的
规定。

检查结论:　　☑同意隐检　　　□不同意,修改后进行复查

复查结论:

复查人:　　　　　　　　复查日期:

签字栏	施工单位	××机电工程有限公司	专业技术负责人	专业质检员	专业工长
			×××	×××	×××
	监理(建设)单位	××工程建设监理有限公司	专业工程师	×××	

　注:本表由施工单位填写,建设单位、施工单位、监理单位、城建档案馆各保存一份。

隐蔽工程验收记录		资料编号	×××

工程名称	××工程		
隐检项目	室内排水系统(雨水干管)	隐检日期	××年×月×日
隐检部位	地下一层　⑯~㉔/Ⓑ~Ⓕ轴线　　　　-3.540~0.640m 标高		

隐检依据:施工图图号(_____水施8_____),设计变更/洽商(编号____/____)及国家现行有关标准等。
主要材料名称及规格/型号:_____铸铁管　DN150_____

隐检内容:
1. 管材的规格、质量、安装位置准确,管道的固定牢固。
2. 管道及管道支座下的土质情况。
3. 检查雨水管道的坡度、接口结构和所用填料符合设计和规范要求。
4. 管道支(吊、托)架及管座(墩)构造正确,埋设平正牢固,排列整齐,支架与管道接触紧密。
5. 管道漆膜厚度均匀,色泽一致,无流淌及污染现象。

申报人:×××

检查意见:
经检查,上述项目均符合技术要求及《建筑给水排水及采暖工程施工质量验收规范》GB 50242—2002 的规定。

检查结论:　☑同意隐蔽　　□不同意,修改后进行复查

复查结论:

复查人:　　　　　　　　　　　复查日期:

签字栏	施工单位	××机电工程有限公司	专业技术负责人	专业质检员	专业工长
			×××	×××	×××
	监理(建设)单位	××工程建设监理有限公司	专业工程师	×××	

注: 本表由施工单位填写,建设单位、施工单位、监理单位、城建档案馆各保存一份。

隐蔽工程验收记录		资料编号	×××
工程名称		××工程	
隐检项目	卫生间热水支管安装	隐检日期	××年×月×日
隐检部位	三层 ①~⑥/ⓒ~①轴线 -0.2m标高		

隐检依据:施工图图号(　　　水施5、水施8　　　),设计变更/洽商(编号　/　)及
国家现行有关标准等。

主要材料名称及规格/型号:　　　PP-R管 D_e25、D_e20　　　

隐检内容:
1. 支管采用 PP-R 管,管径为 D_e25、D_e20,标高为 -0.2m,热熔连接。
2. 管道使用专用管卡固定,管卡间距为 600mm。
3. 各器具甩口尺寸、安装位置符合设计要求。
4. 强度严密性试验结果合格。

申报人:×××

检查意见:
经检查,热水支管管材、规格及安装技术要求均符合设计要求及《建筑给水排水及采暖工程施工质量验收规范》GB 50242—2002 的规定。

检查结论: ☑同意隐蔽 　□不同意,修改后进行复查

复查结论:

复查人: 　　　　　复查日期:

签字栏	施工单位	××机电工程有限公司	专业技术负责人	专业质检员	专业工长
			×××	×××	×××
	监理(建设)单位	××工程建设监理有限公司	专业工程师	×××	

注:本表由施工单位填写,建设单位、施工单位、监理单位、城建档案馆各保存一份。

隐蔽工程验收记录		资料编号	××
工程名称	××工程		
隐检项目	室内热水供应系统刚性套管安装	隐检日期	××年×月×日
隐检部位	四层　顶板　①～⑨/Ｅ～Ｈ轴线　　12.900m 标高		

隐检依据:施工图图号(_____水施7_____),设计变更/洽商(编号____/____)及国家现行有关标准等。

主要材料名称及规格/型号:_____钢套管_____

隐检内容:

1. 根据楼板厚度及管径尺寸确定套管规格、长度,下料后套管端面及套管内刷防锈漆两道。

2. 该部位刚性套管有 30 处,其中直径为 D_e50 的 15 处,直径为 D_e40 的 15 处,套管安装位置准确,符合施工图纸要求。

3. 套管与管道之间的环形缝用 C15 细石混凝土分两次嵌缝,第一次嵌缝至板厚的 2/3 高度,待达到 50% 强度后进行第二次嵌缝至板面平,并用 M10 水泥砂浆抹高、宽不小于 25mm 的三角灰。

申报人:×××

检查意见:

经检查,符合设计要求及《建筑给水排水及采暖工程施工质量验收规范》GB 50242—2002 的规定。

检查结论:　　☑同意隐蔽　　☐不同意,修改后进行复查

复查结论:

复查人:　　　　　　　复查日期:

签字栏	施工单位	××机电工程有限公司	专业技术负责人	专业质检员	专业工长
			×××	×××	×××
	监理(建设)单位	××工程建设监理有限公司	专业工程师	×××	

注:本表由施工单位填写,建设单位、施工单位、监理单位、城建档案馆各保存一份。

隐蔽工程验收记录		资料编号	×××
工程名称		××工程	
隐检项目	采暖导管安装	隐检日期	××年×月×日
隐检部位	地下一层　①～㉑/Ⓐ～Ⓖ轴线　　－3.420m 标高		

隐检依据:施工图图号(_____暖施1、暖施3_____),设计变更/洽商(编号_____/_____)及国家现行有关标准等。

主要材料名称及规格/型号:_____焊接钢管　DN125～DN40,截止阀　DN125～DN80_____

隐检内容:

　　地下采暖导管采用焊接钢管,安装位置正确,焊接、焊缝饱满、圆滑,无夹渣、气孔,无错口;导管坡度为3‰;导管与导管连接采用"羊角"连接,变径采用上平偏心变径;穿墙时设置的套管大管道两号,管道在套管的中心位置,填料、密封严格;固定支架以及活动支吊架制作按91SB施工图集,固定支架安装位置按图示,其他支吊架间距按规范要求,安装位置距焊口或分支路大于50mm以上;管道及支吊架防腐没有遗漏,无脱皮、起泡现象;阀门安装位置、方向正确;采暖导管单项水压试验符合要求。

　　隐检内容已做完,请予以检查。

　　　　　　　　　　　　　　　　　　　　　　　　　　　　　　　申报人:×××

检查意见:

　　经检查,采暖导管安装使用的材质、连接方式、安装位置、坡度、固定方式、阀门安装、管道及支吊架防腐以及单项水压试验结果等符合设计要求和《建筑给水排水及采暖工程施工质量验收规范》GB 50242—2002 的规定。

检查结论:　　☑同意隐蔽　　☐不同意,修改后进行复查

复查结论:

复查人:　　　　　　　　　　复查日期:

签字栏	施工单位	××机电工程有限公司	专业技术负责人	专业质检员	专业工长
			×××	×××	×××
	监理(建设)单位	××工程建设监理有限公司	专业工程师		×××

注:本表由施工单位填写,建设单位、施工单位、监理单位、城建档案馆各保存一份。

隐蔽工程验收记录		资料编号	×××

工程名称	××工程		
隐检项目	采暖支管安装	隐检日期	××年×月×日
隐检部位	二层　①～⑩/ⓒ～①轴线　4.500m 标高		

隐检依据:施工图图号(_____暖施××_____),设计变更/洽商(编号____/____)及国家
现行有关标准等。

主要材料名称及规格/型号:_____PB管　D_e25、D_e20_____

隐检内容:
1. 本层采暖支管采用 PB 管,管径为 D_e25、D_e20,热熔连接。
2. 敷设于垫层中,标高为 4.500m。
3. 管道使用专用管卡固定,间距为 600mm。
4. 散热器甩口尺寸、位置符合设计要求。
5. 检查管道的弯曲倍数不小于 $8D_e$。
6. 单项水压试验结果合格。

申报人:×××

检查意见:
经检查,采暖支管的管材、规格、敷设位置、固定卡、单项水压试验等均符合设计要求及《建筑给水排水及采暖工程施工质量验收规范》GB 50242—2002 的规定。

检查结论:　☑同意隐蔽　　□不同意,修改后进行复查

复查结论:

复查人:　　　　　　　　复查日期:

签字栏	施工单位	××机电工程有限公司	专业技术负责人	专业质检员	专业工长
			×××	×××	×××
	监理(建设)单位	××工程建设监理有限公司	专业工程师	×××	

注:本表由施工单位填写,建设单位、施工单位、监理单位、城建档案馆各保存一份。

隐蔽工程验收记录

工程名称	××工程		
隐检项目	埋地采暖管道	隐检日期	××年×月×日
隐检部位	一～三层　①～⑳/Ⓐ～Ⓖ轴线	0.300～8.700m 标高	

资料编号	×××

隐检依据:施工图图号(＿＿＿＿＿暖施2、暖施3＿＿＿＿＿),设计变更/洽商(编号＿＿＿＿/＿＿＿＿)及国家现行有关标准等。

主要材料名称及规格/型号:＿＿＿＿铝塑复合管　D_e20＿＿＿＿

隐检内容:

　　埋地敷设采暖管道采用 D_e20 铝塑复合管,敷设在预留沟槽内,无接头,整根管道敷设,管道弯曲半径大于100mm,采用半圆形金属卡子固定,中间加胶皮,间距不大于300mm,水压试验合格。

　　隐检内容已做完,请予以检查。

　　　　　　　　　　　　　　　　　　　　　　　　　　　　　　　　申报人:×××

检查意见:

　　经检查,埋地敷设的铝塑复合管材质、规格、弯曲半径倍数、固定方式、安装位置以及水压试验结果符合设计要求和《建筑给水排水及采暖工程施工质量验收规范》GB 50242—2002 的规定。

检查结论:　☑同意隐蔽　　□不同意,修改后进行复查

复查结论:

复查人:　　　　　　　　　　复查日期:

签字栏	施工单位	××机电工程有限公司	专业技术负责人	专业质检员	专业工长
			×××	×××	×××
	监理(建设)单位	××工程建设监理有限公司	专业工程师	×××	

　　注:本表由施工单位填写,建设单位、施工单位、监理单位、城建档案馆各保存一份。

隐蔽工程验收记录		资料编号	×××
工程名称		××工程	
隐检项目	采暖管道保温	隐检日期	××年×月×日
隐检部位	地下一层 ①～⑳/Ⓐ～Ⓖ轴线	－3.460m 标高	

隐检依据:施工图图号(_____暖施6、暖施8_____),设计变更/洽商(编号____/____)及
 国家现行有关标准等。
主要材料名称及规格/型号:_____聚乙烯发泡管壳 D125～D50,玻璃丝布,防火涂料_____

隐检内容:
  采暖导管采用40mm厚聚乙烯发泡管壳进行保温,保温管厚度偏差在－2～+4mm范围内;保温管缝错开安装,接缝严密,绑扎牢固,阀门单独保温;保温管外缠两道玻璃丝布,压接密实,表面平整,无凹陷,防火涂料涂刷均匀,无遗漏。
  隐检内容已做完,请予以检查。

                                                        申报人:×××

检查意见:
  采暖管道保温的材质、规格以及做法、防火涂料的涂刷等符合设计要求和《建筑给水排水及采暖工程施工质量验收规范》GB 50242—2002 的规定。

检查结论: ☑ 同意隐蔽 ☐ 不同意,修改后进行复查

复查结论:

复查人: 复查日期:

签字栏	施工单位	××机电工程有限公司	专业技术负责人	专业质检员	专业工长
			×××	×××	×××
	监理(建设)单位	××工程建设监理有限公司	专业工程师	×××	

注: 本表由施工单位填写,建设单位、施工单位、监理单位、城建档案馆各保存一份。

5.1.2 《施工检查记录》填写范例

施工检查记录(通用)		资料编号	×××
工程名称	××大厦	检查项目	结构预留
检查部位	二层顶板	检查日期	××年×月×日

依据:施工图纸(施工图图号　水5、水7　)、设计变更/洽商(编号　/　)和有关规范、规程。
主要材料或设备:　　　　　　　UPVC管、钢板、圆钢　　　　　　
规格/型号:　　　　　　　　DN110,$\delta=5$mm,$\phi6$　　　　　　

检查内容:
 1. 二层顶板共预留DN110的UPVC套管孔洞15个,供给水、排水、采暖系统的立管使用;共预留钢埋件25个,供管道吊架生根使用。
 2. 所有预留孔洞和埋件的尺寸、坐标均符合设计要求和施工规范规定。

检查结论:
 符合设计和施工规范要求,合格。

复查意见:

复查人:　　　　　　　　　　复查日期:

签字栏	施工单位	××建设集团有限公司	
	专业技术负责人	专业质检员	专业工长
	×××	×××	×××

注:本表由施工单位填写并保存。

5.1.3 《交接检查记录》填写范例

交接检查记录		资料编号	×××
工程名称		××大厦	
移交单位名称	××机电工程有限公司	接收单位名称	××装饰装修工程有限公司
交接部位	地下一层水泵基础	检查日期	××年×月×日

交接内容：

　　检查××(移交单位)施工的水泵房内水泵基础的坐标、标高、几何尺寸、预留螺栓孔的尺寸情况、基础混凝土强度等项目。

检查结果：

　　经双方检查,水泵基础坐标、标高均符合设计和施工质量验收规范的要求；基础长1500mm、宽700mm、高350mm,符合产品说明书的要求；预留螺栓孔的深度、大小符合产品要求；基础混凝土强度已达到设计要求。

　　双方同意移交。由××(接收单位)接收并进行成品保护,可以进行水泵安装施工。

复查意见：

复查人：　　　　　　　　　　　　　复查日期：

签字栏	移交单位	接收单位
	×××	×××

　　注：本表由施工单位填写并保存。

5.2 通风与空调工程施工记录

5.2.1 《隐蔽工程验收记录》填写范例

隐蔽工程验收记录		资料编号	×××
工程名称	××工程		
隐检项目	风管保温前检查	隐检日期	××年×月×日
隐检部位	一层　　①～⑫/Ⓐ～Ⓗ轴线		

隐检依据:施工图图号(_____设施××_____),设计变更/洽商(编号___/___)及国家现行有关标准等。

主要材料名称及规格/型号:_____镀锌钢板　厚度0.5～1.2mm;角钢　L25×3、L30×4、L40×4_____

隐检内容:

　　金属风管的材料品种、规格、性能与厚度等符合设计规定。风管制作符合规范要求。风管法兰材料规格符合设计及规范要求,型材等型、均匀、无裂纹及严重锈蚀等情况。风管加固方法及加固材料符合设计及规范要求。风管安装的位置、标高、走向符合设计要求。风管接口的连接严密、牢固,连接法兰的螺栓均匀拧紧,其螺母在同一侧。风管法兰的垫片材质符合系统功能要求。无法兰连接风管的连接处完整无缺损,表面平整,无明显扭曲。风管的连接平直,不扭曲。风管路上的阀门种类正确,安装位置及方向符合图纸要求。风阀安装在便于操作及检修的部位,安装后的手动或电动操作装置灵活、可靠。柔性管松紧适度,长度符合设计要求和施工规范的规定,无开裂、扭曲现象。风管表面平整,外观无明显划痕,无镀锌层脱落并无裂纹、锈蚀等质量缺陷。风管已进行严密性试验。

申报人:×××

检查意见:

　　上述项目均符合设计要求和《通风与空调工程施工质量验收规范》GB 50243—2016的规定。同意隐蔽。

检查结论:　　☑同意隐蔽　　　□不同意,修改后进行复查

复查结论:

复查人:　　　　　　　　　　复查日期:

签字栏	施工单位	××机电安装 工程有限公司	专业技术负责人	专业质检员	专业工长
			×××	×××	×××
	监理(建设)单位	××建设监理有限公司	专业工程师	×××	

注:本表由施工单位填写,建设单位、施工单位、监理单位、城建档案馆各保存一份。

隐蔽工程验收记录		资料编号	×××
工程名称		××工程	
隐检项目	风管保温吊顶前检查	隐检日期	××年×月×日
隐检部位	一层 ①~⑫/Ⓐ~Ⓗ轴线		

隐检依据:施工图图号(设施××   ),设计变更/洽商(编号_____/_____)
及国家现行有关标准等。

主要材料名称及规格/型号:_____镀锌钢板　厚度 30mm;角钢　L30×4、L40×4;圆钢　$\phi8$、$\phi10$_____

隐检内容:

　　风管保温材料材质、密度、规格与厚度符合设计要求。保温层密实,无裂缝、空隙等缺陷,表面平整。保温钉与风管、部件表面的连接牢固,无脱落。矩形风管保温钉的分布均匀,其数量底面每 $1m^2$ 不少于 16 个,侧面不少于 10 个,顶面不少于 8 个;首行保温钉至保温材料边沿的距离小于 120mm。风管法兰部位保温层厚度不低于风管保温层的 0.8 倍。保温板拼缝处铝箔隔气层用粘胶带封严,粘胶带的宽度不小于 50mm。粘胶带牢固地粘贴在防潮面层上,无胀裂和脱落。玻璃纤维布保护层搭接的宽度均匀,为 30~50mm,且松紧适度。风管系统部件的保温不影响其操作功能。

　　风管支吊架形式、规格符合图集与规范要求,所用型材等型、均匀,无裂纹等情况。风管水平安装:直径或长边尺寸≤400mm,支吊架间距≤4m;长边尺寸>400mm,支吊架间距≤3m。风管垂直安装;支吊架间距≤4m,单根直管至少有 2 个固定点。支吊架未设在风口、阀门、检查门及自控机构处。水平风管长度超过 20m 时,设置防止摆动的固定点,每个系统不少于 1 个。吊杆平直,螺纹完整、光洁。安装后各支吊架的受力均匀,无明显变形。抱箍支架折角平直,抱箍紧贴并箍紧风管。油漆的漆膜均匀,无堆积、皱褶、气泡、掺杂、混色与漏涂等缺陷。

申报人:×××

检查意见:

　　上述项目均符合设计要求和《通风与空调工程施工质量验收规范》GB 50243—2016 的规定。同意隐蔽。

检查结论:　　☑同意隐蔽　　☐不同意,修改后进行复查

复查结论:

复查人:　　　　　　　　复查日期:

签字栏	施工单位	××机电安装工程有限公司	专业技术负责人	专业质检员	专业工长
			×××	×××	×××
	监理(建设)单位	××建设监理有限公司	专业工程师	×××	

注:本表由施工单位填写,建设单位、施工单位、监理单位、城建档案馆各保存一份。

隐蔽工程验收记录		资料编号	×××

工程名称		××大厦	
隐检项目	排风系统风管安装	隐检日期	××年×月×日
隐检部位	二层1号、2号、3号、4号卫生间吊顶内 ①～⑬/Ⓐ～Ⓖ轴线 5.800～6.120m标高		

隐检依据:施工图图号(设施-03   ),设计变更/洽商(编号_____/_____)
及国家现行有关标准等。

主要材料名称及规格/型号:_____镀锌钢板(δ＝0.6mm、δ＝0.75mm)400×320、400×250、200×200(mm)

隐检内容:

1. 二层1号、2号、3号、4号卫生间吊顶内排风风管底相对建筑楼面的相对标高为××m。

2. 吊标采用φ8mm镀锌通丝杆,吊架间距不大于30m。

3. 每个系统风管共设1个固定支架,采用30mm×3mm的角钢。

4. 风管的横担采用30mm×3mm的角钢。

5. 风管采用无法兰连接形式,在风管连接时采用钢板抱卡连接,抱卡安装为一正一反,间距不大于150mm,法兰四角处螺栓方向一致,出螺母长度2～3扣。风管密封垫采用××胶条,厚度不小于3mm。

6. 风阀采用单独的支吊架,吊杆采用φ8mm镀锌通丝杆,采用M8的镀锌螺母、M8的镀锌螺栓固定;安装方向正确,安装后的手动操作装置灵活、可靠,阀板关闭严密;风阀安装距墙表面距离不大于200mm。

7. 风管系统已按照设计要求及施工规范规定完成风管漏光检测,其结果符合设计要求和施工规范规定。

申报人:×××

检查意见:
经检查,符合设计要求及《通风与空调工程施工质量验收规范》GB 50243—2016的规定。

检查结论: ☑同意隐蔽 　☐不同意,修改后进行复查

复查结论:

复查人:　　　　　　　　　　复查日期:

签字栏	施工单位	××机电安装工程有限公司	专业技术负责人	专业质检员	专业工长
			×××	×××	×××
	监理(建设)单位	××建设监理有限公司	专业工程师	×××	

注:本表由施工单位填写,建设单位、施工单位、监理单位、城建档案馆各保存一份。

隐蔽工程验收记录		资料编号	×××
工程名称		××大厦	
隐检项目	排烟系统风管安装	隐检日期	××年×月×日
隐检部位	地下一层～屋面层　走道吊顶及排风井道　①～⑬/Ⓐ～Ⓗ轴线　××标高		

隐检依据:施工图图号(_____设施-01、设施-13_____),设计变更/洽商(编号_____/_____)
及国家现行有关标准等。

主要材料名称及规格/型号:_____镀锌钢板(δ=0.6mm、δ=1.0mm、δ=1.5mm)1200×1200、1800×、1800、500×
500、200×400(mm)_____

隐检内容:

1. 地下一层～屋面层××走道排烟系统风管主立管位于结构竖井内,排烟支管位于楼层走道吊顶内。

2. 竖井风管立管全部采用三角斜撑架,支架紧贴风管法兰,并用钢筋抱箍固定风管。支架靠墙部分采用膨胀螺栓固定,此段角钢长度为600mm,螺栓数量为2个,间距为300mm。支架紧贴法兰或紧贴风管部分采用钢筋抱箍,此段角钢长度为根据风管大小而定,钢筋孔间距根据风管大小而定。

3. 水平风管吊杆采用φ8mm、φ10mm镀锌通丝杆,吊架间距不大于3m。水平风管设固定支架,采用40mm×4mm的角钢。风管大边长小于等于1250mm的横担采用30mm×3mm的角钢,风管大边长大于1250mm的横担采用40mm×4mm的角钢。

4. 风管大边长小于或等于1000mm的风管采用无法兰连接形式,在风管连接时采用钢板抱卡连接,抱卡安装为一正一反,间距不大于150mm;风管大边长大于或等于1000mm的风管采用法兰连接形式,风管连接件采用M8、M10的镀锌螺母,M8、M10的镀锌螺栓固定,间距不大于150mm,螺栓方向一致,出螺母长度2～3扣。风管密封垫采用石棉橡胶板,厚度2mm。

5. 风阀采用单独的支吊架,吊杆采用φ8mm、φ10mm镀锌通丝杆,采用M8、M10的镀锌螺母、M8、M10的镀锌螺栓固定;安装方向正确,安装后的手动或电动操作装置灵活、可靠,阀板关闭严密;风阀安装距墙表面距离不大于200mm。

6. 风管系统已按照设计要求及施工规范规定完成见管漏风检测。

申报人:×××

检查意见:

经检查,符合设计要求及《通风与空调工程施工质量验收规范》GB 50243—2016规定,合格。

检查结论:　☑同意隐蔽　　□不同意,修改后进行复查

复查结论:

复查人:　　　　　　　复查日期:

签字栏	施工单位	××机电安装工程有限公司	专业技术负责人	专业质检员	专业工长
			×××	×××	×××
	监理(建设)单位	××建设监理有限公司		专业工程师	×××

注:本表由施工单位填写,建设单位、施工单位、监理单位、城建档案馆各保存一份。

隐蔽工程验收记录		资料编号	×××

工程名称	××工程		
隐检项目	空调水导管安装	隐检日期	××年×月×日
隐检部位	一层　①~⑫/Ⓐ~Ⓖ轴线　2.80m 标高		

隐检依据:施工图图号(_____设施××_____),设计变更/洽商(编号_____/_____)及国家现行有关标准等。

主要材料名称及规格/型号:_____镀锌钢管　DN40~DN20_____

隐检内容:

1. 空调水导管采用镀锌钢管,规格 DN40~DN20,均为丝扣连接,明露丝接部分刷防锈漆。
2. 管道起始点标高为 2.55m,末端标高 2.65m。管道坡度 5‰,应均匀,无倒坡、平坡。各管道甩口正确。
3. 管道支架采用角钢 L30×3,吊架吊杆为 φ10,采用 φ8 膨胀螺栓固定在楼板下,支吊架间距为 4m,防腐良好。
4. 管道穿墙体设置钢制套管大两号,并与墙体饰面齐平,套管内使用不燃绝热材料填塞紧密。
5. 阀门安装位置、高度、进出口方向符合要求,连接牢固紧密。
6. 水压试验结果合格。
7. 支吊架防腐良好。

申报人:×××

检查意见:

经检查,符合设计要求和《通风与空调工程施工质量验收规范》GB 50243—2016 的规定。

检查结论:　　✓ 同意隐蔽　　☐ 不同意,修改后进行复查

复查意见:

复查人:　　　　　　　复查日期:

签字栏	施工单位	××机电安装工程有限公司	专业技术负责人	专业质检员	专业工长
			×××	×××	×××
	监理(建设)单位	××建设监理有限公司	专业工程师	×××	

注:本表由施工单位填写,建设单位、施工单位、监理单位、城建档案馆各保存一份。

隐蔽工程验收记录		资料编号	××××
工程名称	××办公楼工程		
隐检项目	冷凝水系统管道安装	隐检日期	××年×月×日
隐检部位	三层　吊顶内　①～⑬/Ⓐ～Ⓖ轴线　7.800～9.020m 标高		

隐检依据:施工图图号(_____设施-05_____),设计变更/洽商(编号_____/_____)及
　　　　国家现行有关标准等。
主要材料名称及规格/型号:_____热镀锌钢管　DN50、DN40、DN32、DN25、DN20_____

隐检内容:
　　1. 三层冷凝水管采用热镀锌钢管,坐标为①～⑬/Ⓐ～Ⓖ轴,标高为 7.800～9.020m,管道定位准确,丝扣连接,坡度为 0.5%,符合设计及规范要求。
　　2. 支架安装:
　　(1)管道支吊架距接口距离大于等于 50mm,悬吊式管道长度超过 15m 时,加防摆动固定支架,保温管托架间距 4m,采用橡胶垫作为保温管托;
　　(2)水平管横担架采用 10 号槽钢做吊耳,吊耳使用 10 号膨胀螺栓固定于顶板或梁侧下,采用 φ10 圆钢做吊杆,8 号扁钢做抱箍;
　　(3)水平管固定支架采用 5 号角钢做门形架,使用 10 号膨胀螺栓固定于梁侧,支架朝向一致,符合设计及规范要求。
　　3. 管道安装横平竖直,各种管径水平管固定点间距小于规范要求的最大间距,符合设计及规范要求。
　　4. 管道支吊架刷防锈漆两道,随着良好,色泽一致,无脱皮、起泡、流淌和漏涂现象,符合设计及规范要求。
　　5. 管道穿越墙及楼板设大两号套管,套管之间塞油麻,套管两端填充水泥,油麻填堵均匀密实,水泥填堵均匀密实且与套管两端平齐,符合设计及规范要求。
　　6. 管道已按照设计要求及施工规范规定完成管道的灌水试验,试验结果合格。
影像资料的部位、数量:

申报人:×××

检查意见:
　　经检查,符合设计要求和《通风与空调工程施工质量验收规范》GB 50243—2016 的规定。

检查结论:　☑同意隐蔽　　□不同意,修改后进行复查

复查结论:

复查人:　　　　　　　　复查日期:

签字栏	施工单位	××机电安装工程有限公司	专业技术负责人	专业质检员	专业工长
			×××	×××	×××
	监理(建设)单位	××工程建设监理有限公司	专业工程师		×××

　　注:本表由施工单位填写,建设单位、施工单位、监理单位、城建档案馆各保存一份。

隐蔽工程验收记录		资料编号	×××

工程名称	××工程		
隐检项目	制冷管道防腐	隐检日期	××年×月×日
隐检部位	一层 ①~⑨/Ⓐ~Ⓓ轴线 ××标高		

隐检依据:施工图图号(　　　　设施××　　　　),设计变更/洽商(编号　　/　　)及
国家现行有关标准等。
主要材料名称及规格/型号:　　环氧耐热漆 H61-1　　

隐检内容:
　1. 检查材料的出厂合格证、性能检测报告,齐全、合格。
　2. 做好表面处理,清除金属表面的氧化物、铁锈、灰尘、污垢。
　3. 喷环氧耐热漆,漆膜均匀,无堆积、漏涂、皱纹、气泡掺杂及混色。

　　　　　　　　　　　　　　　　　　　　　　　　　　　申报人:×××

检查意见:
　经检查,符合设计要求及《通风与空调工程施工质量验收规范》GB 50243—2016 的规定。

检查结论:　　☑同意隐蔽　　☐不同意,修改后进行复查

复查结论:

复查人:　　　　　　　　　复查日期:

签字栏	施工单位	××机电安装工程有限公司	专业技术负责人	专业质检员	专业工长
			×××	×××	×××
	监理(建设)单位	××建设监理有限公司	专业工程师	×××	

　　注:本表由施工单位填写,建设单位、施工单位、监理单位、城建档案馆各保存一份。

隐蔽工程验收记录		资料编号	×××
工程名称	××工程		
隐检项目	制冷管道保护层	隐检日期	××年×月×日
隐检部位	一层　①～⑨/Ⓐ～Ⓓ轴线　××标高		

隐检依据:施工图图号(＿＿＿＿＿＿设施××＿＿＿＿＿＿),设计变更/洽商(编号＿＿＿/＿＿＿)及国家现行有关标准等。

主要材料名称及规格/型号:＿＿＿＿＿镀锌铁板　δ＝0.5mm厚＿＿＿＿＿

隐检内容:
1. 镀锌钢板的材质、规格符合设计要求,有合格证明文件,合格。
2. 施工紧贴绝热层,无有脱壳、褶皱、强行接口现象。
3. 接口搭接顺水,并有凸筋加强,搭接尺寸为20～25mm。
4. 采用自攻螺钉固定,螺钉间距均称,未刺破防潮层。

申报人:×××

检查意见:
　经检查,符合设计要求及《通风与空调工程施工质量验收规范》GB 50243—2016的规定。

检查结论:　　☑同意隐蔽　　□不同意,修改后进行复查

复查结论:

复查人:　　　　　　　　　　复查日期:

签字栏	施工单位	××机电安装工程有限公司	专业技术负责人	专业质检员	专业工长
			×××	×××	×××
	监理(建设)单位	××建设监理有限公司	专业工程师	×××	

注:本表由施工单位填写,建设单位、施工单位、监理单位、城建档案馆各保存一份。

隐蔽工程验收记录		资料编号	×××

工程名称	××工程		
隐检项目	制冷管道隔热层	隐检日期	××年×月×日
隐检部位	一层 ①~⑨/Ⓐ~Ⓓ轴线 ××标高		

隐检依据:施工图图号(　　　　设施××　　　　),设计变更/洽商(编号　　/　　)及国家现行有关标准等。

主要材料名称及规格/型号:　　　保温瓦、镀锌铁丝　　　

隐检内容:

　1. 已检查管道的气密性、真空试验及充注制冷剂检漏的记录,确认合格,已做防腐处理。

　2. 硬质管壳隔热层粘贴牢固,绑扎紧密,无滑动、松弛、断裂,管壳之间的长缝及环形缝用树脂腻子嵌填饱满,接缝≤200mm。

　3. 包扎保温瓦时,互相交错1/2,紧密合拢。

　4. 留出螺栓间距的距离,为螺栓长度加25~30mm,接缝处用隔热材料填实。

　5. 用镀锌铁丝网包扎,镀锌铁丝紧贴隔热层,间距300mm,断头嵌入隔热层内。

申报人:×××

检查意见:

　经检查,符合设计要求及《通风与空调工程施工质量验收规范》GB 50243—2016 的规定。

检查结论:　　☑同意隐蔽　　□不同意,修改后进行复查

复查结论:

复查人:　　　　　　　　　　复查日期:

签字栏	施工单位	××机电安装工程有限公司	专业技术负责人	专业质检员	专业工长
			×××	×××	×××
	监理(建设)单位	××建设监理有限公司	专业工程师	×××	

注:本表由施工单位填写,建设单位、施工单位、监理单位、城建档案馆各保存一份。

5.2.2 《施工检查记录》填写范例

施工检查记录(通用)		资料编号	×××
工程名称	××大厦	检查项目	预留孔洞(空调水管)
检查部位	地下层－4.85m①～⑧/ⓒ～①轴	检查日期	××年×月×日

依据:施工图纸(施工图图号＿＿＿＿＿＿SES-28图＿＿＿＿＿＿)、设计变更/洽商(编号＿＿＿／＿＿＿)和有关规范、规程。

主要材料或设备:＿＿＿＿＿＿＿无缝钢管＿＿＿＿＿＿＿

规格/型号:＿＿＿＿＿＿＿φ450,2个＿＿＿＿＿＿＿

检查内容:

　　预检该部位空调水管预留孔洞及套管尺寸,坐标标高是否正确,管内刷防锈漆情况(墙体预留刚性防水套管)。

检查结论:

　　符合设计与规范要求,质量合格。

复查意见:

复查人:　　　　　　　　　　复查日期:

签字栏	施工单位	××建设集团有限公司	
	专业技术负责人	专业质检员	专业工长
	×××	×××	×××

注:本表由施工单位填写并保存。

5.2.3 《交接检查记录》填写范例

交接检查记录		资料编号	×××
工程名称	××办公楼工程		
移交单位名称	××设备安装公司	接收单位名称	××建设集团有限公司
交接部位	三台外置冷却塔	检查日期	××年××月××日

交接内容:

　　不锈钢冷却塔 3 台经委托安装完毕。检验安装质量及调试情况。

检查结果:

1. 3 台冷却塔设备符合甲方订货要求。
2. 安装后外观清洁,坐标、位置、垂直与水平度符合技术文件要求。
3. 智能装置准确,工艺安装符合规范及设备技术文件规定。
4. 运转顺畅,无卡阻现象,质量符合有关规程规范要求。
5. 未进行调试属遗留问题。

复查意见:

复查人:　　　　　　　　　　　复查日期:

签字栏	移交单位	接收单位
	×××	×××

注:本表由施工单位填写并保存。

Chapter 06

质量验收记录

6.1 建筑给水排水及采暖工程施工质量验收记录

6.1.1 《检验批质量验收记录》填写范例

给水管道及配件安装检验批质量验收记录

05010101   001

单位(子单位) 工程名称	××大厦		分部(子分部) 工程名称	建筑给水排水及供 暖/室内给水系统			分项工程名称	给水管道及配件
施工单位	××建筑有限公司		项目负责人	×××			检验批容量	48m
分包单位	—		分包单位 项目负责人	—			检验批部位	二～四层给水管道
施工依据	室内管道安装施工方案			验收依据			《建筑给水排水及采暖工程施工质量 验收规范》GB 50242—2002	

		验 收 项 目			设计要求及 规范规定	最小/实际 抽样数量	检 查 记 录	检查 结果
主控 项目	1	给水管道水压试验			设计要求	—	试验合格,报告编号××××	✓
	2	给水系统通水试验			第4.2.2条	—	—	—
	3	生活给水系统管道冲洗和消毒			第4.2.3条	—	—	—
	4	直埋金属给水管道防腐			第4.2.4条	—	—	—
一般 项目	1	给排水管敷设的平行、垂直净距			第4.2.5条	10/10	检查10处,合格10处	100%
	2	金属给水管道及管件焊接			第4.2.6条	—	—	—
	3	给水水平管道坡度坡向			第4.2.7条	10/10	检查10处,合格10处	100%
	4	管道支吊架			第4.2.9条	全/15	检查15处,合格15处	100%
	5	水表安装			第4.2.10条	—	—	—
	6	水平管道纵、 横方向弯曲 允许偏差	钢管	每米	1mm	10/10	检查10处,合格10处	100%
				全长25m以上	≤25mm	—	—	—
			塑料管 复合管	每1m	1.5mm	—	—	—
				全长25m以上	≤25mm	—	—	—
			铸铁管	每米	2mm	—	—	—
				全长25m以上	≤25mm	—	—	—
		立管垂 直度允 许偏差	钢管	每米	3mm	10/10	检查10处,合格9处	90%
				5m以上	≤8mm	—	—	—
			塑料管 复合管	每米	2mm	—	—	—
				5m以上	≤8mm	—	—	—
			铸铁管	每米	3mm	—	—	—
				5m以上	≤10mm	—	—	—
		成排管段和 成排阀门		在同一平面上 间距	3mm	—	—	—
	7	管道及 设备保温		厚度	$+0.1\delta$ -0.05δ	10/10	检查10处,合格9处	90%
			表面平整度	卷材	5mm	10/10	检查10处,合格9处	90%
				涂抹	10mm	10/10	检查10处,合格9处	90%

施工单位 检查结果	符合要求 专业工长:××× 项目专业质量检查员:××× ××年×月×日
监理单位 验收结论	合格 专业监理工程师:××× ××年×月×日

给水设备安装检验批质量验收记录

05010201 ___001___

单位(子单位) 工程名称	××大厦		分部(子分部) 工程名称	建筑给水排水及供 暖/室内给水系统	分项工程名称	给水设备
施工单位	××建筑有限公司		项目负责人	×××	检验批容量	2台
分包单位	—		分包单位 项目负责人	—	检验批部位	给水机房
施工依据	室内管道安装施工方案			验收依据	《建筑给水排水及采暖工程施工质量 验收规范》GB 50242—2002	

验 收 项 目				设计要求及 规范规定	最小/实际 抽样数量	检 查 记 录	检查 结果
主控项目	1	水泵基础		设计要求	—	基础外观尺寸符合要求, 强度检查试验合格,报告编 号××××	√
	2	水泵试运转的轴承温升		设计要求	—	试验合格,报告编号×× ××	√
	3	敞口水箱满水试验和密闭水箱(罐) 水压试验		第4.4.3条	—	—	—
一般项目	1	水箱支架或底座安装		第4.4.4条	1/1	检查1处,合格1处	100%
	2	水箱溢流管和泄放管设置		第4.4.5条	1/1	检查1处,合格1处	100%
	3	立式水泵减震装置		第4.4.6条	2/2	检查2处,合格2处	100%
	4	安装允许偏差	静置设备	坐标	15mm	1/1	检查1处,合格1处	100%
				标高	±5mm	1/1	检查1处,合格1处	100%
				垂直度(每米)	5mm	1/1	检查1处,合格1处	100%
				立式垂直度(每米)	0.1mm	—	—	—
				卧式水平度(每米)	0.1mm	—	—	—
		离心式水泵	联轴器同心度	轴向倾斜(每米)	0.8mm	—	—	—
				径向位移	0.1mm	—	—	—
	5	保温层允许偏差	允许偏差	厚度δ	+0.1δ −0.05δ	—	—	—
			表面平整度(mm)	卷材	5	—	—	—
				涂抹	10	—	—	—

施工单位 检查结果	符合要求 专业工长:××× 项目专业质量检查员:××× ××年×月×日
监理单位 验收结论	合格 专业监理工程师:××× ××年×月×日

室内消火栓系统安装检验批质量验收记录

05010301 ___001___

单位(子单位) 工程名称	××大厦		分部(子分部) 工程名称	建筑给水排水及供 暖/室内给水系统	分项工程名称	室内消火栓
施工单位	××建筑有限公司		项目负责人	×××	检验批容量	10套
分包单位	—		分包单位 项目负责人	—	检验批部位	一～三层
施工依据	室内管道安装施工方案			验收依据	《建筑给水排水及采暖工程施工质量 验收规范》GB 50242—2002	

验 收 项 目			设计要求及 规范规定	最小/实际 抽样数量	检 查 记 录	检查 结果
主控 项目	1	室内消火栓试射试验	设计要求	—	试验合格,报告编号×× ××	✓
一 般 项 目	1	室内消火栓水龙带在箱内 安放	第4.3.2条	全/10	检查10处,合格10处	100%
	2	栓口朝外,并不应安装在门 轴侧	第4.3.3条	全/10	检查10处,合格10处	100%
		栓口中心距地面1.1m,允 许偏差	±20mm	全/10	检查10处,合格9处	90%
	3	阀门中心距箱侧面允许偏 差 140mm,距箱后内表 面100mm	±5mm	全/10	检查10处,合格9处	90%
		消火栓箱体安装的垂直度	3mm	全/10	检查10处,合格9处	90%

施工单位 检查结果	符合要求 专业工长:××× 项目专业质量检查员:××× ××年×月×日
监理单位 验收结论	合格 专业监理工程师:××× ××年×月×日

排水管道及配件安装检验批质量验收记录

05020101 ___001___

单位(子单位) 工程名称		××大厦	分部(子分部) 工程名称	建筑给水排水及供 暖/室内排水系统	分项工程名称	排水管道及配件
施工单位		××建筑有限公司	项目负责人	×××	检验批容量	48m
分包单位		—	分包单位 项目负责人	—	检验批部位	一～三层排水管道
施工依据		室内管道安装施工方案		验收依据	《建筑给水排水及采暖工程施工质量 验收规范》GB 50242—2002	

验 收 项 目					设计要求及 规范规定	最小/实际 抽样数量	检 查 记 录	检查 结果
主控项目	1	排水管道灌水试验			第5.2.1条	—	试验合格,报告编号××××	✓
	2	生活污水铸铁管坡度			第5.2.2条	全/10	检查10处,合格10处	✓
	3	生活污水塑料管坡度			第5.2.3条	—	—	—
	4	排水塑料管安装伸缩节			设计要求	—	—	—
	5	排水主立管及水平干管通球试验			第5.2.5条	—	试验合格,报告编号×× ××	✓
一般项目	1	生活污水管道上设检查口和清扫口			第5.2.6条	全/2	检查2处,合格2处	100%
	2	地下或地板下排水管道的检查口			第5.2.7条	全/1	检查1处,合格1处	100%
	3	金属管支吊架安装			第5.2.8条	全/3	检查3处,合格3处	100%
	4	塑料管支吊架安装			第5.2.9条	—	—	—
	5	排水通气管安装			第5.2.10条	—	—	—
	6	医院污水需消毒处理			第5.2.11条	—	—	—
	7	饮食业工艺排水			第5.2.12条	—	—	—
	8	通向室外排水管安装			第5.2.13条	—	—	—
	9	室内向室外排水检查井的管道安装			第5.2.14条	—	—	—
	10	室内排水管道连接			第5.2.15条	—	—	—
	11	排水管安装允许偏差	坐标			15mm	全/19	检查19处,合格19处	100%
			标高			±15mm	全/19	检查19处,合格19处	100%
			横管纵横方向弯曲	铸铁管	每米	≤1mm	全/19	检查19处,合格19处	100%
					全长(25m以上)	≤25mm	—	—
				钢管	每1m 管径≤100mm	1mm	—	—
					管径>100mm	1.5mm	—	—
					全长25m以上 管径≤100mm	≤25mm	—	—
					管径>100mm	≤38mm	—	—
				塑料管	每米	1.5mm	—	—
					全长(25m以上)	≤38mm	—	—
				钢筋混凝土管	每米	3mm	—	—
					全长(25m以上)	≤75mm	—	—
			立管垂直度	铸铁管	每米	3mm	全/10	检查10处,合格9处	90%
					全长(25m以上)	≤15mm	—	—
				钢管	每米	3mm	—	—
					全长(25m以上)	≤10mm	—	—
				塑料管	每米	3mm	—	—
					全长(25m以上)	≤15mm	—	—
施工单位 检查结果		符合要求 专业工长:××× 项目专业质量检查员:××× ××年×月×日						
监理单位 验收结论		合格 专业监理工程师:××× ××年×月×日						

雨水管道及配件安装检验批质量验收记录

05020201 ___001___

单位(子单位)工程名称			××大厦	分部(子分部)工程名称		建筑给水排水及供暖/室内排水系统	分项工程名称	雨水管道及配件安装
施工单位			××建筑有限公司	项目负责人		×××	检验批容量	300m
分包单位			—	分包单位项目负责人		—	检验批部位	二～四层雨水管道
施工依据			室内管道安装施工方案	验收依据			《建筑给水排水及采暖工程施工质量验收规范》GB 50242—2002	

验收项目						设计要求及规范规定	最小/实际抽样数量	检查记录	检查结果
主控项目	1	室内雨水管道灌水试验				第5.3.1条	—	—	—
	2	塑料雨水管安装伸缩节				第5.3.2条	10/10	检查10处,合格10处	✓
	3	地下埋设雨水管道最小坡度				第5.3.3条	—	—	—
一般项目	1	雨水管不得与生活污水管相连接				第5.3.4条	10/10	检查10处,合格10处	100%
	2	雨水斗安装				第5.3.5条	—	—	—
	3	悬吊式雨水管道检查口间距		管径≤150		≤15m	—	—	—
				管径≥200		≤20m	—	—	—
	4	排水管安装允许偏差	坐标			15mm	—	—	—
			标高			±15mm	—	—	—
			横管纵横方向弯曲	铸铁管	每米	≤1mm	—	—	—
					全长(25m以上)	≤25mm	—	—	—
				钢管	每1m 管径≤100mm	1mm	—	—	—
					每1m 管径>100mm	1.5mm	—	—	—
					全长25m以上 管径≤100mm	≤25mm	—	—	—
					全长25m以上 管径>100mm	≤38mm	—	—	—
				塑料管	每米	1.5mm	—	—	—
					全长(25m以上)	≤38mm	—	—	—
				钢筋混凝土管	每米	3mm	—	—	—
					全长(25m以上)	≤75mm	—	—	—
			立管垂直度	铸铁管	每米	3mm	—	—	—
					全长(25m以上)	≤15mm	—	—	—
				钢管	每米	3mm	—	—	—
					全长(25m以上)	≤10mm	—	—	—
				塑料管	每米	3mm	10/10	检查10处,合格10处	100%
					全长(25m以上)	≤15mm	10/10	检查10处,合格10处	100%
	5	焊缝允许偏差	焊口平直度	管壁厚10mm以内		管壁厚1/4	—	—	—
			焊缝加强面	高度		+1mm	—	—	—
				宽度			—	—	—
			咬边	深度		小于0.5mm	—	—	—
				长度	连续长度	25mm	—	—	—
					总长度(两侧)	小于焊缝长度的10%	—	—	—

施工单位检查结果	符合要求 专业工长:××× 项目专业质量检查员:××× ××年×月×日
监理单位验收结论	合格 专业监理工程师:××× ××年×月×日

室内热水系统管道及配件安装检验批质量验收记录

05030101 ___001___

单位(子单位) 工程名称				××大厦		分部(子分部) 工程名称	建筑给水排水及供 暖/室内热水系统		分项工程名称		管道及配件
施工单位				××建筑有限公司		项目负责人	×××		检验批容量		48m
分包单位				—		分包单位 项目负责人	—		检验批部位		一～三层室内 热水系统管道
施工依据				室内管道安装施工方案			验收依据		《建筑给水排水及采暖工程施工质量 验收规范》GB 50242—2002		

		验 收 项 目				设计要求及 规范规定	最小/实际 抽样数量	检 查 记 录	检查 结果
主控项目	1	热水供应系统管道水压试验				设计要求	—	—	—
	2	热水供应系统管道安装补偿器				第6.2.2条	全/2	检查2处,合格2处	√
	3	热水供应系统管道冲洗				第6.2.3条	—	—	—
一般项目	1	管道安装坡度				设计规定	10/10	检查10处,合格10处	100%
	2	温度控制器和阀门安装				第6.2.5条	10/10	检查10处,合格10处	100%
	3	管道安装偏差	水平管道纵横方向弯曲	钢管	每米	1mm	10/10	检查10处,合格9处	90%
					全长25m以上	≤25mm	—	—	—
			塑料管复合管	每米	1.5mm	—	—	—	
					全长25m以上	≤25mm	—	—	—
			立管垂直度	钢管	每米	3mm	10/10	检查10处,合格9处	90%
					5m以上	≤8mm	—	—	—
			塑料管复合管	每米	2mm	—	—	—	
					全长25m以上	≤8mm	—	—	—
		成排管道和成排阀门		在同一平面上间距	3mm	10/10	检查10处,合格9处	90%	
	4	保温层允许偏差	厚度			$+0.1\delta$ -0.05δ	—	—	—
			表面平整度	卷材		5mm	—	—	—
				涂抹		10mm	—	—	—

施工单位 检查结果	符合要求 专业工长:××× 项目专业质量检查员:××× ××年×月×日
监理单位 验收结论	合格 专业监理工程师:××× ××年×月×日

室内热水系统辅助设备安装检验批质量验收记录

05030201 001

单位(子单位)工程名称	××大厦	分部(子分部)工程名称	建筑给水排水及供暖/室内热水系统	分项工程名称	辅助设备
施工单位	××建筑有限公司	项目负责人	×××	检验批容量	8台
分包单位	—	分包单位项目负责人	—	检验批部位	热水机房
施工依据	室内管道安装施工方案		验收依据	《建筑给水排水及采暖工程施工质量验收规范》GB 50242—2002	

		验收项目	设计要求及规范规定	最小/实际抽样数量	检查记录	检查结果
主控项目	1	集热排管及上下集水管做水压试验	第6.3.1条	—	试验合格,报告编号××××	√
		热交换器以工作压力的1.5倍做水压试验	第6.3.2条	—	试验合格,报告编号××××	√
		敞口水箱的满水试验和密闭水箱(罐)的水压试验	第6.3.5条	—	试验合格,报告编号××××	√
	2	水泵基础	第6.3.3条	—		
	3	水泵试运转温升	第6.3.4条	—		
一般项目	1	太阳能热水器的安装	第6.3.6条	—		
	2	太阳能热水器上下集水箱的循环管道坡度	第6.3.7条	—		
	3	水箱底部与上集水管间距	第6.3.8条	全/4	检查4处,合格4处	100%
	4	集热排管安装紧固	第6.3.9条	—		
	5	热水器最低处安装泄水装置	第6.3.10条	—		
	6	热水箱及上下集水管等循环管道均应保温	第6.3.11条	全/4	检查4处,合格4处	100%
		以水作为介质的太阳能热水器,在0℃以下地区使用,应采取防冻措施	第6.3.12条	—		
	7	设备安装允许偏差 静置设备 坐标	15mm	全/10	检查10处,合格9处	90%
		标高	±5mm	全/10	检查10处,合格9处	90%
		垂直度(每米)	5mm	全/10	检查10处,合格9处	90%
		离心式水泵 立式泵体垂直度(每米)	0.1mm	—		
		卧式泵体水平度(每米)	0.1mm	—		
		联轴器 轴向倾斜(每米)	0.8mm	—		
		同心度 径向位移	0.1mm	—		
	8	热水器安装允许偏差 标高 中心线距地(mm)	±20	—		
		朝向 最大偏移角	不大于15°	—		

施工单位检查结果	符合要求 专业工长:××× 项目专业质量检查员:××× ××年×月×日
监理单位验收结论	合格 专业监理工程师:××× ××年×月×日

卫生器具安装检验批质量验收记录

05040101___001

单位(子单位)工程名称		××大厦		分部(子分部)工程名称	建筑给水排水及供暖/卫生器具	分项工程名称	卫生器具安装
施工单位		××建筑有限公司		项目负责人	×××	检验批容量	22件
分包单位		—		分包单位项目负责人	—	检验批部位	一～三层
施工依据		室内管道安装施工方案		验收依据		《建筑给水排水及采暖工程施工质量验收规范》GB 50242—2002	

		验收项目		设计要求及规范规定	最小/实际抽样数量	检查记录	检查结果
主控项目	1	排水栓与地漏安装		第7.2.1条	全/22	检查22处,合格22处	√
	2	卫生器具满水试验和通水试验		第7.2.2条	—	试验合格,报告编号××××	√
一般项目	1	卫生器具安装允许偏差	坐标 单独器具	10mm	10/10	检查10处,合格9处	90%
			坐标 成排器具	5mm	—		
			标高 单独器具	±15mm	10/10	检查10处,合格9处	90%
			标高 成排器具	±10mm	—		
			器具水平度	2mm	10/10	检查10处,合格9处	90%
			器具垂直度	3mm	10/10	检查10处,合格9处	90%
	2	饰面浴盆,应留有通向浴盆口的检修门		第7.2.4条	10/10	检查10处,合格10处	100%
		小便槽冲洗管,采用镀锌钢管或硬质塑料管,冲洗管应斜向下方安装		第7.2.5条	10/10	检查10处,合格10处	100%
	3	卫生器具的支托架		第7.2.6条	10/10	检查10处,合格10处	100%

施工单位检查结果	符合要求 专业工长:××× 项目专业质量检查员:××× ××年×月×日
监理单位验收结论	合格 专业监理工程师:××× ××年×月×日

卫生器具给水配件安装检验批质量验收记录

05040201 ___001___

单位(子单位)工程名称	××大厦	分部(子分部)工程名称	建筑给水排水及供暖/卫生器具	分项工程名称	卫生器具给水配件
施工单位	××建筑有限公司	项目负责人	×××	检验批容量	22件
分包单位	—	分包单位项目负责人	—	检验批部位	一~三层
施工依据	室内管道安装施工方案		验收依据	《建筑给水排水及采暖工程施工质量验收规范》GB 50242—2002	

		验收项目	设计要求及规范规定	最小/实际抽样数量	检查记录	检查结果
主控项目	1	卫生器具给水配件	第7.3.1条	22/22	检查22处,合格22处	√
一般项目	1	给水配件安装允许偏差 — 高低水箱、阀角及截止阀水嘴	±10mm	16/16	检查16处,合格15处	93.8%
		淋浴器喷头下沿	±15mm	3/3	检查3处,合格3处	100%
		浴盆软管淋浴器挂钩	±20mm	3/3	检查3处,合格3处	100%
	2	器具水平度	2mm	22/22	检查22处,合格22处	100%

施工单位检查结果	符合要求 专业工长:××× 项目专业质量检查员:××× ××年×月×日
监理单位验收结论	合格 专业监理工程师:××× ××年×月×日

卫生器具排水管道安装检验批质量验收记录

05040301 ___001

单位(子单位)工程名称			××大厦		分部(子分部)工程名称	建筑给水排水及供暖/卫生器具		分项工程名称		卫生器具排水管道安装
施工单位			××建筑有限公司		项目负责人	×××		检验批容量		22处
分包单位			—		分包单位项目负责人	—		检验批部位		三～六层卫生排水管道
施工依据			室内管道安装施工方案		验收依据		《建筑给水排水及采暖工程施工质量验收规范》GB 50242—2002			
验收项目				设计要求及规范规定	最小/实际抽样数量	检查记录				检查结果
主控项目	1	器具受水口与立管,管道与楼板接合		第7.4.1条	22/22	检查22处,合格22处				√
	2	连接排水管应严密,其支托架安装应牢固		第7.4.2条	50/50	检查50处,合格50处				√
一般项目	1	安装允许偏差	横管弯曲度	每米长	2	22/22	检查22处,合格22处			100%
				横管长度≤10m,全长	<8	—	—			—
				横管长度>10m,全长	10	—	—			—
			卫生器具的排水管口及横支管的纵横坐标	单独器具	10	19/19	检查19处,合格18处			94.7%
				成排器具	5	—	—			—
			卫生器具的接口标高	单独器具	±10	19/19	检查19处,合格19处			100%
				成排器具	±5	—	—			—
	2	排水管最小坡度	污水盆(池)	50mm	25‰	1/1	检查1处,合格1处			100%
			单双格洗涤盆(池)	50mm	25‰	—	—			—
			洗手盆、洗脸盆	32～50mm	20‰	2/2	检查2处,合格2处			100%
			浴盆	50mm	20‰	—	—			—
			淋浴器	50mm	20‰	—	—			—
			大便器 高低水箱	100mm	12‰	—	—			—
			大便器 自闭式冲洗阀	100mm	12‰	—	—			—
			大便器 拉管式冲洗阀	100mm	12‰	—	—			—
			小便器 冲洗阀	40～50mm	20‰	—	—			—
			小便器 自动冲洗水箱	40～50mm	20‰	—	—			—
			化验盆(无塞)	40～50mm	25‰	—	—			—
			净身器	40～50mm	20‰	—	—			—
			饮水器	20～50mm	10‰～20‰	—	—			—
施工单位检查结果		符合要求 专业工长:××× 项目专业质量检查员:××× ××年×月×日								
监理单位验收结论		合格 专业监理工程师:××× ××年×月×日								

187

室内供暖系统管道及配件安装检验批质量验收记录

05050101 ___001___

单位(子单位) 工程名称	××大厦		分部(子分部) 工程名称	建筑给水排水及供 暖/室内供暖系统	分项工程名称	管道及配件安装
施工单位	××建筑有限公司		项目负责人	×××	检验批容量	48m
分包单位	—		分包单位 项目负责人	—	检验批部位	一～三层
施工依据	室内管道安装施工方案			验收依据	《建筑给水排水及采暖工程施工质量 验收规范》GB 50242—2002	

		验收项目			设计要求及 规范规定	最小/实际 抽样数量	检查记录	检查 结果
主控项目	1	管道安装坡度			设计要求	全/6	检查6处,合格6处	√
	2	补偿器的型号、安装位置及预拉伸和固定支架的构造及安装位置			第8.2.2条	全/2	检查2处,合格2处	√
	3	平衡阀及调节阀型号、规格、公称压力及安装位置			设计要求	全/3	检查3处,合格3处	√
		调试及标志			第8.2.3条	—	—	—
	4	蒸汽减压阀和管道及设备上安全阀的型号、规格、公称压力及安装位置			设计要求	—	—	—
		调试及标志			第8.2.4条	—	—	—
	5	方形补偿器制作			第8.2.5条			
	6	方形补偿器安装			第8.2.6条			
一般项目	1	热量表、疏水器、除污器、过滤器及阀门的型号、规格、公称压力及安装位置			第8.2.7条	10/10	检查10处,合格10处	100%
	2	钢管焊接			第8.2.8条	10/10	检查10处,合格10处	100%
	3	采暖入口及分户计量入户装置安装			第8.2.9条	10/10	检查10处,合格10处	100%
	4	散热器支管长度超过1.5m时,应在支管上安装管卡			第8.2.10条	—	—	—
	5	变径连接			第8.2.11条	—	—	—
	6	管道干管上焊接垂直或水平分支管道			第8.2.12条	10/10	检查10处,合格10处	100%
	7	膨胀水箱的膨胀管及循环管上不得安装阀门			第8.2.13条	—	—	—
	8	当采暖热媒为110～130℃的高温水时,管道可拆卸件应使用法兰			第8.2.14条	—	—	—
	9	管道转弯			第8.2.15条	—	—	—
	10	管道安装允许偏差	横管道纵横方向弯曲(mm)	每米	管径≤100mm	1	10/10	检查10处,合格9处	90%
					管径>100mm	1.5	—	—	—
				全长(25m以上)	管径≤100mm	≤13	—	—	—
					管径>100mm	≤25	—	—	—
			立管垂直度(mm)	每米		2	10/10	检查10处,合格9处	90%
				全长(5m)		≤10	—	—	—
			弯管	椭圆率	管径≤100mm	10%	—	—	—
					管径>100mm	8%	—	—	—
				折皱不平度(mm)	管径≤100mm	4	—	—	—
					管径>100mm	5	—	—	—

施工单位 检查结果	符合要求 专业工长:××× 项目专业质量检查员:××× ××年×月×日
监理单位 验收结论	合格 专业监理工程师:××× ××年×月×日

室内供暖系统辅助设备安装检验批质量验收记录

05050201 __001__

单位(子单位) 工程名称	××大厦		分部(子分部) 工程名称	建筑给水排水及供 暖/室内供暖系统		分项工程名称	辅助设备安装
施工单位	××建筑有限公司		项目负责人	×××		检验批容量	8台
分包单位	—		分包单位 项目负责人	—		检验批部位	地下一层
施工依据	采暖设备安装方案			验收依据		《建筑给水排水及采暖工程施工质量 验收规范》GB 50242—2002	

验收项目				设计要求及 规范规定	最小/实际 抽样数量	检查记录	检查 结果
主控项目	1	水泵基础		设计要求	全/5	基础外观尺寸符合要求， 强度检查试验合格,报告编 号××××	✓
	2	水泵试运转的轴承温升		设备说明书 规定	—	—	—
	3	敞口水箱满水试验和密闭水箱(罐)水 压试验		第4.4.3条	—	—	—
	4	热交换器水压试验		第13.6.1条	—	—	—
	5	高温水循环泵与换热器相对位置		第13.6.2条	全/5	检查5处,合格5处	✓
	6	壳管式热交换器距墙及屋顶距离		第13.6.3条	—	—	—
一般项目	1	水箱支架或底座安装		设计要求	3/3	检查3处,合格3处	100%
	2	水箱溢流管和泄放管安装		第4.4.5条	3/3	检查3处,合格3处	100%
	3	立式水泵减震装置		第4.4.6条	5/5	检查5处,合格5处	100%
	4 安装允许偏差	静置设备	坐标	15mm	3/3	检查3处,合格3处	100%
			标高	±5mm	3/3	检查3处,合格3处	100%
			垂直度(每米)	2mm	3/3	检查3处,合格3处	100%
		离心式水泵	立式垂直度(每米)	0.1mm	—	—	—
			卧式水平度(每米)	0.1mm	—	—	—
		联轴器 同心度	轴向倾斜(每米)	0.8mm	—	—	—
			径向移位	0.1mm	—	—	—
施工单位 检查结果	符合要求 专业工长:××× 项目专业质量检查员:××× ××年×月×日						
监理单位 验收结论	合格 专业监理工程师:××× ××年×月×日						

室内供暖系统散热器安装检验批质量验收记录

05050301 ___001___

单位(子单位)工程名称	××大厦	分部(子分部)工程名称	建筑给水排水及供暖/室内供暖系统	分项工程名称	散热器安装
施工单位	××建筑有限公司	项目负责人	×××	检验批容量	22组
分包单位	—	分包单位项目负责人	—	检验批部位	一～三层
施工依据	采暖工程施工组织设计		验收依据	《建筑给水排水及采暖工程施工质量验收规范》GB 50242—2002	

验收项目			设计要求及规范规定	最小/实际抽样数量	检查记录	检查结果
主控项目	1	散热器水压试验	第8.3.1条	—	水压试验合格,试验单编号××××	√
一般项目	1	散热器组对	第8.3.3条	全/22	检查22处,合格22处	100%
	2	组对散热器的垫片	第8.3.4条	全/22	检查22处,合格22处	100%
	3	散热器安装	第8.3.5条	全/22	检查22处,合格22处	100%
	4	散热器背面与装饰后的墙内表面安装距离	第8.3.6条	全/22	检查22处,合格22处	100%
	5 散热器安装允许偏差	散热器背面与墙内表面距离	3mm	全/22	检查22处,合格22处	100%
		与窗中心线或设计定位尺寸	20mm	全/22	检查22处,合格22处	100%
		散热器垂直度	3mm	全/22	检查22处,合格22处	100%

施工单位检查结果	符合要求 专业工长:××× 项目专业质量检查员:××× ××年×月×日
监理单位验收结论	合格 专业监理工程师:××× ××年×月×日

室内供暖系统低温热水地板辐射供暖系统
安装检验批质量验收记录

05050401 □□ 001

单位(子单位)工程名称		××大厦		分部(子分部)工程名称	建筑给水排水及供暖/室内供暖系统	分项工程名称	低温热水地板辐射供暖系统安装
施工单位		××建筑有限公司		项目负责人	×××	检验批容量	1套
分包单位		—		分包单位项目负责人	—	检验批部位	一层
施工依据		采暖工程施工组织设计			验收依据	《建筑给水排水及采暖工程施工质量验收规范》GB 50242—2002	

验收项目			设计要求及规范规定	最小/实际抽样数量	检查记录	检查结果
主控项目	1	加热盘管埋地	第8.5.1条	全/10	检查10处,合格10处	√
	2	加热盘管水压试验	第8.5.2条	—	—	—
	3	加热盘管弯曲的曲率半径	第8.5.3条	全/10	检查10处,格10处	√
一般项目	1	分水器、集水器规格及安装	设计要求	3/3	检查3处,合格3处	100%
	2	加热盘管安装	第8.5.5条	10/10	检查10处,合格10处	100%
	3	防潮层、防水层、隔热层、伸缩缝	设计要求	10/10	检查10处,合格10处	100%
	4	填充层混凝土强度	设计要求C35	—	强度试验合格,报告编号××××	√

施工单位检查结果	符合要求 专业工长:××× 项目专业质量检查员:××× ××年×月×日
监理单位验收结论	合格 专业监理工程师:××× ××年×月×日

室内供暖系统水压试验及调试检验批质量验收记录

05050901 __001__

单位(子单位) 工程名称	××大厦	分部(子分部) 工程名称	建筑给水排水及供 暖/室内供暖系统	分项工程名称	系统调试
施工单位	××建筑有限公司	项目负责人	×××	检验批容量	1套
分包单位	—	分包单位 项目负责人	—	检验批部位	一～三层
施工依据	采暖工程施工组织设计		验收依据	《建筑给水排水及采暖工程施工质量 验收规范》GB 50242—2002	

验收项目			设计要求及 规范规定	最小/实际 抽样数量	检查记录	检查 结果
主控项目	1	系统水压试验	第8.6.1条	—	水压试验合格,试验单编 号××××	✓
	2	冲洗系统,清扫过滤器及除 污器	第8.6.2条	10/10	检查10处,合格10处	✓
	3	系统试运行和调试	设计要求	—	系统试运行合格,调试单 编号××××	✓

施工单位 检查结果	符合要求 专业工长:××× 项目专业质量检查员:××× ××年×月×日
监理单位 验收结论	合格 专业监理工程师:××× ××年×月×日

室内供暖系统防腐检验批质量验收记录

05051001 ___001

单位(子单位) 工程名称	××大厦	分部(子分部) 工程名称	建筑给水排水及供 暖/室内供暖系统	分项工程名称	防腐
施工单位	××建筑有限公司	项目负责人	×××	检验批容量	1套
分包单位	—	分包单位 项目负责人	—	检验批部位	1单元
施工依据	采暖工程施工组织设计		验收依据	《建筑给水排水及采暖工程施工质量 验收规范》GB 50242—2002	

验收项目			设计要求及 规范规定	最小/实际 抽样数量	检查记录	检查 结果
一般项目	1	管道、金属支架和设备的防腐 和涂漆	应附着良好,无脱 皮、起泡、流淌和漏 涂缺陷	10/10	检查10处,合格10处	√
	2	铸铁或钢制散热器表面的防 腐及面漆	应附着均匀,无脱 落、起泡、流淌和漏 涂缺陷	10/10	检查10处,合格10处	√

施工单位 检查结果	符合要求 专业工长:××× 项目专业质量检查员:××× ××年×月×日
监理单位 验收结论	合格 专业监理工程师:××× ××年×月×日

室内供暖系统绝热检验批质量验收记录

05051101 ___001___

单位(子单位)工程名称	××大厦		分部(子分部)工程名称	建筑给水排水及供暖/室内供暖系统	分项工程名称		绝热
施工单位	××建筑有限公司		项目负责人	×××	检验批容量		1套
分包单位	—		分包单位项目负责人	—	检验批部位		一～三层
施工依据	采暖工程施工组织设计			验收依据	《建筑给水排水及采暖工程施工质量验收规范》GB 50242—2002		

验 收 项 目				设计要求及规范规定	最小/实际抽样数量	检 查 记 录	检查结果
一般项目	1	保温层允许偏差	厚度δ	$+0.1\delta$ -0.05δ	10/10	检查10处,合格9处	90%
			表面平整度　卷材	5mm	10/10	检查10处,合格9处	90%
			表面平整度　涂料	10mm	—	—	—

施工单位检查结果	符合要求 专业工长:××× 项目专业质量检查员:××× ××年×月×日
监理单位验收结论	合格 专业监理工程师:××× ××年×月×日

室外给水管网给水管道安装检验批质量验收记录

05060101 ___001

单位(子单位) 工程名称		××大厦		分部(子分部) 工程名称	建筑给水排水及供 暖/室外给水管网		分项工程名称		给水管道 安装
施工单位		××建筑有限公司		项目负责人	×××		检验批容量		150m
分包单位		—		分包单位 项目负责人	—		检验批部位		给水管道
施工依据		室外管道安装施工组织设计		验收依据		《建筑给水排水及采暖工程施工 质量验收规范》GB 50242—2002			

		验 收 项 目			设计要求及 规范规定	最小/实际 抽样数量	检 查 记 录	检查 结果
主控项目	1	埋地管道覆土深度			第9.2.1条	全/5	检查5处,合格5处	✓
	2	给水管道不得直接穿越污染源			第9.2.2条	—	—	—
	3	管道上可拆和易腐件,不埋在土中			第9.2.3条	全/3	检查3处,合格3处	✓
	4	管井内安装与井壁的距离			第9.2.4条	全/3	检查3处,合格3处	✓
	5	管道的水压试验			第9.2.5条	—	—	—
	6	埋地管道的防腐			第9.2.6条	全/5	检查5处,合格5处	✓
	7	管道的冲洗与消毒			第9.2.7条	全/5	检查5处,合格5处	✓
一般项目	1	管道和支架的涂漆			第9.2.9条			
	2	阀门、水表安装位置			第9.2.10条	全/3	检查3处,合格3处	100%
	3	给水管与污水管平行敷设的最小间距			第9.2.11条	全/2	检查2处,合格2处	100%
	4	铸铁管承插捻口连接的对口间隙			第9.2.12条	—	—	—
		铸铁管沿直线敷设,承插捻口连接的环型 间隙			第9.2.13条	—	—	—
		捻口用的油麻填料必须清洁,填塞后应捻实			第9.2.14条	—	—	—
		捻口用水泥强度应不低于32.5MPa,接口水 泥应密实饱满			第9.2.15条	—	—	—
		采用水泥捻口的给水铸铁管,在安装地点有 侵蚀性的地下水时,应在接口处涂抹沥青防 腐层			第9.2.16条	—	—	—
		橡胶圈接口的埋地给水管道			第9.2.17条	—	—	—
	5	管道安装允许偏差	坐标	铸铁管	埋地	100mm	—	—	—
					敷设在沟槽内	50mm	—	—	—
				钢管、塑料 管、复合管	埋地	100mm	全/10	检查10处,合格10处	100%
					敷设沟槽内或架空	40mm	—	—	—
			标高	铸铁管	埋地	±50mm	—	—	—
					敷设沟槽内	±30mm	—	—	—
				钢管、塑料 管、复合管	埋地	±50mm	全/10	检查10处,合格10处	100%
					敷设沟槽内或架空	±30mm	—	—	—
			水平 管纵 横向 弯曲	铸铁管	直段(25m以上) 起点—终点	40mm	—	—	—
				钢管、塑料 管、复合管	直段(25m以上) 起点—终点	30mm	全/5	检查5处,合格5处	100%

施工单位 检查结果	符合要求 专业工长:××× 项目专业质量检查员:××× ××年×月×日
监理单位 验收结论	合格 专业监理工程师:××× ××年×月×日

室外消火栓系统安装检验批质量验收记录

05060201 ___001___

单位(子单位)工程名称		××大厦	分部(子分部)工程名称	建筑给水排水及供暖/室外给水管网	分项工程名称		室外消火栓系统安装
施工单位		××建筑有限公司	项目负责人	×××	检验批容量		1套
分包单位		—	分包单位项目负责人	—	检验批部位		室外消防系统
施工依据		室外管道安装施工组织设计	验收依据		《建筑给水排水及采暖工程施工质量验收规范》GB 50242—2002		

		验收项目	设计要求及规范规定	最小/实际抽样数量	检查记录	检查结果
主控项目	1	系统水压试验	第9.3.1条	—	—	—
	2	管道冲洗	第9.3.2条	—	—	—
	3	消防水泵结合器和室外消火栓位置标识	第9.3.3条	10/10	检查10处,合格10处	✓
一般项目	1	地下式消防水泵接合器、消火栓安装	第9.3.5条	10/10	检查10处,合格10处	100%
	2	阀门安装应方向正确、启闭灵活	第9.3.6条	10/10	检查10处,合格10处	100%
	3	室外消火栓和消防水泵结合器安装尺寸、栓口安装高度允许偏差	±20mm	10/10	检查10处,合格9处	90%

施工单位检查结果	符合要求 专业工长:××× 项目专业质量检查员:××× ××年×月×日
监理单位验收结论	合格 专业监理工程师:××× ××年×月×日

室外排水管网排水管道安装检验批质量验收记录

05070101 ___001

单位(子单位)工程名称	××大厦	分部(子分部)工程名称	建筑给水排水及供暖/室外给水管网	分项工程名称	排水管道安装
施工单位	××建筑有限公司	项目负责人	×××	检验批容量	48m
分包单位	—	分包单位项目负责人	—	检验批部位	室外排水管道
施工依据	室外管道安装施工组织设计	验收依据		《建筑给水排水及采暖工程施工质量验收规范》GB 50242—2002	

		验 收 项 目		设计要求及规范规定	最小/实际抽样数量	检 查 记 录	检查结果
主控项目	1	管道坡度符合设计要求,严禁无坡和倒坡		设计要求	10/10	检查10处,合格10处	✓
	2	灌水和通水试验		第10.2.2条	—	—	—
一般项目	1	排水铸铁管的水泥捻口		第10.2.4条	10/10	检查10处,合格10处	100%
	2	排水铸铁管除锈、涂漆		第10.2.5条	10/10	检查10处,合格10处	100%
	3	承插接口安装方向		第10.2.6条	10/10	检查10处,合格10处	100%
	4	混凝土管或钢筋混凝土管抹带接口的要求		第10.2.7条	—	—	—
	5	允许偏差	坐标 埋地	100mm	10/10	检查10处,合格9处	90%
			坐标 敷设在沟槽内	50mm	—	—	—
			标高 埋地	±20mm	10/10	检查10处,合格9处	90%
			标高 敷设在沟槽内	±20mm	—	—	—
			水平管道纵横向弯曲 每5m长	10mm	10/10	检查10处,合格9处	90%
			水平管道纵横向弯曲 全长(两井间)	30mm	10/10	检查10处,合格9处	90%

施工单位检查结果	符合要求 专业工长:××× 项目专业质量检查员:××× ××年×月×日
监理单位验收结论	合格 专业监理工程师:××× ××年×月×日

197

室外排水管网排水管沟与井池检验批质量验收记录

05070201 ___001___

单位(子单位)工程名称	××大厦	分部(子分部)工程名称	建筑给水排水及供暖/室外排水管网	分项工程名称	排水管沟与井池
施工单位	××建筑有限公司	项目负责人	×××	检验批容量	48m
分包单位	—	分包单位项目负责人	—	检验批部位	室外管沟及井池
施工依据	室外管道安装施工组织设计		验收依据	《建筑给水排水及采暖工程施工质量验收规范》GB 50242—2002	

		验 收 项 目	设计要求及规范规定	最小/实际抽样数量	检 查 记 录	检查结果
主控项目	1	沟基的处理和井池的底板	设计要求	10/10	检查10处,合格10处	✓
	2	检查井、化粪池的底板及进出口水管标高	设计要求	10/10	检查10处,合格10处	✓
一般项目	1	井池的规格、尺寸和位置,砌筑、抹灰	第10.3.3条	10/10	检查10处,合格10处	100%
	2	井盖标志选用正确	第10.3.4条	10/10	检查10处,合格10处	100%

施工单位检查结果	符合要求 专业工长:××× 项目专业质量检查员:××× ××年×月×日
监理单位验收结论	合格 专业监理工程师:××× ××年×月×日

室外供热管网管道及配件安装检验批质量验收记录

05080101 ___001___

单位(子单位) 工程名称	××大厦		分部(子分部) 工程名称	建筑给水排水及供 暖/室外供热管网	分项工程名称	管道及配件安装
施工单位	××建筑有限公司		项目负责人	×××	检验批容量	48m
分包单位	—		分包单位 项目负责人	—	检验批部位	室外给水管道
施工依据	室外管道安装施工组织设计			验收依据	《建筑给水排水及采暖工程施工质量 验收规范》GB 50242—2002	

验收项目			设计要求及 规范规定	最小/实际 抽样数量	检查记录	检查 结果
主控项目	1	平衡阀与调节阀安装位置及调试	设计要求	—	—	—
	2	直埋无补偿供热管道预热伸长及三通加固	设计要求	10/10	抽查10处,合格10处	√
	3	补偿器位置、预拉伸,支架位置和构造	设计要求	10/10	抽查10处,合格10处	√
	4	检查井、入口管道布置方便操作维修	第11.2.4条	10/10	抽查10处,合格10处	√
	5	直埋管道及接口现场发泡保温处理	第11.2.5条	10/10	抽查10处,合格10处	√
	6	供热管道的水压试验	第11.3.1条	—	—	—
		供热管道做水压试验时,试验管道上的阀门应开启,试验管道与非试验管道应隔断	第11.3.4条	—	—	—
	7	管道冲洗	第11.3.2条	—	—	—
	8	通热试运行调试	第11.3.3条	—	—	—
一般项目	1	管道的坡度	设计要求	10/10	抽查10处,合格10处	100%
	2	除污器构造、安装位置	第11.2.7条	10/10	抽查10处,合格10处	100%
	3	管道的焊接	第11.2.9条	10/10	抽查10处,合格10处	100%
		管道及管件焊接的焊缝表面质量	第11.2.10条	10/10	抽查10处,合格10处	100%
	4	供热管道的供水管或蒸汽管,若设计无规定时,应敷设在载热介质前进方向的右侧或上方	第11.2.11条	10/10	抽查10处,合格10处	100%
		地沟内的管道安装位置	第11.2.12条	10/10	抽查10处,合格10处	100%
		架空敷设的供热管道安装高度	第11.2.13条	10/10	抽查10处,合格10处	100%

续表

		验收项目			设计要求及规范规定	最小/实际抽样数量	检查记录	检查结果
一般项目	5	管道防腐应符合规范			第11.2.14条	10/10	抽查10处,合格10处	100%
	6	安装允许偏差	坐标(mm)	敷设在沟槽内及架空	20	10/10	抽查10处,合格9处	90%
				埋地	50	—	—	—
			标高(mm)	敷设在沟槽内及架空	±10	10/10	抽查10处,合格9处	90%
				埋地	±15	—	—	—
			水平管道纵横方向弯曲(mm)	每米 管径≤100mm	1	10/10	抽查10处,合格9处	90%
				每米 管径>100mm	1.5	—	—	—
				全长(25m以上) 管径≤100mm	≤13	10/10	抽查10处,合格9处	90%
				全长(25m以上) 管径>100mm	≤25	—	—	—
			椭圆率	管径≤100mm	8%	10/10	抽查10处,合格9处	90%
				管径>100mm	5%	—	—	—
			褶皱不平度(mm)	管径≤100mm	4	10/10	抽查10处,合格9处	90%
				管径125～200mm	5	10/10	抽查10处,合格9处	90%
				管径250～400mm	7	—	—	—
	7	管道保温允许偏差	厚度		$+0.1\delta$, -0.05δ	10/10	抽查10处,合格9处	90%
			表面平整度	卷材	5	10/10	抽查10处,合格9处	90%
				涂抹	10	10/10	抽查10处,合格9处	90%

施工单位检查结果	符合要求 专业工长:××× 项目专业质量检查员:××× ××年×月×日
监理单位验收结论	合格 专业监理工程师:××× ××年×月×日

室外供热管网系统水压试验及调试检验批质量验收记录

05080201   001

单位(子单位) 工程名称	××大厦	分部(子分部) 工程名称	建筑给水排水及供 暖/室外供热管网	分项工程名称	系统水压试验 及调试
施工单位	××建筑有限公司	项目负责人	×××	检验批容量	1套
分包单位	—	分包单位 项目负责人	—	检验批部位	给水系统
施工依据	室外管道安装施工组织设计		验收依据	《建筑给水排水及采暖工程施工质量 验收规范》GB 50242—2002	

验 收 项 目			设计要求及 规范规定	最小/实际 抽样数量	检 查 记 录	检查 结果
主控项目	1	系统水压试验	第11.3.1条	—	水压强度试验合格,报告 编号××××	√
	2	管道冲洗	第11.3.2条	—	管道冲洗试验合格,报告 编号××××	√
	3	系统试运行和调试	第11.3.3条	—	系统试运行合格,报告编 号××××	√
	4	开启和关闭阀门	第11.3.4条	10/10	抽查10处,合格10处	√

施工单位 检查结果	符合要求 专业工长:××× 项目专业质量检查员:××× ××年×月×日
监理单位 验收结论	合格 专业监理工程师:××× ××年×月×日

建筑中水系统检验批质量验收记录

05100101 001

单位(子单位)工程名称	××大厦		分部(子分部)工程名称	建筑给水排水及供暖/建筑中水系统及雨水利用系统	分项工程名称	建筑中水系统
施工单位	××建筑有限公司		项目负责人	×××	检验批容量	1套
分包单位	—		分包单位项目负责人	—	检验批部位	一～三层
施工依据	室内管道安装施工组织设计			验收依据	《建筑给水排水及采暖工程施工质量验收规范》GB 50242—2002	

		验收项目	设计要求及规范规定	最小/实际抽样数量	检查记录	检查结果
主控项目	1	中水水箱设置	第12.2.1条	10/10	检查10处,合格10处	√
	2	中水管道上装设用水器	第12.2.2条	10/10	检查10处,合格10处	√
	3	中水管道严禁与生活饮用水管道连接	第12.2.3条	10/10	检查10处,合格9处	√
	4	管道暗装时的要求	第12.2.4条	10/10	检查10处,合格10处	√
一般项目	1	中水管道及配件材质	第12.2.5条	10/10	检查10处,合格10处	100%
	2	中水管道与其他管道平行交叉敷设的净距	第12.2.6条	10/10	检查10处,合格10处	100%

施工单位检查结果	符合要求 专业工长:××× 项目专业质量检查员:××× ××年×月×日
监理单位验收结论	合格 专业监理工程师:××× ××年×月×日

游泳池及公共浴池水系统管道和配件系统安装检验批质量验收记录

05110101___001

单位(子单位)工程名称	××大厦	分部(子分部)工程名称	建筑给水排水及供暖/游泳池及公共浴池水系统	分项工程名称	管道及配件系统安装
施工单位	××建筑有限公司	项目负责人	×××	检验批容量	48m
分包单位	—	分包单位项目负责人	—	检验批部位	游泳池管道和配件
施工依据	室外管道安装施工组织设计		验收依据	《建筑给水排水及采暖工程施工质量验收规范》GB 50242—2002	

		验收项目	设计要求及规范规定	最小/实际抽样数量	检查记录	检查结果
主控项目	1	游泳池给水配件材质	第12.3.1条	10/10	检查10处,合格10处	√
	2	游泳池毛发聚集器过滤网	第12.3.2条	10/10	检查10处,合格10处	√
	3	游泳池池面应采取措施防止冲洗排水流入池内	第12.3.3条	10/10	检查10处,合格10处	√
一般项目	1	游泳池循环水系统加药(混凝剂)的药品溶解池、溶液池及定量投加设备应采用耐腐蚀材料制作	第12.3.4条	10/10	检查10处,合格10处	100%
		游泳池的浸脚、浸腰消毒池的给水管、投药管、溢流管、循环管和泄空管应采用耐腐蚀材料制成	第12.3.5条	10/10	检查10处,合格10处	100%

施工单位检查结果	符合要求 专业工长:××× 项目专业质量检查员:××× ××年×月×日
监理单位验收结论	合格 专业监理工程师:××× ××年×月×日

锅炉安装检验批质量验收记录

05130101 001

单位(子单位)工程名称	××大厦		分部(子分部)工程名称	建筑给水排水及供暖/热源及辅助设备	分项工程名称		锅炉安装
施工单位	××建筑有限公司		项目负责人	×××	检验批容量		1台
分包单位	—		分包单位项目负责人	—	检验批部位		锅炉房
施工依据	锅炉安装施工方案			验收依据	《建筑给水排水及采暖工程施工质量验收规范》GB 50242—2002		

		验 收 项 目		设计要求及规范规定	最小/实际抽样数量	检 查 记 录	检查结果
主控项目	1	锅炉基础验收		设计要求	—	基础外观尺寸符合要求,强度检查试验合格,报告编号××××	√
	2	燃油、燃气及非承压锅炉安装		第13.2.2条 第13.2.3条 第13.2.4条	10/10	检查10处,合格10处	√
	3	锅炉烘炉和试运行		第13.5.1条 第13.5.2条 第13.5.3条	—	—	—
	4	排污管和排污阀安装		第13.2.5条	10/10	检查10处,合格10处	√
	5	锅炉和省煤器的水压试验		第13.2.6条	—	—	—
	6	机械炉排冷态试运行		第13.2.7条	—	—	—
	7	本体管道焊接		第13.2.8条	10/10	检查10处,合格10处	√
一般项目	1	锅炉煮炉		第13.5.4条			
	2	铸铁省煤器肋片破损数		第13.2.12条	10/10	检查10处,合格10处	100%
	3	锅炉本体安装的坡度		第13.2.13条	10/10	检查10处,合格10处	100%
	4	锅炉炉底风室		第13.2.14条	10/10	检查10处,合格10处	100%
	5	省煤器出入口管道及阀门		第13.2.15条	10/10	检查10处,合格10处	100%
	6	电动调节阀安装		第13.2.16条	10/10	检查10处,合格10处	100%
	7	锅炉安装允许偏差	坐标	10mm	10/10	检查10处,合格9处	90%
			标高	±5mm	10/10	检查10处,合格9处	90%
			中心线垂直度 立式锅炉炉体全高	4mm	10/10	检查10处,合格9处	90%
			中心线垂直度 卧式锅炉炉体全高	3mm	—	—	—
	8	链条炉排安装允许偏差	炉排中心位置	2mm	10/10	检查10处,合格9处	90%
			前后中心线的相对标高差	5mm	10/10	检查10处,合格9处	90%
			前轴、后轴的水平度(每米)	1mm	10/10	检查10处,合格9处	90%
			墙壁板间两对角线长度之差	5mm	10/10	检查10处,合格9处	90%
	9	往复炉排安装允许偏差	炉排片间隙 纵向	1mm	10/10	检查10处,合格9处	90%
			炉排片间隙 两侧	2mm	10/10	检查10处,合格9处	90%
			两侧板对角线长度之差	5mm	10/10	检查10处,合格9处	90%
	10	省煤器支架安装允许偏差	支承架的水平方向位置	3mm	10/10	检查10处,合格9处	90%
			支承架的标高	0,−5mm	10/10	检查10处,合格9处	90%
			支承架纵横水平度(每米)	1mm	10/10	检查10处,合格9处	90%
施工单位检查结果		符合要求				专业工长:××× 项目专业质量检查员:××× ××年×月×日	
监理单位验收结论		合格				专业监理工程师:××× ××年×月×日	

辅助设备及管道安装检验批质量验收记录

05130201 ___001___

单位(子单位) 工程名称	××大厦		分部(子分部) 工程名称	建筑给水排水及供 暖/热源及辅助设备	分项工程名称	辅助设备及 管道安装
施工单位	××建筑有限公司		项目负责人	×××	检验批容量	10 台
分包单位	—		分包单位 项目负责人	—	检验批部位	锅炉房
施工依据	锅炉安装施工方案			验收依据	《建筑给水排水及采暖工程施工质量 验收规范》GB 50242—2002	

		验 收 项 目		设计要求及 规范规定	最小/实际 抽样数量	检 查 记 录	检查 结果
主控项目	1	辅助设备基础验收		设计要求	10/10	外观尺寸符合要求,强度 检查试验合格,报告编号× ×××	√
	2	风机试运转		第13.3.2条	—	—	—
	3	分汽缸、分水器、集水器水压试验		第13.3.3条	—	—	—
	4	敞口水箱、密闭水箱、满水或压力试验		第13.3.4条	—	—	—
	5	地下直埋油罐气密性试验		第13.3.5条	—	—	—
	6	工艺管道水压试验		第13.3.6条	—	—	—
	7	各种设备的操作通道		第13.3.7条	10/10	检查10处,合格10处	√
	8	仪表、阀门的安装		第13.3.8条	10/10	检查10处,合格10处	√
	9	管道焊接		第13.3.9条	10/10	检查10处,合格10处	√
一般项目	1	单斗式提升机安装		第13.3.12条	10/10	检查10处,合格10处	100%
	2	风机传动部位安全防护装置		第13.3.13条	10/10	检查10处,合格10处	100%
	3	手摇泵、注水器安装高度		第13.3.15条 第13.3.17条	10/10	检查10处,合格10处	100%
	4	水泵安装及试运转		第13.3.14条 第13.3.16条	—	—	—
	5	除尘器安装		第13.3.18条	10/10	检查10处,合格10处	100%
	6	除氧器排汽管		第13.3.19条	10/10	检查10处,合格10处	100%
	7	软化水设备安装		第13.3.20条	10/10	检查10处,合格10处	100%
	8	管道及设备表面涂漆		第13.3.22条	10/10	检查10处,合格10处	100%
	9	安装允许偏差	送引风机	坐标	10mm	10/10	检查10处,合格9处	90%
				标高	±5mm	10/10	检查10处,合格9处	90%
			各种静置设备	坐标	15mm	10/10	检查10处,合格9处	90%
				标高	±5mm	10/10	检查10处,合格9处	90%
				垂直度(每米)	2mm	10/10	检查10处,合格9处	90%
			离心式水泵	泵体水平度(每米)	0.1mm	10/10	检查10处,合格9处	90%
			联轴器	轴向倾斜(每米)	0.8mm	10/10	检查10处,合格9处	90%
			同心度	径向位移	0.1mm	10/10	检查10处,合格9处	90%
	10	链条炉排安装	炉排中心位置		2mm	10/10	检查10处,合格9处	90%
			前后中心线的相对标高差		5mm	10/10	检查10处,合格9处	90%
			前轴、后轴的水平度(每米)		1mm	10/10	检查10处,合格9处	90%
			墙壁板间两对角线长度之差		5mm	10/10	检查10处,合格9处	90%
	11	往复炉排 安装允许 偏差	炉排片间隙	纵向	1mm	10/10	检查10处,合格9处	90%
				两侧	2mm	10/10	检查10处,合格9处	90%
			两侧板对角线长度之差		5mm	10/10	检查10处,合格9处	90%
	12	省煤器支 架安装允 许偏差	支承架的水平方向位置		3mm	10/10	检查10处,合格9处	90%
			支承架的标高		0,—5mm	10/10	检查10处,合格9处	90%
			支承架纵横水平度(每米)		1mm	10/10	检查10处,合格9处	90%

施工单位 检查结果	符合要求 专业工长:××× 项目专业质量检查员:××× ××年×月×日
监理单位 验收结论	合格 专业监理工程师:××× ××年×月×日

安全附件安装检验批质量验收记录

05130301 ___001___

单位(子单位) 工程名称	××大厦	分部(子分部) 工程名称	建筑给水排水及供 暖/热源及辅助设备	分项工程名称	安全附件 安装
施工单位	××建筑有限公司	项目负责人	×××	检验批容量	10件
分包单位	—	分包单位 项目负责人	—	检验批部位	锅炉房
施工依据	锅炉安装施工方案		验收依据	《建筑给水排水及采暖工程施工质量 验收规范》GB 50242—2002	

		验 收 项 目	设计要求及 规范规定	最小/实际 抽样数量	检 查 记 录	检查 结果
主控项目	1	锅炉和省煤器安全阀定压	第13.4.1条	10/10	检查10处,合格10处	√
	2	压力表刻度极限、表盘直径	第13.4.2条	10/10	检查10处,合格10处	√
	3	水位表安装	第13.4.3条	10/10	检查10处,合格10处	√
	4	锅炉的超温、超压及高低水位 报警装置	第13.4.4条	10/10	检查10处,合格10处	√
	5	安全阀排气管、泄水管安装	第13.4.5条	10/10	检查10处,合格10处	√
一般项目	1	压力表安装	第13.4.6条	10/10	检查10处,合格10处	100%
	2	测压仪表取源部件安装	第13.4.7条	10/10	检查10处,合格10处	100%
	3	温度计安装	第13.4.8条	10/10	检查10处,合格10处	100%
	4	压力表与温度计在管道上的 相对位置	第13.4.9条	10/10	检查10处,合格10处	100%
施工单位 检查结果	符合要求 专业工长:××× 项目专业质量检查员:××× ××年×月×日					
监理单位 验收结论	合格 专业监理工程师:××× ××年×月×日					

换热站安装检验批质量验收记录

05130401 ___001___

单位(子单位) 工程名称	××大厦		分部(子分部) 工程名称	建筑给水排水及供 暖/热源及辅助设备		分项工程名称		换热站安装		
施工单位	××建筑有限公司		项目负责人	×××		检验批容量		1组		
分包单位	—		分包单位 项目负责人	—		检验批部位		低区换热系统		
施工依据	锅炉安装施工方案			验收依据		《建筑给水排水及采暖工程施工质量 验收规范》GB 50242—2002				

		验 收 项 目			设计要求及 规范规定	最小/实际 抽样数量	检 查 记 录	检查 结果
主控项目	1	热交换器水压试验			第13.6.1条	—	—	—
	2	高温水循环泵与换热器相对位置			第13.6.2条	10/10	检查10处,合格10处	✓
	3	壳管换热器距墙及屋顶距离			第13.6.3条	10/10	检查10处,合格10处	✓
一般项目	1	设备、阀门及仪表安装			第13.6.5条	10/10	检查10处,合格10处	100%
	2	静置设备 允许偏差	坐标		15mm	10/10	检查10处,合格9处	90%
			标高		±5mm	10/10	检查10处,合格9处	90%
			垂直度(每米)		2mm	10/10	检查10处,合格9处	90%
		离心式水泵 允许偏差	泵体水平度(每米)		0.1mm	10/10	检查10处,合格9处	90%
			联轴器 同心度	轴向倾斜(每米)	0.8mm	10/10	检查10处,合格9处	90%
				径向位移	0.1mm	10/10	检查10处,合格9处	90%
	3	管道 允许 偏差	坐标	架空	15mm	10/10	检查10处,合格9处	90%
				地沟	10mm	—	—	—
			标高	架空	±15mm	10/10	检查10处,合格9处	90%
				地沟	±10mm	—	—	—
			水平管道纵 横方向弯曲	DN≤100mm	2‰,最大 50mm	10/10	检查10处,合格9处	90%
				DN>100mm	3‰,最大 70mm	10/10	检查10处,合格9处	90%
			立管垂直(每米)		2‰,最大 15mm	10/10	检查10处,合格9处	90%
			成排管道间距		3mm	10/10	检查10处,合格9处	90%
			交叉管的外壁或绝热层间距		10mm	10/10	检查10处,合格9处	90%
	4	管道 设备保温 允许偏差	厚度		$+0.1\delta$ -0.05δ	10/10	检查10处,合格9处	90%
			表面平整度	卷材	5mm	10/10	检查10处,合格9处	90%
				涂抹	10mm	10/10	检查10处,合格9处	90%

施工单位 检查结果	符合要求 专业工长:××× 项目专业质量检查员:××× ××年×月×日
监理单位 验收结论	合格 专业监理工程师:××× ××年×月×日

热源及辅助设备绝热检验批质量验收记录

05130601 ___001

单位(子单位) 工程名称	××大厦	分部(子分部) 工程名称	建筑给水排水及供 暖/热源及辅助设备	分项工程名称	绝热
施工单位	××建筑有限公司	项目负责人	×××	检验批容量	10 台
分包单位	—	分包单位 项目负责人	—	检验批部位	锅炉房
施工依据	锅炉安装施工方案		验收依据	《建筑给水排水及采暖工程施工质量 验收规范》GB 50242—2002	

验收项目				设计要求及 规范规定	最小/实际 抽样数量	检查记录	检查 结果
一般项目	1	保温层允许偏差	厚度δ		$+0.1\delta$ -0.05δ	10/10	抽查10处,合格9处	90%
			表面平整度	卷材	5mm	10/10	抽查10处,合格9处	90%
				涂料	10mm	—	—	—

施工单位 检查结果	符合要求 专业工长:××× 项目专业质量检查员:××× ××年×月×日
监理单位 验收结论	合格 专业监理工程师:××× ××年×月×日

热源及辅助设备试验与调试检验批质量验收记录

05130701 ___001

单位(子单位) 工程名称	××大厦	分部(子分部) 工程名称	建筑给水排水及供 暖/热源及辅助设备	分项工程名称	系统调试
施工单位	××建筑有限公司	项目负责人	×××	检验批容量	4 台
分包单位	—	分包单位 项目负责人	—	检验批部位	锅炉房
施工依据	锅炉安装施工方案		验收依据	《建筑给水排水及采暖工程施工质量 验收规范》GB 50242—2002	

验 收 项 目			设计要求及 规范规定	最小/实际 抽样数量	检 查 记 录	检查 结果
主控项目	1	锅炉火焰烘炉	第13.5.1条	—	共10处,全部检查,合格 10处	✓
	2	烘烤后炉墙	第13.5.2条	—	共10处,全部检查,合格 10处	✓
	3	带负荷试运行和定压 检验	第13.5.3条	—	共10处,全部检查,合格 10处	✓
一般项目	1	煮炉	第13.5.4条	—	共10处,全部检查,合格 10处	100%

施工单位 检查结果	符合要求 专业工长:××× 项目专业质量检查员:××× ××年×月×日
监理单位 验收结论	合格 专业监理工程师:××× ××年×月×日

6.1.2 《分项工程质量验收记录》填写范例

<u>给水管道及配件安装</u> 分项工程质量验收记录

编号：×××

单位(子单位)工程名称	××办公楼工程	分部(子分部)工程名称	建筑给水排水及供暖（室内给水系统）		
分项工程工程量	××mm	检验批数量	7		
施工单位	××建设集团有限公司	项目负责人	×××	项目技术负责人	×××
分包单位	—	分包单位项目负责人	—	分包内容	—

序号	检验批名称	检验批容量	部位/区段	施工单位检查结果	监理单位验收结论
1	给水管道及配件安装	××m	B01~11层冷水主干、立管及出户管	符合要求	合格
2	给水管道及配件安装	××m	5层1~13/D~F轴冷水支管	符合要求	合格
3	给水管道及配件安装	××m	4层1~13/D~F轴冷水支管	符合要求	合格
4	给水管道及配件安装	××m	3层1~13/E~F轴冷水支管	符合要求	合格
5	给水管道及配件安装	××m	2层1~13/E~F轴冷水支管	符合要求	合格
6	给水管道及配件安装	××m	1层1~13/A~G轴冷水支管	符合要求	合格
7	给水管道及配件安装	××m	B01层1~13/A~H轴冷水支管	符合要求	合格
8					
9					
10					
11					
12					
13					
14					
15					

说明： 检验批质量验收记录资料齐全完整。		
施工单位检查结构	符合要求 项目专业技术负责人：××× ××年×月×日	
监理单位验收结论	合格 专业监理工程师：××× ××年×月×日	

6.1.3 《分部工程质量验收记录》填写范例

表 G 建筑给水排水及采暖 分部工程质量验收记录

编号： 005

单位(子单位)工程名称	××大厦	子分部工程数量	5	分项工程数量	29
施工单位	××建筑有限公司	项目负责人	×××	技术(质量)负责人	×××
分包单位	—	分包单位负责人	—	分包内容	—

序号	子分部工程名称	分项工程名称	检验批数量	施工单位检查结果	监理单位验收结论
1	室内给水系统	给水管道及配件安装	10	符合要求	合格
2	室内给水系统	给水设备安装	2	符合要求	合格
3	室内给水系统	室内消火栓系统安装	10	符合要求	合格
4	室内给水系统	消防喷淋系统安装	10	符合要求	合格
5	室内给水系统	防腐	10	符合要求	合格
6	室内给水系统	绝热	10	符合要求	合格
7	室内给水系统	管道冲洗	2	符合要求	合格
8	室内给水系统	消毒	2	符合要求	合格
质量控制资料			检查14项,齐全有效		合格
安全和功能检验结果			检查6项,符合要求		合格
观感质量检验结果			一般		
综合验收结论			给水排水及采暖分部工程验收合格		

施工单位 项目负责人:××× ××年×月×日	勘察单位 项目负责人: 年 月 日	设计单位 项目负责人:××× ××年×月×日	监理单位 总监理工程师:××× ××年×月×日

注：1. 地基与基础分部工程的验收应由施工、勘察、设计单位项目负责人和总监理工程师参加并签字。
　　2. 主体结构、节能分部工程的验收应由施工、设计单位项目负责人和总监理工程师参加并签字。

续表

单位(子单位) 工程名称	××大厦	子分部工程 数量	5	分项工程数量	29
施工单位	××建筑有限公司	项目负责人	×××	技术(质量) 负责人	×××
分包单位	—	分包单位 负责人	—	分包内容	—

序号	子分部工程名称	分项工程名称	检验批 数量	施工单位 检查结果	监理单位 验收结论
9	室内给水系统	试验与调试	2	符合要求	合格
10	室内排水系统	排水管道及配件安装	10	符合要求	合格
11	室内排水系统	雨水管道及配件安装	2	符合要求	合格
12	室内排水系统	防腐	10	符合要求	合格
13	室内排水系统	试验与调试	2	符合要求	合格
14	室内热水系统	管道及配件安装	10	符合要求	合格
15	室内热水系统	辅助设备安装	2	符合要求	合格
16	室内热水系统	防腐	10	符合要求	合格
质量控制资料			检查14项,齐全有效		合格
安全和功能检验结果			检查6项,符合要求		合格
观感质量检验结果			一般		
综合验收结论			给水排水及采暖分部工程验收合格		

施工单位 项目负责人:××× ××年×月×日	勘察单位 项目负责人: 年 月 日	设计单位 项目负责人:××× ××年×月×日	监理单位 总监理工程师:××× ××年×月×日

注: 1. 地基与基础分部工程的验收应由施工、勘察、设计单位项目负责人和总监理工程师参加并签字。

   2. 主体结构、节能分部工程的验收应由施工、设计单位项目负责人和总监理工程师参加并签字。

续表

单位(子单位)工程名称	××大厦	子分部工程数量		5	分项工程数量		29
施工单位	××建筑有限公司	项目负责人		×××	技术(质量)负责人		×××
分包单位	—	分包单位负责人		—	分包内容		—

序号	子分部工程名称	分项工程名称	检验批数量	施工单位检查结果	监理单位验收结论
17	室内热水系统	绝热	10	符合要求	合格
18	室内热水系统	试验与调试	10	符合要求	合格
19	卫生器具	卫生器具安装	10	符合要求	合格
20	卫生器具	卫生器具给水配件安装	10	符合要求	合格
21	卫生器具	卫生器具排水管道安装	10	符合要求	合格
22	卫生器具	试验与调试	10	符合要求	合格
23	卫生器具	管道及配件安装	10	符合要求	合格
24	卫生器具	辅助设备安装	2	符合要求	合格
质量控制资料			检查14项,齐全有效		合格
安全和功能检验结果			检查6项,符合要求		合格
观感质量检验结果			一般		
综合验收结论			给水排水及采暖分部工程验收合格		

施工单位 项目负责人:××× ××年×月×日	勘察单位 项目负责人: 年 月 日	设计单位 项目负责人:××× ××年×月×日	监理单位 总监理工程师:××× ××年×月×日

注:1. 地基与基础分部工程的验收应由施工、勘察、设计单位项目负责人和总监理工程师参加并签字。
　　2. 主体结构、节能分部工程的验收应由施工、设计单位项目负责人和总监理工程师参加并签字。

续表

单位(子单位) 工程名称	××大厦	子分部工程 数量	5	分项工程数量	29
施工单位	××建筑有限公司	项目负责人	×××	技术(质量) 负责人	×××
分包单位	—	分包单位 负责人	—	分包内容	—

序号	子分部工程名称	分项工程名称	检验批 数量	施工单位 检查结果	监理单位 验收结论
25	室内供暖系统	散热器安装	10	符合要求	合格
26	室内供暖系统	热计量与调控装置安装	2	符合要求	合格
27	室内供暖系统	试验与调试	2	符合要求	合格
28	室内供暖系统	防腐	10	符合要求	合格
29	室内供暖系统	绝热	10	符合要求	合格
质量控制资料			检查14项,齐全有效		合格
安全和功能检验结果			检查6项,符合要求		合格
观感质量检验结果			一般		
综合验收结论		给水排水及采暖分部工程验收合格			

施工单位
项目负责人:×××

　　××年×月×日

勘察单位
项目负责人:

　　年 月 日

设计单位
项目负责人:×××

　　××年×月×日

监理单位
总监理工程师:×××

　　××年×月×日

注：1. 地基与基础分部工程的验收应由施工、勘察、设计单位项目负责人和总监理工程师参加并签字。
　　2. 主体结构、节能分部工程的验收应由施工、设计单位项目负责人和总监理工程师参加并签字。

6.2 通风与空调工程施工质量验收记录

6.2.1 《检验批质量验收记录》填写范例

风管与配件产成品检验批质量验收记录（金属风管）

06010101　001

单位(子单位) 工程名称	××大厦	分部(子分部) 工程名称	通风与空调/ 送风系统	分项工程 名称	风管与配件制作
施工单位	××建筑有限公司	项目负责人	×××	检验批容量	风管面积:1200m² 风管:150件
分包单位	—	分包单位 项目负责人	—	检验批部位	⑯~㊱/㉥~Ⓡ轴 地下一层防火分区十
施工依据	《通风与空调工程施工规范》GB 50738—2011	验收依据	《通风与空调工程施工质量验收规范》GB 50243—2016		

		设计要求及质量 验收规范的规定	施工单位质量 评定记录	监理(建设)单位验收记录						
				单项检验批产品数量 N	单项抽样样本数 n	检验批汇总数量 ∑N	抽样样本汇总数量 ∑n	单项或汇总抽样检验不合格数量	评判结果	备注
主控项目	1	风管强度与严密性工艺检测	抽查4个系统,合格4个系统;质量证明文件齐全有效,测试合格,报告编号×××	12	4			0	合格	95%
	2	钢板风管性能及厚度	抽查7件,合格7件	150	7			0	合格	95%
	3	铝板与不锈钢板性能及厚度	—			462	25	—		
	4	风管的连接	抽查7件,合格7件	150	7			0	合格	95%
	5	风管的加固	抽查7件,合格7件	150	7			0	合格	95%
	6	防火风管								
	7	净化空调系统风管	—							
	8	镀锌钢板不得焊接	—							
	...	......								
一般项目	1	法兰风管	抽查3件,合格3件	150	3			0	合格	85%
	2	无法兰风管	—							—
	3	风管的加固	抽查3件,合格3件	150	3			0	合格	85%
	4	焊接风管								—
	5	铝板或不锈钢板风管	—			336	12			
	6	圆形弯管								
	7	矩形风管导流片	抽查3件,合格3件	18	3			0	合格	85%
	8	风管变径管	抽查3件,合格3件	18	3			0	合格	85%
	9	净化空调系统风管	—							—
	...	......								
施工单位 检查结果			符合要求	专业工长:××× 项目专业质量检查员:××× ××年×月×日						
监理单位 验收结论			合格	专业监理工程师:××× ××年×月×日						

风管与配件产成品检验批质量验收记录（非金属风管）

06010102　　001

单位(子单位) 工程名称	××大厦	分部(子分部) 工程名称	通风与空调/ 送风系统	分项工程 名称	风管与配件制作
施工单位	××建筑有限公司	项目负责人	×××	检验批容量	风管面积:1200m² 风管:150件
分包单位	—	分包单位 项目负责人	—	检验批部位	⑯～㊱/Ⓕ～Ⓡ轴 地下一层防火分区十
施工依据	《通风与空调工程施工规范》GB 50738—2011	验收依据	《通风与空调工程施工质量验收规范》GB 50243—2016		

		设计要求及质量 验收规范的规定	施工单位质量 评定记录	监理(建设)单位验收记录						
				单项检验批产品数量 N	单项抽样样本数 n	检验批汇总数量 ΣN	抽样样本汇总数量 Σn	单项或汇总抽样检验不合格数量	评判结果	备注
主控项目	1	风管强度与严密性工艺检测	抽查4个系统,合格4个系统;质量证明文件齐全有效,测试合格,报告编号×××	12	4			0	合格	95%
	2	硬聚氯乙烯风管材质、性能及厚度	抽查7件,合格7件;质量证明文件齐全,进场验收合格,记录编号×××	150	7			0	合格	95%
	3	玻璃钢风管材质、性能及厚度	—			312	18			
	4	硬聚氯乙烯风管的连接与加固	抽查7件,合格7件	150	7			0	合格	95%
	5	玻璃钢风管的连接与加固	—							
	6	砖、混凝土建筑风道	—							
	7	织物布风管	—							
	...	......								
一般项目	1	硬聚氯乙烯风管	抽查3件,合格3件	150	3			0	合格	85%
	2	有机玻璃钢风管	—							
	3	无机玻璃钢风管	—							
	4	砖、混凝土建筑风道	—			186	9			
	5	圆形弯管制作	—							
	6	矩形风管导流片	抽查3件,合格3件	18	3			0	合格	85%
	7	风管变径管	抽查3件,合格3件	18	3			0	合格	85%
	...	......								
施工单位 检查结果		符合要求 专业工长:××× 项目专业质量检查员:××× ××年×月×日								
监理单位 验收结论		合格 专业监理工程师:××× ××年×月×日								

风管与配件产成品检验批质量验收记录（复合材料风管）

06010103 ___001

单位(子单位) 工程名称	××大厦	分部(子分部) 工程名称	通风与空调/ 送风系统	分项工程 名称	风管与配件制作
施工单位	××建筑有限公司	项目负责人	×××	检验批容量	风管面积:1200m² 风管:150件
分包单位	—	分包单位 项目负责人	—	检验批部位	⑯～㊱/⑪～⑧轴 地下一层防火分区十
施工依据	《通风与空调工程施工 规范》GB 50738—2011	验收依据	《通风与空调工程施工质量验收规范》GB 50243—2016		

		设计要求及质量 验收规范的规定	施工单位质量 评定记录	监理(建设)单位验收记录						
				单项检 验批产 品数量 N	单项 抽样样 本数 n	检验批 汇总 数量 ∑N	抽样样 本汇总 数量 ∑n	单项或 汇总 抽样检验 不合格 数量	评判 结果	备注
主控项目	1	风管强度与严密性 工艺检测	抽查4个系统,合格4 个系统;质量证明文件齐 全有效,测试合格,报告 编号×××	12	4	162	11	0	合格	95%
	2	复合材料风管材 质、性能及厚度	抽查7件,合格7件; 质量证明文件齐全,进场 验收合格,记录编号× ×	150	7			0	合格	95%
	3	铝箔复合材料风管	—						—	
	4	夹芯彩钢板风管	—						—	
	…	……								
一般项目	1	风管及法兰	抽查3件,合格3件	150	3	186	9	0	合格	85%
	2	双面铝箔复合绝热 材料风管	—						—	
	3	铝箔玻璃纤维板 风管	—						—	
	4	机制玻璃纤维增强 氯氧镁水泥复合板 风管	—						—	
	5	圆形弯管制作	—						—	
	6	矩形风管导流片	抽查3件,合格3件	18	3			0	合格	85%
	7	风管变径管	抽查3件,合格3件	18	3			0	合格	85%
	…	……								

施工单位 检查结果	符合要求 专业工长:××× 项目专业质量检查员:××× ××年×月×日
监理单位 验收结论	合格 专业监理工程师:××× ××年×月×日

风管部件与消声器产成品检验批质量验收记录

06010201 ___001___

单位(子单位)工程名称	××大厦	分部(子分部)工程名称	通风与空调/送风系统	分项工程名称	风管与配件制作
施工单位	××建筑有限公司	项目负责人	×××	检验批容量	部件:62件 风阀:6件 风口:14件
分包单位	—	分包单位项目负责人	—	检验批部位	⑯~㊱/Ｆ~Ｒ轴 地下一层防火分区十
施工依据	《通风与空调工程施工规范》GB 50738—2011	验收依据	《通风与空调工程施工质量验收规范》GB 50243—2016		

		设计要求及质量验收规范的规定	施工单位质量评定记录	监理(建设)单位验收记录						
				单项检验批产品数量 N	单项抽样样本数 n	检验批汇总数量 ∑N	抽样样本汇总数量 ∑n	单项或汇总抽样检验不合格数量	评判结果	备注
主控项目	1	外购部件验收	抽查7件,合格7件,质量证明文件齐全,进场验收合格,记录编号×××	62	7			0	合格	95%
	2	各类风阀验收	抽查3件,合格3件,测试合格,记录编号×××	6	3			0	合格	95%
	3	防火阀、排烟阀(口)	抽查5件,合格5件,质量证明文件齐全,进场验收合格,记录编号×××	14	5	94	21	0	合格	95%
	4	防爆风阀	—						—	
	5	消声器、消声弯管	抽查3件,合格3件,测试合格,记录编号×××	6	3			0	合格	95%
	6	防排烟系统柔性短管	抽查3件,合格3件,测试合格,记录编号×××	6	3			0	合格	95%
	…	……								
一般项目	1	风管部件及法兰规定	抽查3件,合格3件	62	3			0	合格	85%
	2	各类风阀验收	抽查3件,合格3件	6	3			0	合格	85%
	3	各类风罩	抽查4件,合格4件	14	4			0	合格	85%
	4	各类风帽	—						—	
	5	各类风口	抽查4件,合格4件	14	4	108	20	0	合格	85%
	6	消声器与消声静压箱	抽查3件,合格3件,测试合格,记录编号:×××	6	3			0	合格	85%
	7	柔性短管	抽查3件,合格3件	6	3			0	合格	85%
	8	空气过滤器及框架	—							
	9	电加热器	—							
	10	检查门	—							
施工单位检查结果			符合要求	专业工长:××× 项目专业质量检查员:××× ××年×月×日						
监理单位验收结论			合格	专业监理工程师:××× ××年×月×日						

风管系统安装检验批质量验收记录
(送风系统)

06010301 ___001___

单位(子单位)工程名称	××大厦		分部(子分部)工程名称	通风与空调/送风系统	分项工程名称		风管系统安装
施工单位	××建筑有限公司		项目负责人	×××	检验批容量		风管:1200m²
分包单位	—		分包单位项目负责人	—	检验批部位		⑯~㉟/ⓕ~ⓡ轴地下一层防火分区十
施工依据	《通风与空调工程施工规范》GB 50738—2011		验收依据	《通风与空调工程施工质量验收规范》GB 50243—2016			

		设计要求及质量验收规范的规定	施工单位质量评定记录	监理(建设)单位验收记录						
				单项检验批产品数量 N	单项抽样样本数 n	检验批汇总数量 ΣN	抽样样本汇总数量 Σn	单项或汇总抽样检验不合格数量	评判结果	备注
主控项目	1	风管支吊架安装	抽查4个系统,合格4个系统	12	4	100	19	0	合格	95%
	2	风道穿越防火、防爆墙体或楼板	—						—	
	3	风管内严禁其他管线穿越	共12个系统,全数检查,合格12个系统						—	
	4	高于60℃风管系统							—	
	5	风管部件安装	抽查7件,合格7件	62	7			0	合格	95%
	6	风口的安装	抽查4件,合格4件	14	4			0	合格	95%
	7	风管严密性检验	抽查4个系统,合格4个系统;试验合格,记录编号:×××	12	4			0	合格	95%
	8	病毒实验室风管安装	—						—	
	⋯	⋯⋯								
一般项目	1	风管的支吊架	抽查4个系统,合格4个系统	12	4	70	25	0	合格	85%
	2	风管系统的安装	抽查4个系统,合格4个系统	12	4			0	合格	85%
	3	风管凝结水或其他液体风管							—	
	4	柔性短管安装	抽查3件,合格3件	6	3			0	合格	85%
	5	非金属风管安装							—	
	6	复合材料风管安装							—	
	7	风阀的安装	抽查3件,合格3件	6	3			0	合格	85%
	8	排风口、吸风罩(柜)安装	抽查4件,合格4件	14	4			0	合格	85%
	9	风帽安装	—						—	
	10	消声器及静压箱安装	抽查3件,合格3件	6	3			0	合格	85%
	11	风管内过滤器安装	抽查4件,合格4件	14	4			0	合格	85%
	⋯	⋯⋯								
施工单位检查结果			符合要求 专业工长:××× 项目专业质量检查员:××× ××年×月×日							
监理单位验收结论			合格 专业监理工程师:××× ××年×月×日							

风管系统安装检验批质量验收记录
（排风系统）

06020301　　001

单位(子单位)工程名称	××大厦	分部(子分部)工程名称	通风与空调/排风系统	分项工程名称	风管系统安装
施工单位	××建筑有限公司	项目负责人	×××	检验批容量	风管面积:1200m² 风管:150件
分包单位	—	分包单位项目负责人	—	检验批部位	⑯~㊱/ⓕ~ⓡ轴地下一层防火分区十
施工依据	《通风与空调工程施工规范》GB 50738—2011	验收依据	《通风与空调工程施工质量验收规范》GB 50243—2016		

		设计要求及质量验收规范的规定	施工单位质量评定记录	监理(建设)单位验收记录						
				单项检验批产品数量 N	单项抽样样本数 n	检验批汇总数量 ∑N	抽样样本汇总数量 ∑n	单项或汇总抽样检验不合格数量	评判结果	备注
主控项目	1	风管支吊架安装	抽查4个系统,合格4个系统	12	4			0	合格	95%
	2	风管穿越防火、防爆墙	—							
	3	风管安装规定	—							
	4	高于60℃风管系统	—							
	5	风管部件安装	抽查8件,合格8件	72	8	110	20	0	合格	95%
	6	风口的安装	抽查4件,合格4件	14	4			0	合格	95%
	7	风管严密性检验	抽查4个系统,合格4个系统	12	4			0	合格	95%
	8	住宅排气管道安装	—						—	
	9	病毒实验室风管安装	—						—	
	…	……								
一般项目	1	风管的支吊架	抽查4个系统,合格4个系统	12	4			0	合格	85%
	2	风管系统的安装	抽查4个系统,合格4个系统	12	4			0	合格	85%
	3	含凝结水风管	—						—	
	4	柔性短管安装	抽查3件,合格3件	6	3			0	合格	85%
	5	非金属风管安装	—			78	20		—	
	6	复合材料风管安装	—						—	
	7	风阀的安装	抽查3件,合格3件	18	3			0	合格	85%
	8	排风口、吸风罩(柜)的安装	抽查3件,合格3件	24	3			0	合格	85%
	9	风帽的安装	—						—	
	10	风管过滤器安装	抽查3件,合格3件	6	3			0	合格	85%
	…	……								
施工单位检查结果		符合要求 专业工长:××× 项目专业质量检查员:××× ××年×月×日								
监理单位验收结论		合格 专业监理工程师:××× ××年×月×日								

220

风管系统安装检验批质量验收记录
（防排烟系统）

06030301 ___001___

单位(子单位) 工程名称	××大厦	分部(子分部) 工程名称	通风与空调/ 防排烟系统	分项工程 名称	风管系统安装
施工单位	××建筑有限公司	项目负责人	×××	检验批容量	风管：1200m²
分包单位	—	分包单位 项目负责人	—	检验批部位	⑯～㊱/Ｆ～Ⓡ轴 地下一层防火分区十
施工依据	《通风与空调工程施工 规范》GB 50738—2011	验收依据	《通风与空调工程施工质量验收规范》GB 50243—2016		

		设计要求及质量 验收规范的规定	施工单位质量 评定记录	监理(建设)单位验收记录						
				单项检 验批产 品数量 N	单项 抽样样 本数 n	检验批 汇总 数量 ΣN	抽样样 本汇总 数量 Σn	单项或 汇总 抽样检验 不合格 数量	评判 结果	备注
主控项目	1	风管支吊架安装	抽4个系统,合格4个 系统	12	4	80	22	0	合格	95%
	2	风管穿越防火、防 爆墙体或楼板	—						—	
	3	风管安装规定	共12个系统,全部检 查,合格12个系统						—	
	4	高于60℃风管系统	—						—	
	5	风管部件排烟阀 安装	抽查6件,合格5件	24	6			1	合格	95%
	6	正压风口的安装	抽查8件,合格8件	32	8			0	合格	95%
	7	风管严密性检验	抽查4个系统,合格4 个系统,系统测试合格, 记录编号×××	12	4			1	合格	95%
	8	柔性短管必须为不 燃材料	试验合格,记录编号× ××						—	
	...	......								
一般项目	1	风管的支吊架	抽查4个系统,合格4 个系统	12	4	80	17	0	合格	85%
	2	风管系统的安装	抽查4个系统,合格4 个系统	12	4			0	合格	85%
	3	柔性短管安装	抽查3件,合格3件	6	3			0	合格	85%
	4	防排烟风阀的安装	抽查3件,合格3件	18	3			0	合格	85%
	5	风口的安装	抽查3件,合格3件	32	3			0	合格	85%
	...	......								

施工单位 检查结果	符合要求 专业工长：××× 项目专业质量检查员：××× ××年×月×日
监理单位 验收结论	合格 专业监理工程师：××× ××年×月×日

风管系统安装检验批质量验收记录
(除尘系统)

06040301 ___001___

单位(子单位) 工程名称	××大厦	分部(子分部) 工程名称	通风与空调/ 除尘系统	分项工程 名称	风管系统安装
施工单位	××建筑有限公司	项目负责人	×××	检验批容量	风管面积:1400m²
分包单位	—	分包单位 项目负责人	—	检验批部位	⑯~㊱/Ⓕ~Ⓡ轴 地下一层防火分区十
施工依据	《通风与空调工程施工 规范》GB 50738—2011	验收依据	《通风与空调工程施工质量验收规范》GB 50243—2016		

		设计要求及质量 验收规范的规定	施工单位质量 评定记录	监理(建设)单位验收记录						
				单项检验批产品数量 N	单项抽样样本数 n	检验批汇总数量 ΣN	抽样样本汇总数量 Σn	单项或汇总抽样检验不合格数量	评判结果	备注
主控项目	1	风管支吊架安装	抽查4个系统,合格4个系统	14	4	70	18	0	合格	95%
	2	风管穿越防火、防爆墙体或楼板	—						—	
	3	风管安装规定	共14个系统,全部检查,合格14个系统							
	4	高于60℃风管系统								
	5	集中式真空吸尘系统安装	—							
	6	风管部件安装	抽查10件,合格9件	42	10			1	合格	95%
	7	风管严密性检验	抽查4个系统,合格4个系统;试验合格,记录编号×××	14	4			0	合格	95%
	...	......								
一般项目	1	风管的支吊架	抽查4个系统,合格4个系统	14	4	130	24	0	合格	85%
	2	风管系统的安装	抽查4个系统,合格4个系统	14	4			0	合格	85%
	3	除尘系统风管	抽查4个系统,合格4个系统	14	4			0	合格	85%
	4	柔性短管安装	抽查3件,合格3件	9	3			0	100%	85%
	5	风阀的安装	抽查3件,合格3件	24	3			0	100%	85%
	6	排风口、吸风罩(柜)的安装	抽查3件,合格3件	47	3			0	100%	85%
	7	风帽的安装	—						—	
	8	安装管内过滤器	抽查3件,合格3件	8	3			0	100%	85%
	...	......								

施工单位 检查结果	符合要求 专业工长:××× 项目专业质量检查员:××× ××年×月×日
监理单位 验收结论	合格 专业监理工程师:××× ××年×月×日

风管系统安装检验批质量验收记录（舒适性空调风系统）

06050301 ___001

单位(子单位) 工程名称	××大厦	分部(子分部) 工程名称	通风与空调/舒 适性空调风系统	分项工程 名称			风管系统安装		
施工单位	××建筑有限公司	项目负责人	×××	检验批容量			风管面积:1450m²		
分包单位	—	分包单位 项目负责人	—	检验批部位			⑯～㊱/⑪～⑰轴 八层商贸区		
施工依据	《通风与空调工程施工 规范》GB 50738—2011	验收依据	《通风与空调工程施工质量验收规范》GB 50243—2016						

		设计要求及质量 验收规范的规定	施工单位质量 评定记录	监理(建设)单位验收记录						
				单项检 验批产 品数量 N	单项 抽样样 本数 n	检验批 汇总 数量 ∑N	抽样样 本汇总 数量 ∑n	单项或 汇总 抽样检验 不合格 数量	评判 结果	备注
主控项目	1	风管支吊架安装	抽查4个系统,合格4 个系统	15	4	146	26	0	合格	95%
	2	风管穿越防火、防 爆墙体或楼板	—						—	
	3	风管内严禁其他管 线穿越	共15个系统,全数检 查,合格15个系统						合格	95%
	4	风管部件安装	抽查8件,合格8件	72	8			0	合格	95%
	5	风口的安装	抽查10件,合格9件	42	10			0	合格	95%
	6	风管严密性检验	抽查4个系统,合格4 个系统;试验合格,记录 编号×××	15	4			0	合格	95%
	7	病毒实验室风管 安装	—						—	
	...	......								
一般项目	1	风管的支吊架	抽查4个系统,合格4 个系统	15	4	115	23	0	合格	85%
	2	风管系统的安装	抽查4个系统,合格4 个系统	15	4			0	合格	85%
	3	柔性短管安装	抽查3件,合格3件	9	3			0	合格	85%
	4	非金属风管安装	—						—	
	5	复合材料风管安装	—						—	
	6	风阀的安装	抽查3件,合格3件	16	3			0	合格	85%
	7	消声器及消声弯管	抽查3件,合格3件	9	3			0	合格	85%
	8	风管过滤器安装	抽查3件,合格3件	9	3			0	合格	85%
	9	风口的安装	抽查3件,合格3件	42	3			0	合格	85%
	...	......								

施工单位 检查结果	符合要求 专业工长:××× 项目专业质量检查员:××× ××年×月×日
监理单位 验收结论	合格 专业监理工程师:××× ××年×月×日

风管系统安装检验批质量验收记录
(恒温恒湿空调风系统)

06060301 001

单位(子单位)工程名称	××大厦	分部(子分部)工程名称	通风与空调/恒温恒湿空调风系统	分项工程名称	风管系统安装
施工单位	××建筑有限公司	项目负责人	×××	检验批容量	风管面积:1560m²
分包单位	—	分包单位项目负责人	—	检验批部位	⑯～㊱/Ⓕ～Ⓡ轴八层商贸区
施工依据	《通风与空调工程施工规范》GB 50738—2011	验收依据	《通风与空调工程施工质量验收规范》GB 50243—2016		

		设计要求及质量验收规范的规定	施工单位质量评定记录	监理(建设)单位验收记录						
				单项检验批产品数量 N	单项抽样样本数 n	检验批汇总数量 ΣN	抽样样本汇总数量 Σn	单项或汇总抽样检验不合格数量	评判结果	备注
主控项目	1	风管支吊架安装	抽查5个系统,合格5个系统	16	5			0	合格	95%
	2	风管穿越防火、防爆墙体或楼板	—						—	
	3	风管内严禁其他管线穿越	共16个系统,全数检查,合格16个系统							
	4	高于60℃风管系统				160	27			
	5	风管及部件安装	抽查8件,合格7件	72	8			1	合格	95%
	6	风口的安装	抽查9件,合格8件	56	9			1	合格	95%
	7	风管严密性检验	抽查5个系统,合格5个系统;试验合格,记录编号×××	16	5			0	合格	95%
	8	病毒实验室风管安装	—						—	
	…	……								
一般项目	1	风管的支吊架	抽查3个系统,合格3个系统	16	3			0	合格	85%
	2	风管系统的安装	抽查3个系统,合格3个系统	16	3			0	合格	85%
	3	柔性短管安装	抽查3件,合格3件	9	3			0	合格	85%
	4	非金属风管安装	—						—	
	5	复合材料风管安装	—			133	21		—	
	6	风阀的安装	抽查3件,合格3件	18	3			0	合格	85%
	7	消声器及消声弯管	抽查3件,合格3件	9	3			0	合格	85%
	8	风管过滤器安装	抽查3件,合格3件	9	3			0	合格	85%
	9	风口的安装	抽查3件,合格3件	56	3			0	合格	85%
	…	……								
施工单位检查结果			符合要求 专业工长:××× 项目专业质量检查员:××× ××年×月×日							
监理单位验收结论			合格 专业监理工程师:××× ××年×月×日							

风管系统安装检验批质量验收记录
（净化空调风系统）

06070301 ___001

单位(子单位) 工程名称		××大厦	分部(子分部) 工程名称	通风与空调/ 净化空调风系统	分项工程 名称		风管系统安装				
施工单位		××建筑有限公司	项目负责人	×××	检验批容量		风管面积:1650m²				
分包单位		—	分包单位 项目负责人	—	检验批部位		⑯～㊱/Ⓕ～Ⓡ轴 八层商贸区				
施工依据		《通风与空调工程施工 规范》GB 50738—2011	验收依据	《通风与空调工程施工质量验收规范》GB 50243—2016							

		设计要求及质量 验收规范的规定	施工单位质量 评定记录	监理(建设)单位验收记录						
				单项检 验批产 品数量 N	单项 抽样样 本数 n	检验批 汇总 数量 ΣN	抽样样 本汇总 数量 Σn	单项或 汇总 抽样检验 不合格 数量	评判 结果	备注
主控项目	1	风管支吊架安装	抽查5个系统,合格5 个系统	17	5	127	23	0	合格	95%
	2	风管穿越防火、防 爆墙体或楼板	—						—	
	3	风管安装规定	共17个系统,全数检 查,合格17个系统						合格	95%
	4	净化系统风管安装	抽查5个系统,合格5 个系统	17	5			0	合格	95%
	5	风管部件安装	抽查8件,合格7件	76	8			1	合格	95%
	6	风管严密性检验	抽查5个系统,合格5 个系统;试验合格,记录 编号×××	17	5			0	合格	95%
	7	病毒实验室风管 安装	—						—	
	...	……								
一般项目	1	风管的支吊架	抽查3个系统,合格3 个系统	17	3	134	24	0	合格	85%
	2	风管系统的吊装	抽查3个系统,合格3 个系统	17	3			0	合格	85%
	3	柔性短管安装	抽查4件,合格4件	12	4			0	合格	85%
	4	非金属风管安装	—						—	
	5	复合材料风管安装							—	
	6	风阀的安装	抽查3件,合格3件	16	3			0	合格	85%
	7	消声器及消声弯管	抽查4件,合格4件	12	4			0	合格	85%
	8	风管过滤器安装	抽查4件,合格4件	12	4			0	合格	85%
	9	风口的安装	抽查3件,合格3件	48	3			0	合格	85%
	10	洁净室(区)内风口 安装	—						—	
	...	……								
施工单位 检查结果			符合要求 专业工长:××× 项目专业质量检查员:××× ××年×月×日							
监理单位 验收结论			合格 专业监理工程师:××× ××年×月×日							

风管系统安装检验批质量验收记录
（地下人防系统）

06080301 ___001___

单位(子单位) 工程名称	××大厦	分部(子分部) 工程名称	通风与空调/ 地下人防通风系统	分项工程 名称	风管系统安装
施工单位	××建筑有限公司	项目负责人	×××	检验批容量	风管面积:1560m²
分包单位	—	分包单位 项目负责人	—	检验批部位	⑯～㊱/F～®轴 地下一层防护单元一
施工依据	《通风与空调工程施工 规范》GB 50738—2011	验收依据	《通风与空调工程施工质量验收规范》GB 50243—2016		

		设计要求及质量 验收规范的规定	施工单位质量 评定记录	监理(建设)单位验收记录						
				单项检 验批产 品数量 N	单项 抽样样 本数 n	检验批 汇总 数量 ΣN	抽样样 本汇总 数量 Σn	单项或 汇总 抽样检验 不合格 数量	评判 结果	备注
主控项目	1	风管支吊架安装	抽查5个系统,合格5 个系统	16	5			0	合格	95%
	2	风管穿越防火、防 爆墙体或楼板	—					—		
	3	风管内严禁其他管 线穿越	共16个系统,全数检 查,合格16个系统	16	16				合格	95%
	4	风管及部件安装	抽查8件,合格7件	72	7	165	45	1	合格	95%
	5	风口的安装	抽查10件,合格9件	42	9			1	合格	95%
	6	风管严密性检验	抽查5个系统,合格5 个系统;试验合格,记录 编号×××	16	5			0	合格	95%
	7	人防染毒区焊接风 管安装	共3个系统,全数检 查,合格3个系统	3	3				合格	95%
	···	······								
一般项目	1	风管的支吊架	抽查3个系统,合格3 个系统	16	3			0	合格	85%
	2	风管系统的安装	抽查3个系统,合格3 个系统	16	3			0	合格	85%
	3	柔性短管安装	抽查4件,合格4件	12	4			0	合格	85%
	4	风阀的安装	抽查3件,合格3件	16	3	124	22	0	合格	85%
	5	消声器及静压箱 安装	抽查3件,合格3件	6	3			0	合格	85%
	6	风管过滤器安装	抽查3件,合格3件	16	3			0	合格	85%
	7	风口的安装	抽查3件,合格3件	42	3			0	合格	85%
	···	······								

施工单位 检查结果	符合要求 专业工长:××× 项目专业质量检查员:××× ××年×月×日
监理单位 验收结论	合格 专业监理工程师:××× ××年×月×日

风管系统安装检验批质量验收记录
(真空吸尘系统)

06090301___001

单位(子单位) 工程名称	××大厦	分部(子分部) 工程名称	通风与空调/ 真空吸尘系统	分项工程 名称	风管系统安装
施工单位	××建筑有限公司	项目负责人	×××	检验批容量	风管面积:1450m²
分包单位	—	分包单位 项目负责人	—	检验批部位	⑯～㊱/Ｆ～Ⓡ轴 八层餐饮区
施工依据	《通风与空调工程施工 规范》GB 50738—2011	验收依据	《通风与空调工程施工质量验收规范》GB 50243—2016		

		设计要求及质量 验收规范的规定	施工单位质量 评定记录	监理(建设)单位验收记录						
				单项检 验批产 品数量 N	单项 抽样样 本数 n	检验批 汇总 数量 ∑N	抽样样 本汇总 数量 ∑n	单项或 汇总 抽样检验 不合格 数量	评判 结果	备注
主控项目	1	吸尘系统管道安装 材料	质量证明文件齐全,进 场验收合格,记录编号× ××						合格	
	2	吸尘系统管道接口	共18处,全数检查,合 格18处						合格	95%
	3	吸尘系统管道弯管	共20处,全数检查,合 格20处						合格	95%
	4	吸尘系统管道三通	共15处,全数检查,合 格15处						合格	95%
	5	吸尘机组安装	共6台,全数检查,合 格6台						合格	95%
	…	……								
一般项目	1	系统安装坡度	抽查4个系统,合格4 个系统	15	4	30	8	0	合格	85%
	2	吸尘嘴安装	抽查4件,合格4件	15	4			0	合格	85%
	…	……								

施工单位 检查结果	符合要求 专业工长:××× 项目专业质量检查员:××× ××年×月×日
监理单位 验收结论	合格 专业监理工程师:××× ××年×月×日

风机与空气处理设备安装检验批质量验收记录
(通风系统)

06010401 001

单位(子单位)工程名称	××大厦	分部(子分部)工程名称	通风与空调/送风系统	分项工程名称	风机与空气处理设备安装
施工单位	××建筑有限公司	项目负责人	×××	检验批容量	风机:6台
分包单位	—	分包单位项目负责人	—	检验批部位	⑯～㊱/Ⓕ～Ⓡ轴地下一层防火分区十
施工依据	《通风与空调工程施工规范》GB 50738—2011	验收依据	《通风与空调工程施工质量验收规范》GB 50243—2016		

		设计要求及质量验收规范的规定	施工单位质量评定记录	监理(建设)单位验收记录						
				单项检验批产品数量 N	单项抽样样本数 n	检验批汇总数量 ∑N	抽样样本汇总数量 ∑n	单项或汇总抽样检验不合格数量	评判结果	备注
主控项目	1	风机及风机箱的安装	抽查3台,合格3台,质量证明文件齐全,进场验收合格,记录编号×××	6	3	6	3	0	合格	95%
	2	通风机安全措施	共6台,全数检查,合格6台						合格	95%
	3	空气热回收装置的安装	—						—	
	4	除尘器的安装	—						—	
	5	静电式空气净化装置的安装	—						—	
	6	电加热器的安装	—						—	
	7	过滤吸收器的安装	—						—	
	…	……								
一般项目	1	风机及风机箱的安装	抽查3台,合格3台,检查合格,记录编号×××	6	3	6	3	0	合格	85%
	2	风幕机的安装	—						—	
	3	空气过滤器的安装	—						—	
	4	蒸汽加湿器的安装	—						—	
	5	空气热回收器的安装	—						—	
	6	除尘器的安装	—						—	
	7	现场组装静电除尘器的安装	—						—	
	8	现场组装布袋除尘器的安装	—						—	
	…	……								

施工单位检查结果	符合要求 专业工长:××× 项目专业质量检查员:××× ××年×月×日
监理单位验收结论	合格 专业监理工程师:××× ××年×月×日

风机与空气处理设备安装检验批质量验收记录
(舒适性空调系统)

06050401   001

单位(子单位)工程名称	××大厦	分部(子分部)工程名称	通风与空调/舒适性空调风系统	分项工程名称	风管系统安装
施工单位	××建筑有限公司	项目负责人	×××	检验批容量	风管面积:1450m²
分包单位	—	分包单位项目负责人	—	检验批部位	⑯~㊱/Ⓕ~Ⓡ轴 八层商贸区
施工依据	《通风与空调工程施工规范》GB 50738—2011	验收依据	《通风与空调工程施工质量验收规范》GB 50243—2016		

		设计要求及质量验收规范的规定	施工单位质量评定记录	单项检验批产品数量 N	单项抽样样本数 n	检验批汇总数量 ΣN	抽样样本汇总数量 Σn	单项或汇总抽样检验不合格数量	评判结果	备注
主控项目	1	风机及风机箱的安装	抽查4台,合格4台	12	4	12	4	0	合格	95%
	2	通风机安全措施	共4台,全数检查,合格4台						合格	95%
	3	单元式与组合式空调机组	—						—	
	4	空气热回收装置的安装	—						—	
	5	空调末端设备的安装	—						—	
	6	静电式空气净化装置的安装	—						—	
	7	电加热器的安装	—						—	
	8	过滤吸收器的安装	—						—	
	...	......								
一般项目	1	风机及风机箱的安装	抽查4台,合格4台,检查合格,记录编号××	12	4	36	12	0	合格	85%
	2	风幕机的安装	—							
	3	单元式空调机组的安装	—							
	4	组合式空调机组、新风机组的安装	—							
	5	空气过滤器的安装	—							
	6	蒸汽加湿器的安装	—							
	7	紫外线、离子空气净化装置的安装	—							
	8	空气热回收器的安装	—							
	9	风机盘管机组的安装	抽查4台,合格4台,试验合格,记录编号××	12	4			0	合格	85%
	10	变风量、定风量末端装置的安装	抽查4台,合格4台,试验合格,记录编号××	12	4			0	合格	85%
	...	......								
施工单位检查结果			符合要求			专业工长:××× 项目专业质量检查员:××× ××年×月×日				
监理单位验收结论			合格			专业监理工程师:××× ××年×月×日				

风机与空气处理设备安装检验批质量验收记录
(恒温恒湿空调系统)

06060401　001

单位(子单位)工程名称	××大厦	分部(子分部)工程名称	通风与空调/恒温恒湿空调风系统	分项工程名称	风机与组合式空调机组安装
施工单位	××建筑有限公司	项目负责人	×××	检验批容量	风机:18台
分包单位	—	分包单位项目负责人	—	检验批部位	⑯~㊱/Ｆ~Ⓡ轴 八层商贸区
施工依据	《通风与空调工程施工规范》GB 50738—2011	验收依据	《通风与空调工程施工质量验收规范》GB 50243—2016		

		设计要求及质量验收规范的规定	施工单位质量评定记录	监理(建设)单位验收记录						
				单项检验批产品数量 N	单项抽样样本数 n	检验批汇总数量 ∑N	抽样样本汇总数量 ∑n	单项或汇总抽样检验不合格数量	评判结果	备注
主控项目	1	风机及风机箱的安装	抽查3台,合格3台	8	3			0	合格	95%
	2	通风机安全措施	共18台,全数检查,合格18台						合格	95%
	3	单元式与组合式空调机组	—						—	
	4	空气热回收装置的安装	—			32	9		—	
	5	空调末端设备的安装	—					1	合格	95%
	6	静电式空气净化装置的安装	—						—	
	7	电加热器的安装	—						—	
	…	……								
一般项目	1	风机及风机箱的安装	抽查3台,合格3台,检查合格,记录编号××	8	3			0	合格	85%
	2	单元式空调机组的安装	—						—	
	3	组合式空调机组、新风机组的安装	—						—	
	4	空气过滤器的安装	—			8	3		—	
	5	蒸汽加湿器的安装	—						—	
	6	空气热回收器的安装	—						—	
	7	变风量、定风量末端装置的安装	—						—	
	…	……								

施工单位检查结果	符合要求 专业工长:××× 项目专业质量检查员:××× ××年×月×日
监理单位验收结论	合格 专业监理工程师:××× ××年×月×日

风机与空气处理设备安装检验批质量验收记录
［洁净室（区）空调系统］

06070401 ___001___

单位(子单位) 工程名称	××大厦	分部(子分部) 工程名称	通风与空调/ 净化空调系统	分项工程 名称	风管与净化 空调机组安装
施工单位	××建筑有限公司	项目负责人	×××	检验批容量	风机：12台
分包单位	—	分包单位 项目负责人	—	检验批部位	⑯～㊱/Ⓕ～Ⓡ轴 八层商贸区
施工依据	《通风与空调工程施工 规范》GB 50738—2011	验收依据	《通风与空调工程施工质量验收规范》GB 50243—2016		

		设计要求及质量 验收规范的规定	施工单位质量 评定记录	单项检 验批产 品数量 N	单项 抽样样 本数 n	检验批 汇总 数量 ΣN	抽样样 本汇总 数量 Σn	单项或 汇总 抽样检验 不合格 数量	评判 结果	备注
主控项目	1	风机及风机箱的安装	抽查4台,合格4台	12	4			0	合格	95%
	2	通风机安全措施	共12台,全数检查,合格12台						合格	95%
	3	单元式与组合式空调机组	—			12	4		—	
	4	空气热回收装置的安装	—						—	
	5	高效过滤器的安装	—						—	
	6	空气过滤器单元(FFU)的安装	—						—	
	7	洁净层流罩的安装	—						—	
	8	电加热器的安装	—						—	
	...	......								
一般项目	1	风机及风机箱的安装	抽查3台,合格3台; 检查合格,记录编号× ××	12	3			0	合格	85%
	2	组合式空调机组、新风机组的安装	—						—	
	3	空气过滤器的安装	—						—	
	4	蒸汽加湿器的安装	—						—	
	5	紫外线、离子空气净化装置的安装	—						—	
	6	空气热回收器的安装	—			12	3		—	
	7	洁净室空气净化设备的安装	—						—	
	8	装配式洁净室的安装	—						—	
	9	空气吹淋室的安装	—						—	
	10	高效过滤器与层流罩的安装	—						—	
	...	......								

施工单位 检查结果	符合要求 专业工长：××× 项目专业质量检查员：××× ××年×月×日
监理单位 验收结论	合格 专业监理工程师：××× ××年×月×日

空调制冷设备及系统安装检验批质量验收记录
(制冷机组及辅助设备)

06160101 001

单位(子单位)工程名称	××大厦	分部(子分部)工程名称	通风与空调/压缩式制冷(热)设备系统	分项工程名称	制冷机组及附属设备安装
施工单位	××建筑有限公司	项目负责人	×××	检验批容量	机组:16台
分包单位	—	分包单位项目负责人	—	检验批部位	⑯~㊱/⑰~⑱轴 八层餐饮区
施工依据	《通风与空调工程施工规范》GB 50738—2011	验收依据	《通风与空调工程施工质量验收规范》GB 50243—2016		

		设计要求及质量验收规范的规定	施工单位质量评定记录	监理(建设)单位验收记录						
				单项检验批产品数量 N	单项抽样样本数 n	检验批汇总数量 ∑N	抽样样本汇总数量 ∑n	单项或汇总抽样检验不合格数量	评判结果	备注
主控项目	1	制冷设备与附属设备安装	共16台,全数检查,合格16台;质量证明文件齐全,进场验收合格,记录编号×××	16	16	32	32		合格	95%
	2	直膨表冷器的安装	—							—
	3	燃油系统的安装	—							—
	4	燃气系统的安装	—							—
	5	制冷设备的严密性试验及试运行	共16台,全数检查,合格16台;试运行合格,记录编号×××	16	16				合格	95%
	6	氨制冷机的安装	—							—
	7	多联机空调(热泵)系统的安装	—							
	8	空气源热泵机组的安装	—							
	9	吸收式制冷机的安装	—							
	...	......								
一般项目	1	制冷及附属设备的安装	检查3台,合格3台;检查合格,记录编号×××	16	3	16	3		合格	95%
	2	模块式冷水机组的安装	—							
	3	多联机及系统的安装	—							
	4	空气源热泵的安装	—							
	5	燃油泵与载冷剂泵的安装	—							
	6	吸收式制冷机组的安装	—							
	...	......								

施工单位检查结果	符合要求 专业工长:××× 项目专业质量检查员:××× ××年×月×日
监理单位验收结论	合格 专业监理工程师:××× ××年×月×日

空调制冷设备及系统安装检验批质量验收记录
(制冷剂管道系统)

06160201 ___001

单位(子单位) 工程名称	××大厦		分部(子分部) 工程名称	通风与空调/压缩式 制冷(热)设备系统		分项工程 名称		制冷剂管道 及部件安装
施工单位	××建筑有限公司		项目负责人	×××		检验批容量		管道:16套
分包单位	—		分包单位 项目负责人	—		检验批部位		⑯~㊱/Ⓕ~Ⓡ轴 八层餐饮区
施工依据	《通风与空调工程施工 规范》GB 50738—2011		验收依据	《通风与空调工程施工质量验收规范》GB 50243—2016				

		设计要求及质量 验收规范的规定	施工单位质量 评定记录	监理(建设)单位验收记录						
				单项检 验批产 品数量 N	单项 抽样样 本数 n	检验批 汇总数 量 $\sum N$	抽样样 本汇总 数量 $\sum n$	单项或 汇总 抽样检验 不合格 数量	评判 结果	备注
主控项目	1	制冷剂管道的安装	抽查5套,合格5套, 管道调试合格,记录编号 ×××	16	5			0	合格	95%
	2	氨制冷机管路的 安装	—			16	5			
	3	多联机系统的安装	—							
	4	制冷剂管路试压	—							
	5	空气源热泵的安装	—							
	...	………								
一般项目	1	制冷系统管路及管 件的安装	抽查3套,合格3套	16	3			0	合格	85%
	2	阀门的安装	抽查3件,合格3件; 试验合格,记录编号× ××	16	3			0	合格	85%
	3	制冷系统吹扫	共16套,全数检查,合 格16套;试验合格,记录 编号×××	16	16	48	32	0	合格	85%
	4	多联机及系统的 安装	—						—	
	5	燃油泵与载冷剂泵 的安装	—						—	
	...	………								

施工单位 检查结果	符合要求 专业工长:××× 项目专业质量检查员:××× ××年×月×日
监理单位 验收结论	合格 专业监理工程师:××× ××年×月×日

233

防腐与绝热施工检验批质量验收记录
（风管系统与设备）

06010501 ___001___

单位(子单位) 工程名称	××大厦	分部(子分部) 工程名称	通风与空调/ 送风系统	分项工程 名称	风管与设备防腐
施工单位	××建筑有限公司	项目负责人	×××	检验批容量	风管:230m², 150件
分包单位	—	分包单位 项目负责人	—	检验批部位	⑯～㊱/Ⓕ～Ⓡ轴 地下一层防火分区十
施工依据	《通风与空调工程施工 规范》GB 50738—2011	验收依据	《通风与空调工程施工质量验收规范》GB 50243—2016		

		设计要求及质量 验收规范的规定	施工单位质量 评定记录	监理(建设)单位验收记录						
				单项检 验批产 品数量 N	单项 抽样样 本数 n	检验批 汇总 数量 ΣN	抽样样 本汇总 数量 Σn	单项或 汇总 抽样检验 不合格 数量	评判 结果	备注
主控项目	1	防腐涂料的验证	抽查7m²,合格7m²	230	7	530	21	0	合格	95%
	2	绝热材料规定	抽查7处,合格7处, 质量证明文件齐全,进场 试验合格,记录编号× ××	150	7			0	合格	95%
	3	绝热材料复验规定	抽查7处,合格7处, 质量证明文件齐全,进场 试验合格,记录编号× ××	150	7			0	合格	95%
	4	洁净室内风管绝热 材料规定	—					—		
	...	......								
一般项目	1	防腐涂层质量	抽查3件,合格3件	150	3	910	20	0	合格	85%
	2	空调设备、部件油 漆或绝热	抽查3件,合格3件	150	3			0	合格	85%
	3	绝热层施工	抽查4m²,合格4m²	230	4			0	合格	85%
	4	风管橡塑绝热材料 施工	抽查4m²,合格4m²	230	4			0	合格	85%
	5	风管绝热层保温钉 固定	—					—		
	6	防潮层的施工与绝 热胶带固定	—					—		
	7	绝热涂料	—					—		
	8	金属保护壳的施工	抽查3件,合格3件	150	3			0	合格	85%
	...	......								

施工单位 检查结果	符合要求 专业工长:××× 项目专业质量检查员:××× ××年×月×日
监理单位 验收结论	合格 专业监理工程师:××× ××年×月×日

工程系统调试检验批质量验收记录
（单机试运行及调试）

06010701 __001__

单位(子单位)工程名称		××大厦	分部(子分部)工程名称	通风与空调/送风系统	分项工程名称			系统调试			
施工单位		××建筑有限公司	项目负责人	×××	检验批容量			风机:6台			
分包单位		—	分包单位项目负责人	—	检验批部位			⑯~㊱/Ⓕ~Ⓡ轴 地下一层防火分区十			
施工依据		《通风与空调工程施工规范》GB 50738—2011	验收依据	《通风与空调工程施工质量验收规范》GB 50243—2016							

		设计要求及质量验收规范的规定	施工单位质量评定记录	监理(建设)单位验收记录						
				单项检验批产品数量 N	单项抽样样本数 n	检验批汇总数量 ∑N	抽样样本汇总数量 ∑n	单项或汇总抽样检验不合格数量	评判结果	备注
主控项目	1	通风机、空调机组单机试运转及调试	抽查3台,合格3台;调试合格,记录编号××	6	3			0	合格	95%
	2	水泵单机试运转及调试	—						—	
	3	冷却塔单机试运转及调试	—						—	
	4	制冷机组单机试运转及调试	—			6	3		—	
	5	多联式空调(热泵)机组系统	—						—	
	6	电控防排烟阀的动作试验	—						—	
	7	变风量末端装置的试运转及调试	—						—	
	8	蓄能设备运行	—						—	
	...	……								
一般项目	1	风机盘管机组风量	抽查3台,合格3台,调试合格,记录编号××	6	3			0	合格	85%
	2	风机、空调机组噪声	抽查3台,合格3台,调试合格,记录编号××	6	3	12	6	0	合格	85%
	3	水泵的安装	—						—	
	4	冷却塔的调试	—						—	
	5	监控设备的调试	—						—	
	...	……								

施工单位检查结果	符合要求 专业工长:××× 项目专业质量检查员:××× ××年×月×日
监理单位验收结论	合格 专业监理工程师:××× ××年×月×日

工程系统调试检验批质量验收记录
（非设计满负荷条件下系统联合试运转及调试）

06010702 001

单位(子单位) 工程名称	××大厦	分部(子分部) 工程名称	通风与空调/ 送风系统	分项工程 名称	系统调试
施工单位	××建筑有限公司	项目负责人	×××	检验批容量	风机:6 台 风管系统:72 套
分包单位	—	分包单位 项目负责人	—	检验批部位	⑯~㊱/Ⓕ~Ⓡ轴 地下一层防火分区十
施工依据	《通风与空调工程施工 规范》GB 50738—2011	验收依据	《通风与空调工程施工质量验收规范》GB 50243—2016		

		设计要求及质量 验收规范的规定	施工单位质量 评定记录	监理(建设)单位验收记录						
				单项检 验批产 品数量 N	单项 抽样样 本数 n	检验批 汇总 数量 ΣN	抽样样 本汇总 数量 Σn	单项或 汇总 抽样检验 不合格 数量	评判 结果	备注
主控项目	1	系统总风量	抽查8个系统,合格8 个系统;调试合格,记录 编号×××	72	8				合格	95%
	2	变风量系统调试	—						—	
	3	冷(热)水系统调试	—						—	
	4	制冷(热泵)机组 调试	—						—	
	5	地源(水源)热泵 调试	—		72	8			—	
	6	空调区域的温度与 湿度调试	—						—	
	7	防排烟系统调试	—						—	
	8	净化空调风量、压 差调试	—						—	
	9	蓄能空调系统的运 行调试	—						—	
	10	空调正常运行不少 于 8h	—						—	
	…	……								
一般项目	1	系统风口风量平衡	抽查3个系统,合格3 个系统;调试合格,记录 编号×××	72	3			0	合格	85%
	2	系统设备动作协调	抽查3个系统,合格3 个系统;调试合格,记录 编号×××	72	3			0	合格	85%
	3	湿式除尘与淋洗水 系统调试	—			216	9		—	
	4	空调水系统调试	—						—	
	5	空调风系统调试	抽查3个系统,合格3 个系统;调试合格,记录 编号×××	72	3			0	合格	85%
	6	蓄能空调系统调试	—						—	
	7	系统自控设备的 调试	—						—	
	…	……								

施工单位 检查结果	符合要求 专业工长:××× 项目专业质量检查员:××× ××年×月×日
监理单位 验收结论	合格 专业监理工程师:××× ××年×月×日

6.2.2 《分项工程质量验收记录》填写范例

<u>风管与配件制作</u> 分项工程质量验收记录

编号：<u>001</u>

单位(子单位) 工程名称	××大厦		分部(子分部) 工程名称	通风与空调(送风系统)	
分项工程数量	300件		检验批数量	5	
施工单位	××建筑有限公司	项目负责人	×××	项目技术 负责人	×××
分包单位	—	分包单位 项目负责人	—	分包内容	—
序号	检验批名称	检验批 数量	部位/区段	施工单位 检查结果	监理单位 验收结论
1	风管与配件制作检验 批质量验收记录	100件	地下一层送风系统	检验批合格	同意验收
2	风管与配件制作检验 批质量验收记录	50件	一层送风系统	检验批合格	同意验收
3	风管与配件制作检验 批质量验收记录	50件	二层送风系统	检验批合格	同意验收
4	风管与配件制作检验 批质量验收记录	50件	三层送风系统	检验批合格	同意验收
5	风管与配件制作检验 批质量验收记录	50件	四层送风系统	检验批合格	同意验收
说明： 各检验批均合格					
施工单位 检查结果	符合要求 项目专业技术负责人：××× ××年×月×日				
监理单位 验收结论	同意验收 专业监理工程师：××× ××年×月×日				

6.2.3 《分部工程验收记录》填写范例

表 G　通风与空调　分部工程质量验收记录

编号：　06

单位(子单位) 工程名称	××大厦	子分部工程 数量	6	分项工程数量	30
施工单位	××建筑有限公司	项目负责人	×××	技术(质量) 负责人	×××
分包单位	—	分包单位 负责人	—	分包内容	—

序号	子分部工程名称	分项工程名称	检验批 数量	施工单位 检查结果	监理单位 验收结论
1	送风系统	风管与配件制作	10	符合要求	同意验收
2	送风系统	部件制作	10	符合要求	同意验收
3	送风系统	风管系统安装	10	符合要求	同意验收
4	送风系统	风管与设备防腐	10	符合要求	同意验收
5	送风系统	系统调试	10	符合要求	同意验收
6	排风系统	风管与配件制作	10	符合要求	同意验收
7	排风系统	部件制作	10	符合要求	同意验收
8	排风系统	风管与设备防腐	10	符合要求	同意验收
9	排风系统	厨房、卫生间排风系统安装	10	符合要求	同意验收
10	排风系统	系统调试	10	符合要求	同意验收
质量控制资料			齐全、有效		同意验收
安全和功能检验结果			符合要求		同意验收
观感质量检验结果			好		好
综合验收结论		合格			

施工单位 项目负责人：××× ××年×月×日	勘察单位 项目负责人： 　年　月　日	设计单位 项目负责人：××× ××年×月×日	监理单位 总监理工程师：××× ××年×月×日

注：1. 地基与基础分部工程的验收应由施工、勘察、设计单位项目负责人和总监理工程师参加并签字。

　　2. 主体结构、节能分部工程的验收应由施工、设计单位项目负责人和总监理工程师参加并签字。

　　3. 本表由施工单位填写。

单位(子单位) 工程名称	××大厦	子分部工程 数量	6	分项工程数量	30
施工单位	××建筑有限公司	项目负责人	×××	技术(质量) 负责人	×××
分包单位	—	分包单位 负责人	—	分包内容	—

序号	子分部工程名称	分项工程名称	检验批 数量	施工单位 检查结果	监理单位 验收结论
11	防排烟系统	风管与配件制作	10	符合要求	同意验收
12	防排烟系统	部件制作	10	符合要求	同意验收
13	防排烟系统	风管系统安装	10	符合要求	同意验收
14	防排烟系统	排烟风口	10	符合要求	同意验收
15	防排烟系统	防火风管安装	10	符合要求	同意验收
16	防排烟系统	系统调试	10	符合要求	同意验收
17	净化空调系统	风管与配件制作	10	符合要求	同意验收
18	净化空调系统	部件制作	10	符合要求	同意验收
19	净化空调系统	风管系统安装	10	符合要求	同意验收
20	净化空调系统	净化空调机组安装	10	符合要求	同意验收
质量控制资料			齐全、有效		同意验收
安全和功能检验结果			符合要求		同意验收
观感质量检验结果			好		好
综合验收结论		合格			
施工单位 项目负责人:××× ××年×月×日	勘察单位 项目负责人: 年 月 日	设计单位 项目负责人:××× ××年×月×日		监理单位 总监理工程师:××× ××年×月×日	

注:1. 地基与基础分部工程的验收应由施工、勘察、设计单位项目负责人和总监理工程师参加并签字。

2. 主体结构、节能分部工程的验收应由施工、设计单位项目负责人和总监理工程师参加并签字。

3. 本表由施工单位填写。

续表

单位(子单位) 工程名称	××大厦	子分部工程 数量	6	分项工程数量	30
施工单位	××建筑有限公司	项目负责人	×××	技术(质量) 负责人	×××
分包单位	—	分包单位 项目负责人	—	分包内容	—

序号	子分部工程名称	分项工程名称	检验批 数量	施工单位 检查结果	监理单位 验收结论
21	净化空调系统	系统调试	10	符合要求	同意验收
22	空调水系统	管道系统及部件安装	10	符合要求	同意验收
23	空调水系统	水泵及附属设备安装	10	符合要求	同意验收
24	空调水系统	管道冲洗	10	符合要求	同意验收
25	空调水系统	系统压力试验及调试	10	符合要求	同意验收
26	冷却水系统	管道系统及部件安装	10	符合要求	同意验收
27	冷却水系统	水泵及附属设备安装	2	符合要求	同意验收
28	冷却水系统	管道冲洗	15	符合要求	同意验收
29	冷却水系统	设备防腐	5	符合要求	同意验收
30	冷却水系统	设备绝热	5	符合要求	同意验收
质量控制资料			齐全、有效		同意验收
安全和功能检验结果			符合要求		同意验收
观感质量检验结果			好		好
综合验收结论			合格		

施工单位 项目负责人：××× ××年×月×日	勘察单位 项目负责人： 年 月 日	设计单位 项目负责人：××× ××年×月×日	监理单位 总监理工程师：××× ××年×月×日

注：1. 地基与基础分部工程的验收应由施工、勘察、设计单位项目负责人和总监理工程师参加并签字。

2. 主体结构、节能分部工程的验收应由施工、设计单位项目负责人和总监理工程师参加并签字。

3. 本表由施工单位填写。

通风与空调（送风系统）子分部工程质量验收记录

编号： 0601

单位(子单位) 工程名称	××办公楼工程	子分部工程 系统数量	1	分项工程数量	4
施工单位	××建设集团 有限公司	项目负责人	×××	技术(质量) 负责人	×××
分包单位	××机电安装 工程有限公司	分包单位 项目负责人	×××	分包内容	通风与空调 系统安装调试

序号	分项工程名称	检验批数量	施工单位检查结果	监理单位验收结论
1	风管与配件制作及产成品	21	符合要求	合格
2	部件制作及产成品	21	符合要求	合格
3	风管系统安装	17	符合要求	合格
4	风管与设备防腐	12	符合要求	合格
5	风机安装	14	符合要求	合格
6	空气处理设备安装	2	符合要求	合格
7	旋流等风口安装	2	符合要求	合格
8	织物布风管安装	—	—	—
9	系统调试	1	符合要求	合格
...	......			
质量控制资料			共851份,齐全有效	合格
安全和功能检验结果			抽查4项,符合要求	合格
观感质量检验结果			好	好

验收结论	送风系统子分部工程验收合格

验收单位	分包单位	项目负责人:××× ××年×月×日
	施工单位	项目负责人:××× ××年×月×日
	设计单位	项目专业负责人:××× ××年×月×日
	监理单位	专业监理工程师:××× ××年×月×日